Lunzhishi De
Zuzhi Yu
Rongtong

论知识的组织与融通

陈洪澜 著

中国社会科学出版社

图书在版编目（CIP）数据

论知识的组织与融通／陈洪澜著 . —北京：中国社会科学
出版社，2013.11

ISBN 978 - 7 - 5161 - 3489 - 4

Ⅰ. ①论…　Ⅱ. ①陈…　Ⅲ. ①知识学—研究　Ⅳ. ①G302

中国版本图书馆 CIP 数据核字（2013）第 252110 号

出 版 人	赵剑英
责任编辑	孔继萍
责任校对	韩天炜
责任印制	王炳图

出　　　版	中国社会科学出版社
社　　　址	北京鼓楼西大街甲 158 号（邮编 100720）
网　　　址	http://www.csspw.cn
	中文域名:中国社科网　　010 - 64070619
发 行 部	010 - 84083685
门 市 部	010 - 84029450
经　　　销	新华书店及其他书店

印　　　刷	北京奥隆印刷厂
装　　　订	北京市兴怀印刷厂
版　　　次	2013 年 11 月第 1 版
印　　　次	2013 年 11 月第 1 次印刷

开　　　本	710 × 1000　1/16
印　　　张	22
插　　　页	2
字　　　数	360 千字
定　　　价	66.00 元

凡购买中国社会科学出版社图书,如有质量问题请与本社联系调换
电话:010 - 64009791

目 录

绪　论

组织是我们利用多样化事物创建新世界的基本方式。任何组织活动无不需要事先对组织要素的性质、功能及其相互关系进行分析、评价、比较和选择，以期能实现其理想的组织目标。这种对组织要素进行的前期认识、评价与选择行为，无不需要有相关的知识来引导。因此，本书把知识组织看作现实生活中各类组织活动的表征，认为知识组织就是一切组织活动得以开展的前提和基础。

知识并不是写在书本上的僵死教条，而是渗透在我们日常行为中的思维智慧和正确选择。如果我们知道什么东西是什么，什么东西能够做什么，什么事情应当怎样做，当我们面临复杂问题需要作出抉择时，它就可以帮助我们作出正确的反应，变危机为转机，把应该做的事情做得又快又好，从而获得完满的人生。我们探讨知识组织与融通的首要目的，就是要把知识与现实生活的世界关联起来，用各种各样的知识来丰富我们的思维和智慧，凭借智慧来选择、组织并建构出自己卓越的生活方式。

我们生活在世间，需要利用世间各种各样的事物来营建生活，因此就需要有各种各样的知识。所谓"知识"，实质上就是认识主体在认知活动中对认识对象本质的正确把握。如果我们不能正确地理解人与人、人与社会的关系，便难以适应复杂的社会生活；如果我们不能较为系统地认识自然万物并准确地把握它们的性质和作用，也就无法使其在生活中发挥应有的作用。特别是在如今的社会环境下，知识已经成为生产与生活的主导要素，如果我们知识贫乏就难以生存，更谈不上获得较好的发展。那么，我们就应该对知识进行深入细致的研究，知道各种知识的性质和功能，否则就无法在现实生活中方便灵活地运用它们。

人类求知的道路十分漫长，在那崎岖悠远的求知旅途中，有的人看见了这些，有的人看见了那些；有的人想到了这些，有的人想到了那些，这些点点滴滴、零零碎碎的所见所思，经过历代人的收集整理、组织加工，日益汇聚成博大精深的知识海洋。这些由祖先们持续收集保存下来的各类知识就是我们取之不尽、用之不竭的智力源泉。正是因为有了这些知识的不断铺垫和编织，我们才能分享到当今这样丰富多彩的文化生活。那么，我们就应当将人类的知识组织思想和知识组织活动发扬光大，就像使用加法和乘法的口诀一样，不断地搜集、追加和复制我们的认识成果以便于使知识的数量与质量都能够得到持续性增长。

鉴于此，笔者特意把自己在求知途中的看法、想法和做法加以整理和组织，写成了这本拙作，希望将自己的一孔之见拿出来与读者进行交流，以便于让我们在漫长的求知途中能够集思广益，相互扶持，共同前进。

知识是创造财富的智力源泉。无论是物质财富还是精神财富的创造，知识都是其中不可或缺的组织要素。组织既是创造新事物的重要方法，也是各种复杂事物诞生的母体。在世间的各种创造物中，越是复杂而又精美的物品，其中的知识含量就越高。因为知识是现实世界在人脑中的表征，任何创造性活动无不首先发端于人脑对知识的组织，通过知与行的循环运动，使我们的生活不断地朝着理想的目标进发。当今人们的生活世界之所以丰富多彩，应有尽有，就是通过各种有效的组织方式创造出来的。

如果我们有了特定的组织目标、组织方法以及对组织要素的正确把握，就可以创造出各种各样的新事物来，从而为我们营建幸福的生活创造条件。本书之所以要探讨知识的组织与融通问题，就是为了能够更好地理解知识、组织知识并灵活方便地运用知识去实现美好的生活目标。书中通过对人类知识发展脉络的系统梳理，拟重点回答两个问题：其一，我们如何选择、组织并建立起适宜于自我发展需要的知识体系？其二，怎样才能将人类的外显知识转化成自我的内在智慧？笔者认为，一旦抓住了知识的组织与转化这两个要点，就可以在求知途中逐渐迫近知识融通的理想境界。

如今学界把我们所处的时代称为"知识社会"，在这样的社会里，知识和创新被看作推动社会前进的主要驱动力。不管我们是否是职业性的知识劳动者，每个人都应该参与知识的寻找、评价、选择、组织和创新活动，并且也有更多的机会参与到知识生产和知识创新活动中来。正如现代美国资深管理学家彼得·德鲁克在阐释"知识社会"时所说："知识社会不是一个仅仅崇尚精英的社会，而是越来越呈现出复杂多变的流体特性，传统的社会组织及活动边界正在融化。创新也不再是少数被称为科学家的人群独享的专利，每个人都可以是创新的主体。"① 如果我们希望自己也能够成为知识的生产者、组织者、实践者和创新者，就应当较为系统地了解知识是怎样生产出来的？是怎样发展演变的？是怎样搜集保存的？什么样的知识有什么用途？到哪里去寻找它们？怎样才能够快速找到自己所需要的那部分知识？怎样才能够把那些分散的、零碎的、不同性质的知识组织成一个相互作用的有机整体？怎样才能够调用不同部类的知识去解决那些带有综合性和复杂性的重大问题？诸如此类，这些就是本书所要探讨的主要问题。

长期以来，学界一直存在着文与理的对立、专与博的对立、分析与综合的对立等矛盾。为了化解这些矛盾，有不少学者都把精力放在知识分类与跨学科交叉问题的研究上，笔者也曾为此花费大量精力撰写出了论文《知识分类的十大方式》（《科学学研究》2007 年第 1 期）和专著《知识分类与知识资源认识论》（人民出版社 2008 年版）等论著，来探讨知识在演进过程为什么要分类，以及它是怎样被切割成各种部类的。然而在后来的持续研究中反而觉得，以往的研究结论有失偏颇，过分强调了知识分类的重要意义，而忽略了在现实生活中知识被广泛组织和融会贯通的另一面。

其实，人类的知识之所以形成当今这样蔚为壮观的浩瀚景象，都是历代的学者们按照特定的主观意图进行持续性组织的结果。我们更应该相信，知识的增长与创新在许多情况下有赖于人们在创建新世界时对相关知识的不断收集、整理、分析、重组和融合。人们在创建生活世界的过程中，若是有了新的创造愿望、新的理想图景或是遇到各种具体的复杂问题，就会千方百计去寻找那些与之相关的知识来解决当下的具体问题。无

---

① 参见宋刚、张楠《创新 2.0：知识社会环境下的创新民主化》，《中国软科学》2009 年第 10 期。

论是精神文化建设还是物质文化建设都需要集思广益，汇聚各种各样的意见和观点。只有把各种各样的相关知识聚合组织起来，才能实现那些宏大的理想目标。这就是说，我们应当把知识分类看作知识研究的出发点和它的前期阶段，同时也可以把它看作一种知识研究的有效方法，它能够帮助我们消除混乱，获得秩序，准确地认识事物的特性而获得真知。但是，单纯地积累事实性知识并不能够使我们变得更有智慧，只有在准确地把握了各类知识的基本属性及其相互关系之后，针对现实生活中的具体问题灵活机动地组织知识，才能使不同的知识部类兼容并包，融会贯通，才能够更好地实现各类知识的应有价值。知识分类研究的最终目的，应当是知识的融通与活用。

秦亚青先生在《硬权力与软权力》一书的"总序"中曾这样说："在知识发展史上，任何学科都有自己的知识谱系，任何知识谱系又有着连理贯通的思想和理论发展宏线。把握住这一宏线，就可以全面了解一个学科的知识谱系，便利知识的系统积累，推动知识的有意义创新。在学科的知识谱系中，必有一些闪光的知识结晶，构成谱系的支柱。它们是原创性的学理思想，既能够启迪常规性的科学研究，又能够激发革命性的学理挑战。正是这些知识结晶的不断出现编织了学理思想运动的脉络，形成了知识生成发展的宏线。"① 他的这一发现对我们进行知识组织与融通的探索具有很大启发，因为我们探讨这个问题的主旨就在于找到使各类知识相互连接的这些宏线能够抓住这些宏线，来梳理不同知识的发展路径和基本状态，树立起和谐统一的知识观。若把人类的知识看作一个承前启后、动态发展的开放体系，我们不仅可以从前人的分类活动中分享精确的研究成果，而且可按照自己的意愿对知识进行组织或重组。

人类社会生产和生活的多样化需要就是知识组织与重组的动因。层出不穷的创造意愿和层出不穷的复杂问题都可为知识的组织与重组提供新的机遇。如何在不同的知识部类间找到更多相互对话、沟通、交流、汇聚和融合的途径与技巧，如何创建灵活机动的知识组织方式必将成为未来知识研究和教育研究中的重头戏。为此，笔者特意接着前期的思绪，在上本书

---

① ［美］约瑟夫·S. 奈：《硬权力与软权力》，洪门华译，北京大学出版社 2005 年版，第 1 页。

中讨论了知识分类及知识资源认识方法之后，又于本书中重点阐述知识组织及其融通的思想方法。

知识融通是求知的一种至上境界和理想目标。人生天地之中，万物共生，连绵无穷，具有普遍性、统一性和连续性。人类的知识应当完整地反映出它们的基本面貌，任何求知者都不应该画地为牢，人为地制造出许多障碍，挖掘出一道道沟壑来割裂这种整体性认识而使我们的知识变得支离破碎，七零八落。

在漫长曲折的求知途中，我们应当做一个自由的探险索隐者，在获得了治学的基本能力之后，能像蜜蜂追随着鲜花的芳香采蜜一样，广视博采，酿造智慧，超越各种各样的知识疆界，古今融通、中西融通、文理融通、各科融通。我们中国人贵通，交通、沟通、融通、会通、和通、理通等，都是为了打破阻隔，求得通达。通则活，通则利，通则达；不通则滞，不通则困，不通则呆。只要道理通了，一通百通。求"通"就是笔者希望与读者达成的共同目标。

第 一 章

组织的意趣与知识组织

"组织"是一个蕴含着无限创造机趣的好词汇。在古汉语中，组织的原初意义是当作动词使用，指经纬相交，织作布帛。即通过搭配不同色彩的经线和纬线，就可以织出姹紫嫣红、五彩缤纷的锦绣或布匹。中国古人使用织锦来解释组织的这种比喻十分恰当。

第一节　组织的妙用

本书所要讨论的主题是知识的组织与融通，即把知识作为组织的对象，意在让不同学科、不同体系的知识畅通无阻，交互融通，共同作用于我们的生活目标。因此对"组织"这个概念的使用则更加注重它的使动性，在多数语境下都是作为动词用来使用，即指个体或群体对于知识的组织意向与组织行为。

为了能够较好地实现组织愿望和组织目标，我们就需要了解各种各样的组织理论和组织方法，以便能更好地开展知识组织活动。

一　知识是合理组织的产物

关于知识的本质、定义与知识部类划分方法等问题的研究，学界已经有了大量的成果，笔者在《知识分类与知识资源认识论》一书中也曾作过系统的探讨，此不赘述。在这里我们主要是讨论知识的另外两个方面——组织与融通。

知识是合理组织的产物。这个结论包含着五层含义。

其一，任何知识都是由三个要素组成的：认知主体、认知客体和认知结果。所有的知识无不起源于我们每个人对认知对象的细心观察和研究，从观察其外在形象到把握其内在本质，然后使用语言、文字、符号、图画或肢体姿态等方式表现出来。能够称为知识的东西，就包含着知识组织生产者的认知兴趣、认知能力、对事理的准确把握以及合理的组织表达。

其二，知识是概念的逻辑化组合。概念既是反映对象本质属性的思维形式，也是知识构成的基本要素。逻辑的原意指思维言辞、理性、规律性等。当我们能将各类陈述对象的概念组成符合逻辑规则的表述格式时，相应的知识就产生了。任何知识都需要借助概念和概念间关系的逻辑组织而成。概念的功能就在于它能够使各类知识条理化和逻辑化。

其三，知识须经过有效组织才能成为全人类共享的精神财富。因为知识是由古今中外各地区、各民族不同的学者们创造组织出来的，所以它总是带着时代的、地域的、民族的、语言文字的等方面的特色与阻隔。对于全世界各时代不同的知识用户来说，要想共享这些精神财富，需借助翻译、注释、出版、销售等组织过程才能实现共享目的。

其四，知识应经过刻意的选择和组织才能实现其应有的价值。价值是个复杂概念。无论在哲学还是经济学中，价值都是一种关系范畴。它表示着价值客体对价值主体之间的相互联系。只有被价值主体认识并能够满足其需要的东西才能实现其价值。人们都说知识是无价之宝。但无论多么高深、精确的知识，如果得不到人们的正确理解和恰当运用，便没有什么价值可言。唯有那些进入了人的意识化组织中的知识，才能发挥作用并实现其应有价值。

其五，知识资源须经过组织开发才能有效地利用。自人类创造出语言文字系统以来，便学会了记录和保存知识。经过几千年绵延不绝的文化积累，知识的范围浩瀚无际，文献浩如烟海，世代出现的名家名流灿若星汉，各类学科体系博大精深，我们把这些东西称为文化资源与知识资源。而一切资源都必须经过组织开发才能有效地利用。就人类知识资源来说更是需要经过有序化、系统化、规范化、专业化的组织处理才能让我们知道其主要的源流和支脉的发展与变化；知道如今有什么知识、没有什么知识；知道什么是高深知识、什么是浅显知识；知道什么是好的真的知识、什么是假的坏的知识；知道什么知识相互排斥、什么知识相互支撑；知道知识的链条何处曾经断裂、何处可以接续；如此等等，这些内容只有在持续不断的知识组织活动中才能逐步得到揭示和准确把握，进而得到有效利用。否则，只能望洋兴叹。

二　组织是创造美好生活的基本方式

人类之所以被看作万物的灵长，最重要的是人有文化，有知识，会组织，能创造。只有人类过着有文化的生活。如果我们观察动物，许多动物也都是有灵性的，在捕食与逃生方面它们比人更灵动、更机敏，对自然的适应能力也更强。可是它们不会使用知识造出世间没有的事物。我们看到的动物造出的最好的产品，无非是蜂巢、蚁穴与鸟窝，而我们人类的产品从天空中的飞机、飞船，地面上的楼阁、殿堂到海洋中的游船、潜艇乃至日常用品，无不应有尽有。这些东西正是因为我们有了掌控万物的知识，不断地对它们加以组织、改造而创建出来的。因此，当我们面对那些新事物和新产品的时候，我们就应当想到它们所负载的知识，特别是其中的组织方法和创造艺术。人类美好的生活都是我们利用各种各样的事物组织开创出来的，组织就是我们创造生活世界的基本方式。

学校教育是一种组织方式。任何时代的教育都需要根据社会环境条件的变化来调集教师与学生，建筑校舍和教室，安排年级和班级，设置教育科目和训练项目，开设图书馆以及实验室等，然后才能根据教育目标开展各级各类的教学活动。因此，人们便把学校看成一个相对封闭而又完整的组织系统，可以保证让接受学校教育的人能够按部就班地获取知识并培养出健全的品格。

军队作战是一种组织方式。要想赢得一场战争，组织指挥的人需要了解敌我双方的各种条件和力量对比，然后针对特定的战略任务去调集自己的将领与士兵、武器装备、粮草辎重等，只有通过系统的组织安排，才能够运筹于帷幄之中，决胜于千里之外。

音乐是一种组织方式。它是利用高低不同的音符组织出来的。虽然常用的音符只有七个，但经过音乐师们对高音、低音、强音、弱音的巧妙组织和调试，就可以谱写出千千万万种各不相同的乐声。

绘画是一种组织方式。它是利用各种不同的色彩组织出来的。在绘画中，同样的青、红、橙、黄、绿、蓝、紫七种基本色相，经过画家们的巧妙组织，则可以描绘出千千万万种各不相同的美丽图画。

中医治病是一种组织方式。中医治病并不是头疼医头、脚疼医脚，哪个地方有病割掉完事，而是首先把人的身体看作一个运动着的系统组织，然后根据身体中的虚实寒热变化组织药方，把不同成分、不同剂量的中草药搭配起来，使它们相克相生，交互作用，从而使身体维持平衡并恢复健康。

主妇烹饪是一种组织方式。任何一顿味道丰美的饮食，不仅需要准备色香味美样样俱全的各类原料，以便于荤素搭配、粗细搭配、酸甜苦辣咸综合调理，并且还需要精工细作，把握火候，烹炸煎煮等方法来完成。经过主妇们的精心组织，餐桌上的食品才能变得有滋有味，既好吃又好看。

写作与阅读也是一种组织方式。南朝学者刘勰就把文章的写作比作组织，他在《文心雕龙·诠赋》中说："丽词雅义，符采相胜，如组织之品朱紫，画绘之著玄黄。"精美的文章就像织锦和绘画，都是善于调用亮丽的语言色彩，经过雕琢词义，巧妙搭配辞令，精心组织出来的。唐朝诗人孟郊在《出东门》一诗中说："一生自组织，千首大雅言。"他认为自己上千首诗作都是由经过细心选择的高雅词句组织出来的。由此可知，无论短小的诗词文赋还是长篇的恢宏著述，都是作者利用各种知识进行组织的结果。一个作者若是确立了写作的意愿，就可按照设定的构想来组织相关知识，使之形成一种富于创建性的思想体系，一种具有逻辑关联的理论论述，或是一个个曲折动人的美妙故事。总之，作者借助作品这个媒介与读者结为一体，通过写作与阅读这种联系，使作品无足而行，超越时代、超越地域、超越阶级或阶层的限制，使无数的人们为了一种思想、一个理念或一个故事在心灵中引起共鸣，从而在社会上产生深远的影响。

写作与出版是这样，像电影、电视的拍摄制作，演讲、演唱、会议、论坛等活动的开展也都是这样，它们都能够表达出组织功能的妙用与组织效果的精彩。由此我们可以看到，组织活动或组织行为普遍存在于人类生产与生活的各个领域。它是由组织者的创造意愿所导致的多与一，一与多；分散与集合，集合与分散交互作用的运动方式。为了一个创造意愿，我们可以把诸多不同的事物组织起来变成一个集合体，这个经过组织创造出来的新事物，就可以把那些分散的、功能不一的各类事物聚合起来，使之成为可包含多种事物和多种功能的复合体。这个经过了特意组织创造出来的复合体便可有目的、有计划、有顺序地实现其多样化或综合性功能，犹如打了包的程序可以进行批处理一样去完成较多、较重大的任务，或者展现出更加宏大、更加完美的蓝图。因此，我们完全可以说，组织是新事物诞生的母体，只要播种下创造的意愿，经过精心的配置组合，各种各样的新产品皆可从组织中创造出来。从日常生活的三餐饮食、纺纱织布、房屋建筑、耕种收获、商品交易到高科技的计算机与信息网络、航天飞机、深海潜艇等都是组织的产物。

三　组织的复杂性

组织需要有复杂性思维，无论是人的组织，还是物的组织，或者是知识的组织都涉及两个及其以上的要素和条件并使它们能够相互作用才能形成。而最关键的要素则是组织者的意愿和能力，缺失了这两个要素，组织则不能产生。有效的组织可以获得一加一大于二或更多的奇效，无效的组织可能会出现一加一等于零甚至小于零的负数。古罗马思想家波爱修在《哲学规劝录·哲学的慰藉》一书中曾经指出："人类的行动得以实施，靠的是两样东西：意愿与能力。只要缺乏其中之一，人便一事无成：若缺乏意愿，人就不会着手做事，因为他不想做；若缺乏能力意愿也未免会落空。"[①] 对于人类的各类组织活动来说也是这样，我们不仅需要有组织的意愿，同时也需要有组织的能力和实施组织的方法。因此，就需要我们对知识自身及组织方法进行系统研究，以便于能够为我们的知识组织活动提供理论引导和操作的方法。

英国商业哲学家迈克马斯特为了探究人类组织的潜力曾下了巨大功夫。他在自己的专著《智能优势：组织的复杂性》一书中说，他的努力方向就是要探讨组织中有效的，并同人类和社会本性相一致的活动方式。

[①] ［古罗马］扬布里柯、波爱修：《哲学规劝录·哲学的慰藉》，詹文杰、朱东华译，中国社会科学出版社 2008 年版，第 239 页。

他对人类历史上的组织方式进行了深入系统的检讨，认为不同的时代、不同的组织对象应有不同的组织理论和组织方法，以期能让我们的思维跟随时代变化而创造出符合时代要求的组织方式。他说："'资本主义的铁笼'这个短语涉及一种物质生产方式，而这种生产方式诱使人们丧失人性——工作就是为了赚钱——要钱而不要人性。工业时代的组织适应于机器，而非适应于祈望拥有完善、富裕生活的人类。我们在工业时代的组织方式适合于信息成本很高的时代。当我们为了信息时代而进行重新组织时，我们便开始了一个把自己从铁笼的禁闭中解放出来的进程，不必反对市场，或不再阻抑人类的精神和智慧。"① 如今，学者们把我们所处的时代贴上了不少新标签，如"信息社会"、"知识社会"或"知识经济社会"，那么，在这样的社会环境条件下，知识组织研究必将成为今后学术研究中一个重要的大课题。

第二节 知识组织的由来与发展

"知识组织"（Knowledge Organization）这个概念，最早出现在图书情报领域，主要是指本行业对文献的采集、分类、编目、整理等组织活动的统称或概括。随着学界对知识研究的深入，特别是当知识被分为主观的隐性知识和客观的显性知识之后，该领域内的学者们就认识到，这种知识组织概念只能是一种行业内部使用的专业用语，或者说是一种狭义的概念。因为任何文献组织活动仅能对负载于一定载体之上的客观知识进行组织。许多人都认为，广义的知识组织应包括对主观知识和客观知识两大类型的组织。于是，人们就不断对这个定义进行修正，希望它能够涵盖隐性知识与显性知识这两大部分。

但是，图书情报领域内的学者总是难以摆脱职业习惯，仍将广义的知识组织定义为对知识客体所进行的诸如收集、整理、分类、过滤、加工、提供等一系列组织化过程及其方法，但强调，知识组织应包括主观知识

----

① ［英］米歇尔·D. 迈克马斯特：《智能优势：组织的复杂性》，王浣尘等译，四川人民出版社 2000 年版，第 1 页。

（隐性知识）的组织和客观知识（显性知识）的组织两个方面。当然也有人认识到，对主观的或者说隐性的知识进行组织基本上属于知识的自组织过程，必须通过不断地沟通、分享、互动、学习才能使显性的知识内化为隐性知识。因此，隐性知识的组织是无法透过文献处理或操作系统流程来实现的。

一　专业性知识组织的缘起

知识组织作为一种行业性专用术语在世界上流行，是在图书馆学和情报学分类系统和叙词表研究的基础上逐渐发展起来的。美国著名图书馆学家布利斯自 1929 年到 1933 年相继出版了《知识组织和科学系统》和《图书馆的知识组织》这两部著作。著名图书馆学家谢拉也分别于 1965 年和 1966 年出版了《图书馆与知识组织》和《文献与知识组织》这两部论著。他们在这四部专著里对图书情报领域内的知识组织表现及其作用进行了系统研究，由此使知识组织的思想和理论在该领域的影响逐渐扩大并得到了国际同行的广泛认同。

1989 年 7 月，国际知识组织学会（International Society for Knowledge Organization，ISKO）在德国法兰克福成立，其宗旨就是"对组织一般知识和特殊知识的各种方法加以研究、发展和应用，特别是对分类概念方法和人工智能作结合的研究"。这个学会的成立为知识组织研究提供了国际交流平台。

1993 年 1 月，在国际知识组织学会召开的第二届大会上，有人提出了将国际性学术刊物《国际分类法》改名的建议，这个建议得到了执委会的赞同。委员会便提出了四种方案，最终确定将《国际分类法》（International Classification）更名为《知识组织》（Knowledge Organization，KO）。同时还确定由该学会来主办这个刊物，并作为其会刊出版。国际知识组织学会的成立和《国际分类法》更名为《知识组织》这两件大事标志着知识组织作为一个新的研究领域和专业化组织在国际上得到确认。当时的学者们还把它看成一种属于多学科相互交叉而又有较强综合性的学术组织。

知识组织来自图书情报领域，从诞生时起，就把推进基于各种目的、各种形式的知识组织活动当作自己的主要任务。但是，它所研究的主要对象是人类知识总体中的显性知识，即以纸质或各类数字化文献中的被编码化的那部分知识。

知识组织诞生伊始，它的主要任务是对图书报刊等正规文献以及各类非正规出版的文献进行收集、整理和管理利用。知识组织的主要工具仍然是依据"分类法"，对那些杂乱无章的文献进行秩序化整理和加工，以专业化标准为社会提供文献服务，并把能够提供方便、快捷、全面地收集、整理、储存、查询及其传递知识或信息的理论和技术方法为服务内容。这样的知识组织带有较强的专业性、实用性和综合性。

二 知识组织的深化与扩展

20 世纪后期，计算机和网络技术在图书情报领域得到了广泛利用，知识组织研究的对象也随之由纸本文献迅速扩展到数字化文献及其网络化数字资源中。知识组织的方法也日益增多，人们不再满足于对文献外部呈现出来的书名、作者、出版社与出版日期等几项主要信息进行研究，而把视角延伸到可全文检索的文献内部去捕捉文献中所包含的具体内容。研究的细微程度以至达到查询知识的最小单元。

所谓知识的最小单元，就是对知识概念及其词语进行详细的罗列和表达，由此可把所需要的具体内容从文献中揭示出来。这种工作比过去图书情报领域里传递整体的文献要复杂得多。于是图书情报领域里的学者使用一个新概念来表述这种较有深度的服务叫作"知识服务"，认为它是对以往那种文献传递服务的延伸。

"知识服务"是一种内涵丰富，知识与技术含量都很高的服务方式，其主要特征就是贴近用户具体要求，深入到各类文献的内部去揭示知识单元（包括显性知识因子和隐性知识因子），挖掘知识关联，激活那些蕴藏于文献内部的静态知识，使其转化为社会生产中的实用价值。不过，这种知识组织活动仍然局限于图书情报领域，被组织的主要对象仍然是被编码的显性知识。其主要的工作任务仍然由图书情报工作者、档案管理员、专业人士借助计算机和网络环境来完成。

到了 20 世纪末期，随着计算机和网络技术的迅速普及，国际上对知识组织研究的主要内容发生了重大变化。刚开始的时候，学者们把注意力放在知识分类研究、分类法研究、知识认知过程、词表的结构与关系、词表术语学、自然语言的加工（包括词组群的分析、语义分类法和自动标引）这一类问题上，后来随着计算机和网络的大量使用，人们在收集处理和传递信息的过程中发现的问题日益增多，便把研究的重心转移到了数字化资源中。比如，网络环境下资源的共建共享问题；网络互联互通问题；各网络系统间的兼容和转换协调问题；主题检索系统的联机编目问题乃至搜索引擎、人工智能、专业辞典编制、数字化图书馆建设问题等都相继提上日程。特别是在网络环境下如何保障信息安全，如何建立健全网络知识组织系统的实用技术和实用资源建设等问题的研究内容就越来越多了。虽然这种专业化的知识组织活动由原来单一的图书情报领域迅速扩展到计算机与网络系统的从业者，但是，我们还可以说，这样的知识组织仍然属于狭义的知识组织，它只是诸多知识组织方式中的一种专业性组织模式。

三　知识组织的普遍发展

随着 21 世纪的到来，人类社会开始进入一个全新的时代——知识社会。所谓知识社会，就是智慧资本取代金融资本成为推动社会进步的主导力量。从前的石油大王和汽车大王们的显赫地位已经被电脑大王和软件大王们所夺得，人类的社会生产方式逐渐从工业经济时代跨入知识经济时代。

于是，知识组织研究很快走出图书情报领域这个小圈子，日益成为国际上众多学科普遍关注的大课题。从社会生产行业到学术研究领域，人们对知识组织和知识管理的研究都在升温，不仅使知识的概念从内涵到外延都发生了重大的变化，并且对于知识的表现形式和各种功用也进行了深入细致的分析。

不同学科的知识组织者们根据自己的研究目标和组织方法，选择不同的知识内容来创建自己的业绩。比如管理学、经济学、术语学、教育学、人工智能、专家系统、超媒体、信息服务界、IT 界、数字图书馆、信息基础设施、信息资源开发、信息服务、搜索引擎、主题门户、语义网站、语义网格、主题网站、知识地图、数据库提供商等都纷纷聚集到知识组织的大旗之下，声称自己所从事的工作就是知识组织和知识服务工作，使得知识及其知识组织的范畴不断扩大，从业者也由以前的图书情报和信息网络组织扩大到各类企业组织内部以及社会生产的多种专业知识工作者中间，并且通过对隐性知识（指专业人才）的研究、挖掘和组织，逐渐突破传统的文本知识体系扩展至人脑中未经编码的隐性知识部分。知识组织的行业特色也逐渐消失，国际上诸多领域便把知识组织当作自己开展各项活动的一种交流渠道。

当知识组织由图书情报领域迅速扩展到更多的学科领域之后，这种行业性的知识组织理念和方法被人们广泛接受，特别是当人们在分享到由知识组织所产生的新成果的时候，就让大家都看到了由"知识"和"组织"所构成的"知识组织"中所蕴藏着的无限可能性。只要人们能够从不同知识体系中找到了它们的联系，或者是为它们建立了联系，就可以使其发挥整体大于部分之和的特殊效力。这种组织知识的思维方式不仅对各个专业知识领域内的学者具有巨大的吸引力，即便是不从事学术研究的个人也可以根据自己的需要随时随地开展各种各样的知识组织活动。所以，在本书中，作者给"知识"和"组织"都赋予了更加宽广的含义，认为知识组织具有普适性，应当大力提倡，推而广之。

知识组织不仅可以指称学者与专家的科学研究活动，也可以指称社会活动家们所开展的社会组织工作，同时还可以指称人类社会生活的各个方面和各种实践场景中对相关知识的收集、调配和综合运用。每个人只要是希望过上富裕而又有序的生活，就得善于组织知识。

也许人们并不认为各种组织活动都与知识组织有关，但是，笔者认为，知识组织是人类共有的一种普适性组织方式。不管任何性质的组织活动，都包含知识组织的性质。因为，在任何组织中不仅包含着组织目的、组织方法、实施计划和具体的操作方式，同时也更需要对组织对象的性质和特点进行准确地把握。这些活动当然就需要以相关的知识为前提条件。只有通过对相关知识的组合和预演，才能更好地实现组织目标。所以说，知识组织就是对人类现实生活中各类活动的映射或表征。

第三节　知识组织的特性

说到知识组织的特性，就是指它与其他事物的组织相比所具有的特殊品质。那么，知识组织有什么特性？怎样才能把握其主要特性呢？我们则需要从知识组织的对象——知识自身的性质说起。

世上的万事万物都有许多性质，如形状、颜色、气味等。一种事物除了自身固有的一些性质外，还与其他事物间存在着各种关系。比如，上下、左右、大于、小于、胜负等都表现出一事物与另一事物之间的差异。所谓本质属性，是与非本质属性相对应的一个概念。在事物的多种属性中，事物自身所固有的，能够决定其性质、面貌、发展方向并可把此事物与他事物区别开来的属性就是本质属性，也称为主要属性或事物的规定性。"知识"的本质属性就是指能够说明其自身性质和主要特征以及与其他事物之间所存在的相互关系的东西。而知识组织要研究的就是各种知识体系的属性以及它们之间的区别与联系。只有把握住了各类知识的本质属性，才能较好地实现知识组织的目的。

知识组织与社会上单纯的人、财、物等类组织活动相比，虽然在组织思想、组织方法和组织技巧等方面有一些相通之处，但知识不是一种直观的事物，而是一种无形的精神产物，有着自主性、神秘性、多维交叉性、社会生成性和广延性等多方面的特点。

一　知识组织的自主性

在人类的组织活动中，若要把知识当作组织对象的话，就会有许多令人困惑的问题接踵而至。比如人们会问：知识究竟是什么？知识是什么样子？知识有多少？知识存放在哪儿？怎样才能把那些分散的知识聚合起来并方便地运用它们呢？这些看似简单而却又难以回答的问题非常之多。若是在初等教育里，家长会对孩子说："要想有知识，就去上学吧！"好像学校就是存放知识的地方。老师也会对学生说："要想有知识，就多读书吧！"好像知识就写在书本上。

可是，我们知道，学校里的知识是通过对教师对教学材料的组织加工出来的，需要经过漫长的学习和训练才能得到，并不是我们想要什么拿来即可。而那些记录在各类文献中的书本知识，如果在阅读中未能被理解和领悟，对于求知者个体来说也算不上就是真知识。况且这些书本知识也只是人类知识总体中被符号化了的那个部分，还有大量更加鲜活、更加灵动、更有价值的知识平时隐藏于人们的脑海之中，如果我们平时不能细心地去观察社会生活和社会生产中的知识活动就很难发现它们。"处处留心皆学问"这句话，说明知识无处不在。人心所在的地方，就有知识的痕迹。任何知识的获取都需经过我们每个人亲自观察并用心思考才能得到。

我们说知识组织具有自主性，就是因为任何知识都是属于人的知识，是由知识本质属性中的主体性所决定的。在哲学认识论中，主体与客体是相对应的一对基本范畴。按照辩证唯物主义的观点，主体是指具有自我意识的、从事认识和实践活动的人或人们。主体具有自觉性、能动性和自我意识等基本特征。客体是相对于主体而言的，它是主体认识与活动的对象。主体性是人类与动物的本质区别。在社会生活中，人的主体性主要就表现为主观能动性。人们并不是被动地反映或接受外界事物的映象，而是有意识地、积极主动地运用概念、判断、推理等思维工具去探索自然和社会的奥秘以求得知识。主体不仅可以利用自然界的各种材料创造出无比丰富的物质财富，更重要的是还能够创造出无比丰富的精神财富。知识就是精神财富中的主要内容。精神财富从本质上看是自在的，它依附于主体而发挥作用。

人们在谈到知识数量的时候，常常使用"浩如烟海"、"书山学海"、"汗牛充栋"等词语来形容其数量之多，好像人们已经看见了知识如同其他货物一样，可以堆放在某种空间里。但是，这些东西也只是知识载体的一种外在形态，并不能表达出知识自身真实的内涵。那么，什么才是真正的知识呢？真正的知识并不是住在学校里的老师和教材，也不是存放在图书馆的"书山学海"中，即便是自家书房或书柜中的图书，在未经自己阅读消化之前也不能说它们就是自家的知识，它们仅仅是放在货架上的文本而已。真正的知识是将外部世界的影像与我们大脑中的自主意识产生联系，经过自主性思维加工之后，使我们能够明白一种认识对象是什么，在我们能够把握其特质的时候，我们才能说自己拥有这种知识。因此我们说，真正的知识住在人的大脑里，我们自己的大脑才是知识真正的家。

知识组织的自主性，就来自知识组织行为主体的自主精神，对于任何知识都能够自我判断、自我决定，从而使我们想得到的那些知识能够经过自我的筛选组织，自我生成。比如说，"我"想知道一个事物是什么，"我"就应该亲自去观察、采集关于这个事物各方面的情况，包括古今中外各种人对它的研究评价结论，然后经过自己的思维组织加工，给它一个全面、系统而又合理的说明，于是"我"就得到了关于这个事物的系统知识。这种知识就是关于什么是什么的事实类知识。"我"想知道某事怎么做。在"我"知道了这件事本身的性质之后，"我"将根据这件事自身的运动规律来设计制作的步骤。比如孵化小鸡，首先得选择受过精的鸡蛋，然后设置孵化环境，控制温度湿度、孵化时间等，等到小鸡确实生长出来了，"我"便知道了小鸡是怎样被孵化出来的，就得到了一种关于小鸡孵化过程的知识。这种知识现在被称为程序性知识。这里所强调的"我"是一个自主的组织者，"我"会围绕着自己的设想去调集各种各样的要素去实现"我"的组织目标。

如果说，实现个体的知识组织目标应该是自主自为、自给自足的话，那么，要想实现那些集体的、宏大的社会目标也需要自主精神吗？心同此心，理同此理，所要改变的，只是将一个个的"我"通过共同的愿望组织成"我们"，大家分头去完成各自应该知道和应该完成的那个部分，有了我们的共同努力，任何宏大的组织目标都能实现。

二 知识组织的神秘性

知识组织的神秘性来源于知识本质属性中的内在性。知识的内在性是指人本身固有的属性在知识中的反映，其实质就是人所具有的自我认知能力和主动求知的天性。知识的内在性可以用隐性知识来表征。隐性知识在本质上是一种理解力，表现为对外在事物的领会、判断、经验、技巧和控制能力等。它强调认知主体的"能知"、"能思"与"能做"。知识是人类思维的产物。人类的思维是一种变幻莫测的心理活动。所有的意义世界都是由人的思维活动推理和运演出来的。

知识的内在性是人类所有知识的起点和源泉。任何知识都必须经过个体的内在认知、由人脑的思维激活才能称之为知识。那些外在的、客观的所谓知识，若不经过人们的大脑对其进行内在的组织加工，它们只不过是一些写在书上与保存在图书馆里或储存于电脑系统中未经识别的符号系统罢了。

知识的本质与知识组织的本质同属于人的精神认识活动。人脑的活动功能与用来消化食物的肠胃功能很类似。我们的肠胃只有不断地从各种食物中吸取物质营养才能使身体保持运动的活力。我们的大脑也需要不断地从外界各类信息中吸取精神营养，才能使思想保持创造的活力。

知识组织的特点与其他事物的组织相比，就在于它不是单纯的物与物的相加或组配，而是需要经过我们的大脑对所得到的杂乱无章或分散零碎的外在信息进行选择、吸纳、消化和整合，然后才能在我们的思想上形成系统有序的观念或理论化的知识。

过去人们在研究知识的时候，只是笼统地把知识作为一个整体系统来对待，不太注重分析知识的内隐与外显相互转化的过程，因而未能揭示出显性知识的隐性根源以及隐性知识在人类知识总体中所起的决定作用。我们说知识组织具有神秘性，就在于它在本质上也是一种大脑的思维加工活动，并不仅仅是采集图书、编制目录这种有形可见的工作。

人类的大脑是怎样对外部诸多的事物进行组织加工的呢？脑科学研究者至今并没有为人脑的神秘性作出全面而又有说服力的解释。他们虽然长期都致力于探索人类在认识、记忆、想象等方面的活动规律，却认为人类所知道的脑功能只是冰山一角，研究越是深入，越是感到神秘莫测。有人也想测量大脑的运算能力和知识储存容量，但他们在这方面收效甚微。因为知识若不借助特定的介质或外化的知识产物表现出来，我们就无法猜测那些隐居于人们头脑深处的那部分知识究竟是有还是无，是多还是少。

那么，我们怎么才能知道一个人是否"有"知识，在哪些方面有知识呢？中国古代有个笑话，说是一个秀才要写一篇文章，可是他整天在屋子里踱来踱去，抓耳挠腮，写了许多天还是写不出。他的妻子见状就跟他开玩笑说，你写一篇文章能比女人生孩子还要难吗？那个秀才说，写文章可比女人生孩子还要难得多。女人生孩子是肚子里边有货，可我这肚子里根本就没有呀！这个"肚子里边有货"的笑话，后来就常常被用来指称那些有才识的人。那个秀才正是因为当时肚子里并没有他所要写的东西，所以，不管他怎样着急，那篇文章还是无法从他的肚子里生出来。

我们知道，著书立说，就是个体对自己所拥有的内在知识进行组织表达的运思过程。其前提就在于作者对论述对象的熟知，即有这方面的知识。所谓"下笔立就"者，就是他肚子里边已经拥有了关于论述对象的知识，便可以像行云流水一般倾泻出来。如果肚子里边没有这方面的知识，那就无法实现顺畅表达与快速组织。那些被人们称为"肚子里边有货"的人，通常都可以根据场景的具体变化对自己所知道的东西进行有效的组织和表述。如临场滔滔不绝的优美演讲、辩论会上的论辩机锋、下笔立就的诗词文章、娴熟精致的图案设计、危急时刻逢凶化吉的应对措施等，都可证明一个人确实拥有知识与智慧，这些活动就充分说明知识"在场"并善于组织。因此可以说，知识组织的神秘性在于大脑对情境中所知的各种要素的神奇运算，它充分显现出大脑对知识的把握和组织能力。

其实，在日常生活中我们所说的知识通常就表现为"我知道"和"我会做"。平时蕴藏于我们大脑中的经验、观念、情感、信仰、信念、计划、设想、方法、技巧、诀窍、洞察能力、理解能力、判断能力、组织能力、协调能力、创造能力、自卫能力、自救能力、预测能力等都是知识的多样化表现形式。也许平时我们根本无视它们的存在，当一个人临事需要决断时，能够沉着应付、机敏行事、控制事态或者能够未雨绸缪，防患未然，就证明他的知识很丰富。

三　知识组织的多维交互性

任何知识都包含名称、定义与实体三个基本要素。

名称是用于识别某一个体或群体的人或物的专用称谓。为了将世间万物区别开来，以给定的称谓来标示它们。

定义是揭示概念内涵的逻辑方法，也称"界说"。每种定义通常由被定义项、定义项和定义联项三部分构成。被定义项是需要揭示其内涵的概念，定义项是用于揭示被定义项内涵的概念，定义联项是表示被定义项与定义项之间的联系的概念。比如说，鲁迅是中国当代文学家。这句话中的鲁迅是被定义项，当代中国文学家是定义项，中间的"是"为定义联项。人们只有对某类事物及其属性有了具体认识之后才能以定义的形式总结或概括出来。

实体可指涉一切单独存在的具体事物，不仅包含物质性事物的存在，还可包含非物质性事物的存在。因此，人们把实体看作一种"全包的词语"。

在知识生产或组织的过程中，能够理顺名称、定义与实体这三者之间的关系，便能得到正确的知识。如果它们之间的关系中出现了错位、扭曲或断裂，我们便不能得到正确的知识。

语言是人类交流知识的重要工具。一切外显的知识都需要借助语言表达出来才能与他人分享。能够正确地使用语言陈述事实或实体，是有知识的表现。能够把所知道的多样化事物进行综合表述，就意味着有知识组织能力。但是，作为知识传播媒介的语言在使用过程中却总是出现各种各样的问题。有的语言可以揭示出思想和事实的所在，有的语言又成为束缚思想的牢笼，有的语言不过是空泛的饶舌，只能制造出一些噪声。

黎巴嫩诗人卡里·纪伯伦在他的《先知·言谈》中曾这样描述知识与语言的关系：

> 一位学者说，请为我们讲讲言谈。
>
> 他答道：
>
> 当你们无法与你们的思想和平共处，你们开始说话；
>
> 当你们无法继续栖身于心灵的孤寂，你们将转而栖息于唇舌，而声音成为一种娱乐与消遣。
>
> 在许多言谈中，你们的思想几乎一半被扼杀。
>
> 因为思想是一只属于天空的鸟，在语言的牢笼中它或许能展翅，却不能飞翔。
>
> 你们当中有些人因害怕独处而变得饶舌。
>
> 独处的沉寂向他们揭露他们赤裸的自我，于是他们逃逸。
>
> 有些人夸夸其谈，却缺乏知识与见地去阐述一个他们自己并不理解的真理。
>
> 有些人心中拥有真理，却从不付诸言语。

在这些人的胸中，精神生活在沉默的节奏里。

纪伯伦的这首诗说明，知识和思想都是超语言的，语言难以竭尽地表达出事物本身那种极其丰富的内涵。

世间各种显性知识无不依赖语言来陈述，语言对于知识生成的重要意义毋庸置疑。但是，语言之中也包含着许多要素。其中词语就是构成语言的主要元素之一。然而词语只是意义的外壳，概念才是意义的灵魂。如果想要说清楚知识究竟是什么，我们首先得从知识的概念说起。

知识就是由概念构成的。概念是表达知识的最小元素，每个概念不仅应该简要地说明所定义的对象本身是什么，还应该能澄清与之相关的其他问题。美国哈佛大学社会学家贝尔在《知识的规范》一书中，就把知识定义为一组对事实或概念的条理化的阐述。它表示一个推理出来的判断或者一种经验结构，它可以通过某种信息工具以某种系统的方式传播给其他人。[①]

概念有简单概念与复杂概念之分，我们如何使用它们，取决于所表达的知识是否复杂。凡是使用简单的词汇来涵盖较为复杂的问题，往往都容易产生歧义。"知识"这个概念就是这样。我们要回答什么是知识，这件事在过去还较为简单，只要随便翻开一本汉语词典，就可得到这样的解释：知识是人类社会实践经验的概括和总结，是人的主观世界对客观世界反映与认识的结晶。并且人们深信这样的解释是极其精练而又正确的。然而，到了20世纪中后期，要说清楚知识究竟是什么却变得十分困难了。因为概念具有弹性，并且概念是开放的和流动的，人们就在知识这个概念中充塞了越来越多的内容，致使知识的概念歧义纷呈。

英国著名哲学家罗素在评价知识定义问题纷争的时候曾这样说："由于两种原因，知识是一个意义模糊的概念。第一，因为除了在逻辑和纯粹数学的范围内，一个词的意义多少总有些模糊不清；第二，因为我们所认为的全部知识在或多或少的程度上是不确定的，而且我们无法判断不确定性达到什么程度一个概念就不配叫做'知识'，正像我们无法判断一个人

---

① 参见王通讯《论知识结构》，北京出版社1986年版，第1页。

脱落了多少头发才算秃一样。"① 罗素认为，知识的概念之所以如此含混，是"由于'知识'在大多数情况下都和推迟的反应有关，所以它并不是一个明确的概念。哲学家们所遇到的许多困难都是由于他们把它当作一个明确的概念而产生的"②。他指出，我们日常用语中必须使用的"信念"、"真理"、"知识"、"知觉"等词，意义含混而不准确，却也没有准确的词汇来代替它们。因此使得我们的研究成果总是不够令人满意。特别是进入信息时代以来，知识还常常与文化、科学、信息、情报等概念混杂在一起，你中有我，我中有你，在许多情况下都难以分出它们之中各自占有多少成分。在这些多维要素的交互作用下，每类知识都在不断地发展变化，它将人类的知识组织活动由点、线、面的单向度认识进路推向立体交叉化的多向度认识进路。以往那种单一的、孤立的、静止的和封闭的思维方式已由多维的、联系的、动态的、开放的思维方式替代。

四　知识组织的社会生成性

社会是众人的集合体，也被看成生产关系的总和。知识组织的社会生成性是由知识的社会属性和人们的社会关系所决定的。上述我们说过，知识主要是个人的知识，是人脑的产物，这里又说它具有社会性，岂不是自相矛盾吗？因为每种事物都有对立统一的共性，知识与知识组织也是这样，因为它们是在个体与社会交互运动中生成的，也就带有明显的社会性。众所周知，任何个人无不生于社会长于社会，无法脱离社会而独立生活，其思想观念与精神文化都是在社会环境、社会物质条件、社会实践活动和社会教育中产生的，他所拥有的知识当然就难以摆脱社会的影响。即便是个体的隐性知识，也常常是以社会中出现的各种问题为诱因，通过观察、思考、查询或学习而形成，并且会随着社会文化环境的变迁而不断地改变。

有史以来，知识作为社会意识形态的重要组织部分，与社会的政治、

---

① ［英］罗素：《人类的知识——其范围与限度》，张金言译，商务印书馆 1983 年版，第 119—120 页。

② 同上书，第 117 页。

经济、文化都存在着密切的关系。在阶级社会环境下，任何知识的价值与功能都与其所处的政治背景有密切关联。哪些知识是有价值的，谁有权力对其进行评估和认证，主要取决于统治集团的组织目标、价值观念和意向选择。不管任何时代，国家的执政者用于维持统治的知识总是对社会影响最为强大，当然也就成了价值最高的知识。因为那些以法令、制度、政策、条例、规则等面目出现的知识，对于受控的大众来说具有一定的规范性或强制力，任何组织和个人如果未能了解或触犯了它都可能受到一定的制裁与惩罚，由此使事业受挫，前程受阻。而那些未能占据统治地位者的见解或学说尽管是正确的，但若妨害了统治者的利益或权威，不仅受不到应有的重视，有时甚至还会受到迫害。在知识发展史上因为坚持真理而遭受迫害的学者不胜枚举。因此，有人把知识分为"重要的知识"与"不重要的知识"；"主流知识"与"非主流知识"；"核心知识"与"边缘知识"；"正式知识"与"非正式知识"等，这些划分方式都含有极其复杂的政治背景与社会原因。当然我们也不能否认，在自然科学那个部类中的知识，政治属性容易淡化，而社会科学，尤其是其中有关政治与经济方面的知识就不那么容易淡化。因为这类知识是用以处理社会关系，特别是利益关系的工具。

美国学者丹尼尔·坦纳说："知识是动态的，而且无法摆脱与社会的变化发展的联系。"[①] 为了弄清知识与社会的关系问题，20 世纪前期，世界上诞生了两门新学科：一门是知识社会学，主要是研究思想、意识形态与社会群体、文化制度、历史情境、时代精神、民族文化心理等社会文化之间的联系，或者说是研究这些社会文化因素如何影响知识的产生和发展的。另一门是科学社会学，主要研究科学知识与社会诸方面的关系。其中包括科学与政治、经济、教育、宗教、文学艺术等各种社会因素的相互作用。以默顿、巴伯、哈格斯特龙、斯托勒等人为代表的科学社会学研究者将科学知识看作社会制度中的一个重要组成部分，认为它与经济制度、政治制度、军事制度等并列，共同构成了社会文化结构和组织方式。他们的研究使人们认识到，知识不仅有自然维度，而且有社会维度，无论在内部

①　[美] 丹尼尔·坦纳、劳雷尔·坦纳：《学校课程史》，崔允漷等译，教育科学出版社2006 年版，第 354 页。

或外部都与社会保持着互动关系。即便是科学知识,其内容与真理性也都是由社会因素决定的。

科学社会学还把科学知识看成一种社会建构。建构者首先提出假说,然后再加以验证,最后得出结论。因为假说是可错的,科学知识也是可错的。所以,科学知识具有动态性和暂时性本质而不是绝对真理。

"科学理论实质上是一种精神建构。"① 与一般的知识并没有什么不同,也需要进行不断的修正或推翻。这种说法瓦解了传统逻辑实证主义那种把科学知识等同于真理的观念观,使科学知识所带有的社会性、暂时性、主观性、建构性与不确定性被揭示出来。"知识不再是纯粹客观性的。可以将科学知识看成由假说和模型所构成的系统,这些假说和模型是描述世界可能是怎样的,而不是描述世界是怎样的。这些假说和模型之所以有效并不是因为它们精确地描述了现实世界,而是以这些假说和模型为基础精确地预言了现实世界。"② 把知识乃至科学知识都看作社会建构的产物,这种认识说明,以事实、概念、命题、公式、定理等为表征的知识系统都不是不可更动的金科玉律,它不过是人们按照某种自己的需要不断组织的结果。它意味着一切都可以质疑,一切都可以修正,若有新的需要,一切皆可推倒重来,重新组织出新的知识体系。这就使知识真正成为解放人的力量,而不是压抑人的魔咒。所谓知识革命,就是要打散那种禁锢人们认识发展的旧知识体系或范式而以新理论和新认识方式来取代它。

知识的社会化生成特性,使知识自身获得了不断变化、扩充和完善的生长机制,它将随着社会的发展、认识条件与认识方法的改善而不断地丰富完善。所以,我们应把知识看作一个知识与政治、经济、文化乃至各门知识之间相互联系的开放的社会生态系统,每个人既可按照自己的认知方式来理解事物,也可不断地吸纳他人的新见解对原有的经验进行改造和加工,从而建构出自己的知识世界。

---

① [英]约翰·齐曼:《真科学》,曾国屏译,上海科技教育出版社2002年版,第266页。
② 孙可平、邓小丽:《理科教育展望》,华东师范大学出版社2002年版,第126页。

五　知识组织的广延性

"广延"是个哲学术语，用来指称物质占据空间的性能。凡是物质必然占据空间，比如，一只鸡蛋可以孵化为鸡，鸡生蛋、蛋生鸡无限延绵下去，即使是将它做成蛋糕等东西，虽然性能改变了，它也仍然以其他方式占有空间。我们选择这个概念来说明知识及其组织方式，在于表达人类认识的无限性、人类社会实践活动对知识需求的无限性、人类知识在范围上的无限性。

如果有人问知识组织的范围有多大，这就是一个极其庞大而又复杂的问题。我们只能约略地说：知识是人类认识的成果，凡是人类认识达到的地方就是知识活动的范围，凡有知识活动的地方，便有知识组织活动伴随其中。对于人类认识所能达到的广度，自古以来就有许多高远的见解。到了 20 世纪之后，就形成了许多具有影响力的系统理论。

1948 年，罗素出版了《人类的知识——其范围与限度》一书，他在对人类的知识进行了系统的考察之后说："照我看来，'知识'是一个远远不及通常所想的那样精确的概念，它在不用文字表达的动物行为中扎根之深超过了大多数哲学家愿意承认的程度。"① 在这里他已经"看到"了蕴藏在人们行为之中的知识含量之多。

1958 年，英籍物理化学家和哲学家迈克尔·波兰尼出版了《个人的知识》一书，他在书中首先明确地提出了"缄默知识"这个概念，他认为，人类的知识有两种：通常以书面文字、图表和数学公式加以表述的知识只是一种类型的知识，而未被表述的知识，像我们在做某事的行动中所拥有的知识是另一种知识。他把能够被语言文字描述的知识称为显性知识，而将不能够被语言文字描述的知识称为隐性知识。同时他还认为，一个人所知道的比他所能说出的要多得多。他的这个见解在学界得到了广泛的认同。

1967 年，英国科学哲学家卡尔·波普尔在一次国际会议上发表的题

_____

① ［英］罗素：《人类的知识——其范围与限度》，张金言译，商务印书馆 1983 年版，第 8 页。

为《没有认识主体的认识论》的演说中，将人类所有的知识划分为三个部分，第一次提出了"三个世界"的理论。在1972年出版的《客观知识》一书中，他又对三个世界的理论进行了详细的阐述。他指出，世界1是实体的和物理的世界；世界2是精神的或心理的世界；世界3是思想的或客观知识的世界。在这三个世界之间呈现一种递进而互动的关系，其中，世界1是世界2存在与发展的必要条件，而世界3又是人类在世界2的基础上构建出来的一种精神和一种特殊的符号系统，他把这个系统称为"客观知识"的世界。他的所谓"客观知识"，就是指人类通过自己的主观世界对自然世界进行认识和反映的结果。他之所以把这些知识成果看作没有认知主体的认识结果，就在于这些认识成果属于历史的积累，所有的认识者们已经把他们的认识凝结在自己的知识产品中，成为一种过去已经完成了的认识，这些认识成果对于当下的人来说，就是一种客观的存在。

他们这些在知识论中的卓越见解将人类知识的范围推进到人类的心灵深处，揭示出了我们平时看不见却又有着极高价值的那部分知识，因此使他们成为享誉世界的思想家，他们在国际上所产生的影响也极其广泛而又深远。

其实，知识的隐和显并不是静态的，也不是一成不变的，而是相互转化和相互生成的。我们也可以通过人们的社会文化生活来观察各类知识的表现姿态。比如，我们要想知道一个国家、一个民族或一个地区中民众的知识水平高低，从观察当地公民的精神面貌和行为举止就可得知其知识状况的贫富差异。因为人类的知识虽然隐藏在头脑里，却可以通过他的日常行为和文化生活表现出来。在衣着打扮、举止言谈、日常用品、建筑设施、生产工具的选择和使用、社会管理方式等活动中都包含着知识的投入与文化创造力的成分。

人类生活状况的改进，就意味着知识数量的增长与知识品质的提升。如若没有建筑方面的知识，人类只能居住在洞穴和茅屋中，摩天大楼就盖不起来；如若没有能源方面的知识，我们就不能利用热气、电气、煤气、天然气等来方便我们的生活；如若没有对于细菌、病毒及其他致病因素的了解及其防治的知识，人们的健康就难以保障；如此等等，凡是平安、祥和、富裕、优雅、有秩序、文明程度较高的生活都有知识渗透其中。即使不说那些高新科技产品，仅从我们的日常生活来看，从耕种、养殖到工业制造，我们使用的所有产品都有一定的知识作用于其中。现在人们把经过人类加工过的所有产品都称为文化。文化就是由人的意愿、能力和知识共同变化生成的人造之物。完全可以说，一切人类文化产品都是经过知识与人们的体力劳动组织生产出来的。这些人类文化创造物也应该属于外显性知识的另一种类型。

过去，我们讨论知识的时候，所关注的主要是有知识的人才和各类文献资料，没有多少人把人类的创造物也看作知识的载体。当"知识经济"这个概念产生之后，有不少学者在探寻知识的时候开始把视野扩展到人类的创造物中。比如在经济学界，学者们在计算经济发展中的知识份额的时候，都把劳动产品中的知识含量计算在内。特别是对那些知识含量较高消耗原材料又较少的产品都看作知识的象征。如人造卫星、宇宙飞船、计算机、软件、登月火箭等产品，都是高新科技的凝结，被当作知识载体是很有道理的。只要是我们已经认识和可以掌控的事物都可以称为已知的"知识"，这里的"知识"包含了技术的知识化，也就是把技术也列为知识形态中的另一个分支体系——关于怎么做的知识。

以人造物品指代知识的这种思维对于知识组织来说，也有十分重要的意义。因为当一个新生事物被创造出来的时候，它常常能够比一本书或一本杂志之类的知识载体更能发挥其直观的效果。比如，当人们看到火车比马车跑得快、拉得多，就会主动地关注关于火车是怎样制造出来的知识；当人们看到移动电话更易于随时随地与人交谈，就必然要考虑关于移动电话的知识。这对于普通的用户来说只要能够正确地使用它们也许就很满足了，可是对于正在思考改进交通工具与研究信息通信能力的人而言则是一种直接学习的好机会。一方面我们可以从中观察、模仿率先创新者的行为，从"看中学"；另一方面，我们也可以借鉴同类事物制作的原理和方法来丰富自己的知识，改进自己的创作思路，从而使自己的作品更胜一筹。人类社会的进步正是通过模仿与创新交替运动不断地向前推动的。

通过知识要素、表达方式与载体形态的认识，我们已经看到了人类知识活动与知识组织范围的大致图景。皮尔逊在介绍科学的研究领域时，他这样说："我们已经看到，科学的合法领域包括宇宙的所有心理的和物理的事实。"① 这样看来，知识组织包括对心理的认识，也包括对物理的认识。我们在这里探讨知识组织的广延性，就是为了说明人类对于自然界的认识、对人类社会与文化创造物的认识以及对人类内心世界的认识。我们可以首先通过观察自然和改造自然生成隐性的知识，继而对隐性知识进行组织加工，使其转化为显性知识并创造出具有知识含量的文化产品。所以说在知识组织与转化过程中，隐性知识是人类一切知识生成的基础，也是各类知识相互转化的关键要素。主要理由有三点：

首先，隐性知识是新知识生成的基础。任何新知识的产生都是个体对隐性知识整合的结果。人们从社会生活以及各个学科中所获得的相关知识经过潜移默化、融会贯通，改变了对某类事物或社会现象的认识，并使原有的知识含义与结构发生了变化，新知识就产生了。

其次，显性知识是隐性知识外显化的结果。当个人的隐性知识经过社会实践需要的激发，被运用于创造活动过程，然后生产出知识产品则转化为显性知识。如著书立说、设计策划、编程软件、音像视听产品或物化为知识含量较高的器物如电脑、飞机、运载火箭等，都是隐性知识外显的结果。

再次，任何显性知识都必须转化为隐性知识才能成为自己的东西并实现它的价值。我们平时把显性知识称为书面知识，它是我们快速获得知识的途径。但是，那些通过阅读或死记硬背储存于人脑中的显性知识，如果生吞活剥地吃进去，未能较好地消化、理解，没有转化为自我内在的学养（即内隐性知识），显性知识就发挥不了作用。因此社会上就有许多名词来形容这样的读书人，如书呆子、两脚书橱等，并把那些从书本中得到知识而不能很好地消化运用的行为都看作纸上谈兵，预示着有失败的风险存在。

在强调隐性知识价值的时候，我们还应看到隐性知识的个体性局限性和短暂性等缺点。因为隐性知识的运用会受到时间或空间等到方面的限制，它既要求知识人自身在场，并且还会随着人的生命消失而消失。为了克服这些缺陷，让那些有较高价值的知识保存下来与人分享，就必须通过耳提面命传给子孙与徒弟，或记录于一定的载体之上供更多的人使用。这

---

① ［英］卡尔·皮尔逊：《科学的规范》，李醒民译，华夏出版社 1998 年版，第 39 页。

种使用了语言、文字、图书、报刊、网络等传导方式表达的知识就获得了外显的表现形态而被称为显性知识，或称之为客观知识。

显性知识进入公共知识领域之后，则属于全人类的知识。不仅知识的性质由个性化开始向公共性和社会性转化，并且对知识的表达方式也有了许多新的要求。为了使社会更多的群体都能够理解和接受，显性知识必须去掉隐性知识阶段时的那种任意性、松散性、随机性和灵活性以适应社会各种知识制度的要求。特别是那些进入正式出版、公开发行环境下的显性知识，都必须使用规范的语言文字、合乎语法逻辑的表述方式，以结构化、系统化和理论化的形态来表现，才能获得出版发行的机会，获得学者们的广泛认同，获得社会的普遍重视并获得全面性、公共性与生命力的持久性。

显性知识的优势就在于它们可以突破时空的限制得到广泛的交流和传播，也可以被继承、被积累、被组织，还可以作为知识再生产的资源被世界各国世世代代的人们所利用，从而使知识的价值与功能得到无限地扩展。当然，隐性知识与显性知识之间也并非疆界森严，不可通约，而是可以通过有效的组织使之相互转化、相辅相成。

我们在开展知识组织活动的时候，如果仅仅讨论各类文献的采集与组织，就漏掉了知识组织的主要对象，即对知识人的关注。对于个人而言，知识组织的首要任务就是对不同类型的知识进行吸纳与领悟；对于群体的知识组织而言，除了图书情报专业性工作需要组织建设公共知识资源之外，绝大多数的知识组织者都将那些有着不同知识结构的人才看作主要的组织对象，对不同专业的特殊人才进行合理的调配和任用才是组织的关键。

第四节　知识组织的目标设计

目标通常就是我们所期待的结果。做什么？怎么做？达到什么样的效果？这是目标选择时所关注的核心问题。只有让我们的眼睛能够看见这个标的，我们才有希望达到这个理想的境界。那么，知识组织有目标吗？我们怎样选择自己的目标并设计出恰当而又可行的行进路线呢？

本书所谈的知识组织，主要是个体在追求知识的过程中对知识的选择、鉴赏、领悟的一种思维方式，而不是专业化或行业化的知识组织。所以，作者就把提升人的求知乐趣和提升人的综合素质作为知识组织的理想目标，讲求知识组织的自主性、趣味性、随机性和灵活性，提倡在知识的丛林里自由旅行、探幽访秘、学行结合、学思结合、自主学习、自得自乐，并不是要硬性地把这类知识与那类知识组合成一个什么结构或宏大体系。

一　知识组织的意趣选择

所谓意趣，就是意向与旨趣的合称。在我国最早的汉语字典《说文解字》里，许慎将"意"解释为"志也"。清代文字学家段玉裁作注说："意即识"，并解释说，这个"识"字，不只是用眼睛看见，而是由"心所识也"，即心里明白。后来人们常用"意"来表达志向和意图。而"趣"字在《说文解字》里的解释是"趣，疾也"，指朝着某一方向疾行。段玉裁对许慎的"趣"字注释为疾行的方向、目的和意图，包含着兴趣、利益和利害关系之义。

这就是说，人的意趣包含了兴趣、利益和奔走的方向。可知意趣所代表的是一种人们心驰神往的积极情绪。意趣所致，自觉自愿，置身其中，其乐无穷，甚至达到以苦为乐的程度。犹如孔子所说："知之者不如好之者，好之者不如乐之者。"[①] 当人们对自己所选择的活动或选择的事业达到知之、好之与乐之这三个层次呈递进状态时，他个人的生活就已经接近成功了。

当代认知评价理论的最新成果——自我一致性理论认为，人们追求目标的兴趣和核心价值的一致性高低对于能否实现其目标具有决定意义。"如果人们追求目标的理由是由其内在的兴趣，则他们实现目标的可能性就更大，并且，即使目标没有实现，他们也会很高兴。为什么呢？因为努

---

① 《论语·雍也》，文渊阁四库全书电子版。

力的过程本身就充满乐趣。"①

　　这里所说的知识组织，首先是个体的知识自组织，其出发点就定位于个人的意趣之上。本书认为，人的意趣是进行知识自组织的内在动力。只要是精神上有较高追求的人，一定会对某个方面的知识表现出浓厚的意趣。

　　我国当代书画家王富增在《杂谈兴趣与爱好》一文中把爱好比作人生的调色剂，每多一种爱好，就多一份艳丽。喜丹青者陶情励志，好运动者强身健体，常旅游者丰富阅历，勤读书者博学强识，如此等等，只要有一份爱好，就会有一分收获。爱好始于兴趣。做有兴趣的事情是一种享受，久而久之，乐此不疲，形成习惯，以至于将兴趣变成爱好，再把爱好变成职业，那么，人生的幸福感必然会保持在一个较高的水平上。因为爱好和兴趣不仅能够丰富生活，并且也是引发事业成功的持续推动力。因为人们做有兴趣的事情会全身心投入，有了全身心的投入也就容易做出业绩。所以说，谁找到了自己最感兴趣的职业，谁就踏上了通往成功的幸福之路。

　　许多研究证明，较强的能力并不是事业成功的保证。一个人的兴趣、爱好、动机、价值观等情感因素对事业成功有着巨大的推动作用。在这些因素中，又以兴趣和爱好所起的作用最大。有个美国学者曾对两千多位著名的科学家进行调查，发现他们之中很少有人是出于谋生的目的而工作，而是出于个人对某一领域问题有着强烈的兴趣而孜孜以求，不计名利报酬，忘我地工作，他们的成功与他们的兴趣和爱好是紧紧相连的。兴趣与爱好都是成功的重要推动力，人们的潜能往往是通过它们被激发出来，若是能长期专注于某一事业，围绕这一事业不断地组织知识，向更深更细的方向努力，就一定能取得令人瞩目的成绩。

　　由此可知，兴趣和爱好不仅是一个人获取知识的内在驱动力，并且也是我们的职业或事业上获取成功的最佳要素。我们看到，如今世界上在音乐、美术、绘画、体育、写作、烹饪、刺绣、种植、养殖、园艺、收藏等方面有杰出造诣的人，都是该领域的真正爱好者。

---

　　① ［美］斯蒂芬·P. 罗宾斯、蒂莫西·A. 贾奇：《组织行为学》，李原、孙健敏译，中国人民大学出版社 2008 年第 12 版，第 166 页。

意趣是人类创造世界的内在动力。在这里使用"意趣"这个词语来表达知识组织的方向、目的和意图，并不是指某种知识经过组织有什么样的具体功能或作用，而是强调每个人认识旨趣上的差异在知识组织中的妙用。

不同意趣的知识组织者，各有不同的组织方向、组织目标和组织任务，知识组织的方法和路径也各不相同。比如，一个人若是爱好诗歌，就应该下功夫去搜集和阅读古今中外的各类诗歌作品，并对与诗歌相关的知识进行组织，以便于能从诗歌中得到自己的精神享受或获取诗歌创作的技能，并乐在其中。

一个人若是爱好绘画，就应该下功夫去搜集古今中外的绘画，并对与绘画相关的知识进行组织，以便于能形成较为完整的绘画知识体系，使自己能够掌握绘画技巧，从而创作出理想的艺术作品，并乐在其中。

一个人若是爱好文学创作，就应该下功夫去搜集古今中外的文学作品，并对与文学创作相关的知识进行组织，以便于能从中得到有关文学创作的理论知识和创作技巧，并乐在其中。

以此类推，那些热心创建公司、医院、企业或开设工厂的人也应根据自己的实际需要去研究社会的需求特点和人力资源运行的基本特点，以便于能形成较为完整的管理学知识体系，以保证企业的良性运转，并创造出辉煌的业绩；那些潜心于种植、养殖、改良品种或培育园林的人必然也应该搜求与之相关的知识，使自己培育的动植物能茁壮成长；而那些以改造社会、推动人类文明建设为己任的政治家与思想家们则应该有更加广泛的知识组织蓝图，以求创立能够推进社会和谐发展的理论。罗素说："人类一切的活动都发生于两个来源：冲动与愿望。愿望所起的作用常是可以充分地认识的。当人们觉得自己有不满意的地方，而又不能立即获得满意的时候，想象就会在他们意识中产生一种思想，即想起一些他们认为能使自己获得幸福的事情。"[①]

其实，所谓聪明人，都是善于进行知识组织的人。他们能够利用自己构筑的知识体系对外界的事务作出快速反应，举一反三，灵活应对，随机

---

① [英]伯特兰·罗素：《社会改造原理》，张师竹译，上海人民出版社 2001 年版，第 3 页。

组织大脑中所储存的知识去破解各种难题，通过关联、组织和变通，创造出许多解决问题的方法。就像多智的渡河人，他可以根据自己当下的情景和条件选择涉水、做筏、飞索、造船、建桥等多种方法来实现渡河的目的，而不至于坐以待毙。美国当代著名心理学家戴尔·卡耐基就把兴趣看作走向成功的桥梁。他认为，醉心于某种爱好的人是幸福的，幸福并不在于拥有金钱，而在于获得成就时的喜悦和产生创造力的激情。他说："兴趣是我们走向成功的一座彩桥，但它需要我们用恒心去架设，才能到达成功的彼岸。"① 由此可知，只要我们有耐心和恒心进行知识的积累和组织，就一定能够走向成功的彼岸。

二 寻找知识大网的纲领

我们这个时代已被贴上"知识社会"的标签，社会对于每个成员的知识水平要求正在不断提高，人们掌握知识的多寡已经成为生存竞争的一个重要砝码。而各类知识的增长极其迅速，如今世界上正规的知识部类已近万门。从1992年由中华人民共和国质量监督局编制的《学科分类与代码》中看到，目前我国已经设置的学科可分为自然科学、工程与技术科学、人文与社会科学、农业学、医药学五个门类，共计58个一级学科、573个二级学科、近6000个三级学科。这仅是我国目前的学科编制方式，而世界上还有一些国家比我国的学科门类更多。人们常常使用知识网络这个概念来形容这些纵横交错、门类繁多的知识体系。那么，在这张巨大的知识网络面前，我们究竟应当敲开哪一扇门呢？应该做专才还是应该做通才？如何选择适宜于个体发展的那些知识呢？如何才能较快地掌握更多的知识呢？

我国古代有个成语叫作"纲举目张"，其中的"纲"字是指穿在渔网上的总绳，"目"就是大网中的各个网眼。若能把渔网上的大绳提起来，一个个网眼就会自然张开。这个成语对于那些希望把握众多繁杂事物的人很有启发性，对我们探讨知识组织的方法更有借鉴意义。

本书认为，只要能够找到提举知识之网的纲领，有不少难题就能顺

① ［美］戴尔·卡耐基：《生活的智慧》，程逸编译，学林出版社2002年第1版，第9页。

势破解。因为知识组织的意趣就在于它对现有学科的超越性，通过了解每种知识体系的来龙去脉，揭示出知识部类间的关联和知识网络结构形成的规律，便能够达到纲举目张的理想目标，从而不断地扩展自己的知识领地。

20 世纪初期，德国学者弗里德里希·威廉·奥斯特瓦尔德就是通过梳理知识关联而成为世界著名的哲人物理化学家的。他就是把人类的知识看成一张巨大网络，由点到面逐渐扩大自己认识领地的。他认为，对于个人来说，"不管他的知识圈子多么有限，它也是这张大网的一部分，因此它具有这样的质；只要其他部分达到个人的意识和认识，它们容易借助这种质与它结合起来"①。奥斯特瓦尔德是一个十分善于结网的知识组织者，他通过自然哲学将化学热力学原理引入结晶学和催化现象的研究中，对大量现象给予了合理的解释，并把催化剂成功地应用于工业生产。1909 年，他因在研究催化剂的作用、化学平衡和化学反应速率方面的突出贡献被授予诺贝尔化学奖。就在他对物理和化学进行综合研究的同时，还努力把自己所得到的知识成果进行广泛的推广，由此又成为出色的教材作者和卓越的学术组织者。他创立了多种刊物，培养了大量的年青研究者，使得物理化学得以成为一门独立的科学并成为其他化学的理论基础。因此，他被称为物理化学的创立者之一。另外，他在颜色学、科学史、哲学方面也有独特的贡献。

奥斯特瓦尔德之所以能够获得如此杰出的成就，就在于他发现了知识部类之间的关联和基本秩序。他说："自然科学和自然哲学不是两个天然相互排斥的领域。它们住在一起。它们是通向同一目标的两条道路。这个目标是人对自然的统治，各种自然科学通过收集自然现象之间的全部个别的实际关系，把它们并置，力图发现它们的相互依赖，在此基础上以或多或少的确定性从一个现象可以预言另一个现象，从而达到这种统治。"②他认为，自然事物的普遍特征并没有精确的边界线，科学是自然事物，若是强行在它们之间进行鲜明的区分便会遇到许多困难。由此可知，目前知

---

① ［德］弗里德里希·威廉·奥斯特瓦尔德：《自然哲学概论》，何兆武、李醒民译，华夏出版社 2000 年版，第 7 页。

② 同上书，第 3 页。

识领域内所存在的学科界限并非天然形成，而是人为设置出来的障碍。只有敢于跳过各种学科壕沟的人，才能获得更多的成功。

三　描绘知识的联络图

奥斯特瓦尔德求知的意趣并不仅在于跨越某些知识壕沟，他最大的追求在于编织出自己的知识网络，并描绘出联结不同知识网络的联络地图。他形象地比喻说，一个初学的人在接受基础教育时，"他正在把握这张巨网中的一个或多个线索，并且能够沿着它摸索着前行，以便把它的日益增加的范围引入他的生活和他的活动领域。这张网具有价值的甚至珍贵的是同一的质（quality），即把人类中最伟大的和最综合的理智相互联结起来"。① 他把自然哲学看作了解人类知识的总平面图，认为一个求知者要想对人类的知识有一个较好的理解，就应该先从阅读它的平面图开始。他说："如果我们希望得到一个复杂结构的完美概览，例如一个大城市中的混乱的街道，那么我们最好不要试图了解每一条街道，而是研究总平面图，我们从中获悉街道的比较位置。我们在研究专门科学时察看我们的总平面图，也完全是这样，即便只是为了避免迷失我们的道路，此时它也许碰巧通向迄今未知的地区。"②

那么，奥斯特瓦尔德所说的这张寻求知识分支之间普遍联系的鸟瞰图是否真的存在呢？我们如何找到它们呢？其实，只要我们用心寻找和观察，就可以发现它们。许多年以来人们就已经绘制出各种各样的知识地图。比如，学科目录、图书报刊目录、图书馆馆藏目录乃至网络中的搜索引擎、学科门户等不就是我们所要寻找的知识地图吗？如果我们擅长运用这些检索工具，就可以在这些知识图谱中找到我们所需要的各种具体知识。

但是，当今世界上的专业化与规范化的知识组织，其主要对象都是客观知识。在本质上这样的知识组织就是对文献组织的延伸，即把知识探索

---

① ［德］弗里德里希·威廉·奥斯特瓦尔德：《自然哲学概论》，何兆武、李醒民译，华夏出版社 2000 年版，第 7 页。

② 同上书，第 8 页。

的视角深入到各类文献的内部去寻找知识的关键要素，挖掘知识因子，建立知识关联，使分散的知识得到归整，为混乱的知识排列次序，以此创建起系统化、规范化和规模化的知识王国，为各类知识用户提供便捷化的知识运用环境。比如，各类图书馆、文献中心、情报中心、资料室等机构中的工作者所从事的知识组织工作，就是以服务对象的具体需要来组织文献和知识的。这种服务从传统的文献采访、采编、分类、加工、标示、传递、编制书目索引、论文索引、文摘、手册等类项发展到当今的数字图书馆制作、全文数据库制作、网络数据库、搜索引擎、门户网站、跨系统链接等数字化知识组织的新领域。由此可知，这种专业化的知识组织所进行的工作，就是为人们查找知识绘制线路图。如果学会使用这些知识查询工具，我们就能沿着他们所提供的线索看到人类知识在总体上的分布状态，找到治学的门径和知识各类所在的时空位置，找到人类知识资源的源头与分流渠道。他们的这些努力已经为我们运用知识提供了前期的基础性劳动，有了这样的知识图谱，我们就可以方便地采撷到自己感兴趣的或迫切需要的知识。

当然，我们每个人也可以根据自己对知识世界的了解和特殊需要为自己编织知识联络图。也许就在我们编织地图的过程中，通过对各个知识领域的详细查勘，就已经扩大了自己的知识领地。

可能有人对"知识组织"这样的行为持轻视的态度，认为它不过是像图书馆的工作者一样，去采集、整理和保管各种文献资料，或者是对大量的学说与他人的议论进行编纂与传播，并不能产生自己的思想。这种看法固然有一定的道理，因为知识组织确实曾经是图书情报工作者的一种职业性劳动。但是，我们应该知道，正是有了他们在知识组织方面的前期劳动，我们才能够方便地使用人类已有的各类知识资源。对于个体来说，知识组织也是我们进行创造性活动的前期准备，我们需要对创造对象进行各种各样的调研和材料准备。只有在前期准备的基础上进行创造，才能较好地实现创造目的。

笔者在这一节里之所以要反复讨论知识组织的重要意义，重点在于让人们明白这些基础性劳动的重要性。它能够帮助我们站到前人的肩膀上去瞭望知识王国的各种景色，通过这些专业知识组织者编制的各类书目、索引和元数据等知识查询工具而获得"一览众山小"的俯瞰效果，使用这些知识查询工具与查看交通地图确实有异曲同工之妙。仅根据现有的这些知识地图，我们就可以从中找出自己的研究兴趣，然后接续前人探索的路径继续向未知的新领域进发。

以往那些大师们的伟大思想和卓越见解也许已经时过境迁，不再鲜活管用，但它们并不会成为我们沉重的思想负担，恰恰相反，这些东西都是孕育新思想和新知识的沃土。因为，所谓新思想和新知识都不是凭空产生的，而是经过对旧思想和旧知识的怀疑、批判或改造逐渐建立起来的。社会心理学家把创造力看作人性表现的最高形式之一。而这种创造力在很大程度上是通过对经验和知识的整合获取的。美国当代心理学家 A. 班杜拉曾说："创造性的产物并不是凭空冒出来的。在一定程度上它们是建立在他人早先的创新之上的。观察学习可能在吸纳新方式方面最有利于创造性的发展。创新者赋予惯常的形式以新的成分，从而获得了新颖性。新形式的经验一旦出现就会带来进一步的变革。"①

当然，专业化的知识组织工作者所从事的知识组织，虽然也可能包含着从业者个体的意向和趣味，但基本上是按照行业的规范对知识进行操作和控制。本书所讨论的知识组织就是要建立在这种职业性的、公共的、规模化的知识组织基础之上对社会上各类知识资源进行充分认识和利用，所追求的目标并不是对文章单元的抽取与缀合，也不是对知识因子的关联与挖掘，而是依照知识组织者个体的不同意趣，在现实生活中利用客观知识生成主观知识，使两种知识共同作用于创造性劳动的过程，强调的是知识组织的个性化、情境化和随机化组织。

我们所说的知识组织意向，并不仅仅是对书写在各类载体中的符号化的显性知识进行组织，而是要把蕴藏在人们大脑中的活知识或称为非符号化的隐性知识作为主要的讨论对象。在知识组织中包含了我们的认知能力、认知行为、认知过程和认知结果等多个部分和多个环节，是一种由追求知识、鉴赏知识、选择知识、组织知识到运用知识并创新知识的动态的实践活动过程。我们的每一项活动，无论是单项的活动还是序列化的活动都需要进行精心组织，它包含了组织者的兴趣、愿望、动机、能力、先在

---

① ［美］A. 班杜拉：《思想和行动的社会基础——社会认知论》（上册），林颖等译，华东师范大学出版社 2001 年版，第 143 页。

知识和组织对象的性质及其对相关信息的准确把握，特别是对组织要素间的关系进行揭示和梳理。每一个组织者都可以根据自己特定的目的和任务将那些分散的、零碎的、不同学科、不同功能的知识要素进行收集、整合、理解和吸纳，从而使各种各样的知识都能成为酿造我们内在智慧的原料。

本书所说的知识组织，还强调任何知识及其组织都应该服务于我们个人的生活或社会生活中的各种目标。凡是有创意和需要解决问题的地方，都是我们实施知识组织的时机，而不仅仅把知识组织局限于对各类知识载体专门的组织，或对文献类知识载体的内容挖掘以及对知识最小单元的阐释和罗列，而是把具体的任务和所遇到的具体问题作为组织目标，随机调用各种各样的知识为我们创造新生活和解决新问题服务。当然，这种从各种文献中搜罗知识和组织知识的方法则是一种基本方法和可行的途径。

另外，本书所说的知识组织意向，还在于对知识部类或者说是学科专业限制的突破，凡是对于我们生活与生产中有用的知识都应该纳入组织的视野。那些进入了学科专业的知识需要进行跨学科组织，而那些尚未进入知识主流，不在学科专业编制之内的非主流知识也应作为关注和组织的对象。在当今这样的信息社会或者说学习型社会环境条件下，过去我们曾经奉为真理的知识，随着社会的快速变动已经变得不再那么可靠。我们不必花费大量的时间去死记硬背那些编写在课本上的一些条文。每个人都可以借助现代信息技术方法从无限繁多的媒介中搜集信息，发现知识、组织知识、建构出适宜于自己生存发展需要的知识体系。

四　设计求知的行进路线

美国心理学家亚伯拉罕·马斯洛曾把人的需要划分成为五个层次：其一是生理的需要：包括觅食、饮水、栖身、性和其他身体需要。其二是安全的需要：包括保护自己免受生理和情绪的伤害。其三是社会的需要：包括爱、归属、接纳和友谊。其四是尊重的需要：包括自尊、自主和成就感等内部因素乃至获得地位、认可和关注等外部因素。其五是自我实现的需要：包括成长、开发自我潜能和自我实现，使个体成为他所希望成为的那种人。在这五个层次中，保障身体健康、生活安顿的需要属于低级的也是最基本的需要，而居于最高位置的需要就是他要成为某种理想的人，实现自己，完成自己。

在人的五种需要层次中，求知既是一种内在的、高层次的精神需要，同时也是贯穿于各个层次之中的日常需要和基本活动。因为没有知识的浇灌任何需要都难以获得完满的收益。而要在人生的各个阶段里顺利实现不同的理想目标，就应该有相应的知识和能力来铺设理想的行进路线。首先知道自己究竟喜欢什么，希望达到什么样的要求，然后设计出符合自己理想目标的求知行进路线，不断地汲取知识、组织知识，用丰富的知识来铺设通往成功的道路。知行合一，开拓进取，最终成为自己想做的那个最好的自己。

人类的各种需要和各种愿望都应该通过知与行密切配合才能实现。所知越多，设置的人生目标就越高，当一种目标完成之后，新的目标就会产生。目标越高，就越是能够促使人们更加努力地去追求知识并积极地从事创造性活动。人们只有通过不懈的创造和奉献，才能得到社会的认可和尊重，从而实现自己和完成自己。法国学者德日进就把人类看作一种依赖精神引导行动的动物。他说："我们可以用两种方法，分两个阶段来想象这一精神的未来状态。一种比较简单，知与行的普遍能力和行动。一种深刻得多：心灵的有机超聚集作用。简言之，科学或统一性。"① 他所说的心灵的"有机超聚集作用"，就意味着人们对知识的积聚和消化机能，从无限繁多的知识中获得统一性。德日进虽然是一位神学家，但他对科学推崇备至，认为科学可以完备地透视出宇宙的基本面貌，科学可以帮助人类实现物质化的理想生活。他说："科学自诞生之日起，便主要是在解决某个生命问题的需要推动下向前发展的。最杰出的科学理论假如没有立即转变为一种征服世界的方法，就只能像无本之木，始终在人的思想领域飘来荡去。因此，人类在继续一切其他生物形式的运动时，无疑是沿着征服物质，使之为精神服务的方向前进的。"② 德日进曾反复强调人类意识的重要性。他说："因为有了哲学，我们朦胧地预感到，无意识是一种缺陷或者本体论的恶；世界能在多大程度上完成自己，要看它在多大程度上通过

---

① ［法］德日进：《人的现象》，范一译，辽宁出版社1997年版，第197页。
② 同上书，第198页。

系统和自觉的认识表现自己；甚至（如果不是尤其的话）在数学里，'发现'不就等于创造某种新东西吗？从这一观点看，智力发现和智力成就不仅是思辨，而且也是创造了。"① 当一个人能把求知的意趣、创造的意趣和职业的意趣完美地组织在一起，遵循自己选择、自己设计的路线行进的时候，便能够使自己的人生获得久远的快乐。德国诗人歌德曾经说过，如果工作成为一种兴趣，人生就是天堂。英国哲学家罗素指出，唯有对外界事物抱有兴趣才能保持人们精神上的健康。人的精神世界只要得到满足，人的幸福感就随之而来，就容易感到生活的美好。

　　总之，我们在本书中所讨论的知识组织与专业领域的知识组织相比，在组织意趣、组织目标与组织方法上都有较大的差异。这里所强调的不是把相关的知识搜集汇聚起来就算完事，更重要的则是进入主观知识和客观知识相互转化的最终环节，能使知识直接进入再创造的活动中，使之成为创造的要素，就像是我们平时配制餐饮一样，按照自己的特殊品味去寻求适宜于自己胃口的知识，经过大脑的消化，使各类知识交互运动，共同作用于我们感兴趣的活动目标以取得更好的成效。A. 班杜拉指出："人们不只是由外部条件塑造的有反应性的机体，而是自我组织的、积极进取的、自我调节和自我反思的。人的能动性有几个核心特点。第一个特点是意图，人们形成意向，其中包括计划和实施计划的策略。第二个特点是预谋，能动性在实践上的延伸不仅涉及指向未来的计划。人们自己确定目标并预期未来行动的可能结果，以便预期性地指引并激励自己的努力。"② 平时沉睡在我们大脑中的知识正是经过实践的需要被激活，围绕我们的意图和设计的具体目标被组织起来发挥效能。

---

① ［法］德日进：《人的现象》，范一译，辽宁出版社 1997 年版，第 197—198 页。
② ［美］A. 班杜拉：《思想和行动的社会基础——社会认知论》（上册），林颖等译，华东师范大学出版社 2001 年版，第 17 页。

第二章

知识组织的原理与方法

近年来我们常会听到一些青年人抱怨，说自己从小学到大学，在学校里学了十多年，可是所学到的那些知识在社会上基本无用，每遇到具体问题还需要重新学习。这些抱怨都说明了我们的书本知识在应对社会现实问题时的失能。事实也正是这样，书本和课堂能够告诉我们的往往都是些静态的、单纯的、僵硬的和滞后的知识，面临实际问题确实缺乏回应能力。然而，我们应该知道，无论初等教育还是高等教育，学校教育的理想目标，并不纯粹是为了传递那些编码化的显性知识，而是为年轻人创建未来理想的生活培养基本的能力。正如准备耕种的农夫需要在荒原上拓荒一样，要想有丰厚的收获，我们首先需要在自己的心灵里进行拓荒，让我们知道知识的性质，知识在哪里，哪些人拥有知识，做什么事情需要什么知识，如此等等，通过对基础知识的学习和训练，扫除愚昧和无知，使我们的心灵得到开垦，为我们选择和播种自己理想的生活准备条件。当我们真正投身到社会生活和社会生产活动中的时候，我们就可以在不同的境遇下灵活地选择知识和组织知识。其实，我们每个人的大脑都是一个具有无限活力的知识加工场所，只要我们具备了基本的学习能力、判断能力、知识搜集能力和知识组织能力，能够从大自然和人类社会中源源不断地汲取信息或获得切身感受，无数的奇思妙想和创造方式都会从我们的大脑中产生。

18世纪法国哲学家孔多塞曾经说："一个人生来就有可以接受各种感觉的能力，有可以知觉和辨别它们所由之而组成的那些单纯的感觉的能力，可以保存它们，认识它们，组合它们，可以在它们之间比较这些组合，可以掌握它们的共同之处和它们的不同之点，可以对所有的这些对象加上各种符号以便更好地认识它们并促成各种新的组合。"① 因此，我们每个人都应该相信自己完全可以成为一名杰出的知识组织者和新事物的创造者。

本书所阐述的知识组织与融通，所强调的就是在具备了读写、运算以及信息搜集处理能力之后，应着意培养自己的多元思维能力。只要我们善于学习，善于组织，善于运用，善于变通，便可将知识转化为内在的智慧，当面临具体问题之时，就能将大脑中蕴藏的多种知识要素调动出来，从多个侧面或多个角度进行多元解析，从而使问题得到快速化解。我们应该相信，历史上那些杰出的人物并不是全智全能的神人，但都是杰出的组织者。我们只要掌握了一定的较为系统的知识组织思想和理论方法，就一定能够当一名杰出的知识组织者。

第一节　知识组织的原理

所谓原理，是指事物自身发生和发展的基本趋势或规律。比如："水往低处流，人往高处走"这两句话就代表了两种原理。"水往低处流"所反映的是自然界的原理或规律，因为水在没有外力作用的情况下总是向着低处流。"人往高处走"反映的是人类共有的一种心理要求，只要有可能就会不断地去追求高质量的饮食、衣着、住房等物质生活和高级别的身份、地位、荣誉等精神文化生活。这就是说原理所反映的是事物发展的基本态势和变化。

那么，什么是知识组织的原理？这里指的是知识组织活动中带有普遍性的、最基本的、可以作为其他规律的基础。在知识组织中，我们所要探讨的原理是关于知识运动的活动规律：知识的本性是什么，平时它存放在哪里，通过什么样的渠道能够使它按照我们的动机、意愿、目标和各种具体的任务集结起来并组织成最为合理、最为优越、最为实用的得力武器。

自古以来，人们为何要殚精竭虑去追求知识？就是因为知识是个好东

---

① ［法］孔多塞：《人类精神进步史表纲要》，何兆武、何冰译，江苏教育出版社 2000 年版，第 1 页。

西，知识是我们获得自由、财富、权力等东西的优质媒介，它可引导我们去寻找自己想要的那些东西。目前世界上揭示知识价值、知识传播、知识控制、知识管理和知识经济等内容的论著数不胜数，我们在这里推出当代两位最有代表性的美国未来学家阿尔温·托夫勒和约翰·奈比斯特，看看他们是怎样论述知识在改变人类社会生活方面的重要价值的。

阿尔温·托夫勒不仅是美国著名的未来学家，也是当今世界最具影响力的社会思想家之一。他于1970年出版了《未来的冲击》，1980年出版了《第三次浪潮》，1990年又出版了《权力的转移》，这三部著作后来被学界称为未来学三部曲。后来他和妻子海蒂合作，又写出了《再造新文明》、《未来的战争》和《财富的革命》等著作。在这些著作中，他充分揭示了信息和知识在未来社会生活中的重要价值。我们可以通过下述三部著作来探讨他怎样看待知识在发展诸要素中的位置。

在《第三次浪潮》这本书中，托夫勒把人类历史的巨变划分为三次浪潮。他把约有万年之久的"农耕的时代"称为"第一次浪潮"，认为在这个期间财富构成的基本形式是关于"种植"的知识；他把约始自17世纪末并且延续至今的"工业的时代"称为"第二次浪潮"，在这个时期里，财富构成的基本形式是关于"制造"的知识；他把约始自20世纪50年代后期的"服务业的时代"称为"第三次浪潮"。而"第三次浪潮"则是他论述的主要内容。他通过收集各国的统计数据来研究不同类型的劳动力在总生产总量中所占的比例和发展趋势，这些数据让他作出了一个大胆的预测：以"第三次浪潮"的时间为界，从此以后，农业劳动人口将只占总人口的2%以下，工业劳动人口将占总人口的28%以下，服务业劳动人口将占总人口的70%以上。在服务业里，这个庞大的队伍所从事的工作与"传统服务业"的那些在洗衣工和码头货运工的劳动者截然不同，他们是"现代服务业"中的管理、法律、会计、金融、电信、医疗、教育以及政府部门里的各项服务。这些现代服务业内的劳动者都是"知识工作者"，正是由于知识的大量运用，让众多的"蓝领"变成了"白领"。通过这三次浪潮的划分，他为人类的知识发展变化提供了清晰的行进路线。

在《权力的转移》这本书中，托夫勒给我们讲述了知识在权力转移中所扮演的关键角色。在人类历史上，最赤裸的权力就是使用暴力迫使他人按照执权者指定的方式劳作，控制他人的行动。托夫勒将"权力"概念的内涵和外延重新作了解释。他认为，权力是一个国家、一个民族、一个地域甚至整个世界赖以发展的诸种基本力量的总和，它包括政治、经济、社会、文化诸种有形和无形的力量。权力是由三种要素组成的，这三种要素就是财富、暴力和知识，它们就是权力框架的三角基石。在工业革命前的漫长历史中，权力仅靠暴力支撑，这种权力缺少灵活性，只能用于惩罚，并且风险很大，是一种低质量的权力。到工业革命之后，财富成为权力构成的要素，由此提升了权力的质量，渐渐显现出它的灵活性。它不仅可用于威胁和惩罚，还可以用于奖励。但是，无论暴力升华为法律，还是金钱控制了社会，这两个时期的权力最终难以抵挡融入知识的高质量的权力。因为知识不仅可用于惩罚和奖励，同时还可用于劝说；既能扩充武力和财富，也能减少达到某个目的所需要的武力和财富的数量。在当今的市场经济环境下，企业界争夺权力的主要工具跟其他社会阶层的斗争相同，就是暴力、金钱和知识。不了解这三样工具如何组织和变动的人，就等于搭上了通往经济衰亡之路的倒退火车。

在《财富的革命》这本书中，托夫勒找到了与财富相关的三个基本原理，一是时间原理，指的是财富产生机制与财富本身的"失同步化"现象（指生产力与时间的联系越来越少，而每个时间的间隔都将比上一个时间间隔更有价值。比如，洛克菲勒用 40 年创造了 2 亿美元，而谷歌的创始人塞吉·布林用两年时间就创造了 160 亿美元），他强调，若是把握住了时间的优势，就能决胜未来；二是空间原理，是指财富的流动空间已经不成问题。他认为，随着高科技的发展和经济全球化的进一步扩展，财富的流动速度越来越快，流动的区域越来越大，使得空间概念变得越来越可有可无；三是知识原理，他把知识看作一种取之不尽、用之不竭的无形资源，必将成为未来财富创造体系的主体。他还形象地使用面包和石油与知识相比，他说面包被人们吃掉便消失了，石油也会随着消耗越用越少，而知识却不会消耗反而越用越多。所谓"财富的革命"就是以知识为基础，融合社会体系、文化体系、宗教体系、政治体系甚至更多体系的宏大架构，由此迎来"奇妙无比"的知识经济时代。

在美国，还有一位享誉世界的未来学家叫约翰·奈斯比特，他曾被评选为全球 50 位管理大师之一。奈斯比特阅历丰富，他有着哈佛、康奈尔和犹他三所大学的教育背景，目前还是我国南京大学的客座教授，同时还担任着许多跨国大公司高层及政府高官的顾问。他曾以《大趋势》和《亚洲大趋势》两部著作奠定其作为未来学家的坚实地位。特别是他在1982年出版的《大趋势》曾经风靡全球，被翻译成57种文字在世界各国流传。奈斯比特曾在《大趋势》一书中预言，知识将成为社会发展中最主要的推动力量，知识要素对经济的增长将显得越来越重要。从此之后，"知识经济"、"知识社会"、"知识就是力量"、"知识改变命运"等概念和口号已经成为世界流行语，这些现象反映了知识在当代社会的重要价值已经得到了人们的广泛认同。

　　由此可知，知识的流动和组织方式不仅在社会政治、经济、文化、教育等活动中影响着权力和财富的变化，同时对于我们每个人的就业、创业和日常生活也有着直接的关联。那么，我们怎样才能把客观世界中无限繁多的事物都有条不紊地收纳到我们的大脑中呢？知识是客观事物在人脑中的表征，知识组织与其他的人与物的组织所存在的巨大差别，就在于它是一种高度抽象化并且极为复杂的组织方式，无论是对我们心理世界的隐性知识进行组织，还是对物理世界的显性知识进行组织，都需要我们对诸多要素进行抽象的概括和多维的关联，只有经过我们大脑的精工细作，对各类知识进行探索、判断和选择，才能在我们的内心世界里构筑出符合自己人生进取目标的多要素、多系列、多层次、富于变化、自洽自适的知识体系。因此，我们可以说，知识组织的原理就蕴含在我们对事物的认识过程中，它是我们运用知识活动机理对各类事物进行观察、分析、理解和记忆的一种认识方式。在知识组织的过程中，我们需要对诸多组织对象的本质、形状和特征进行逐一的认识，在深刻理解的基础上，找出不同知识部类之间的主要差异和意义关联，围绕着我们的生活目标或具体任务构筑自己内在的知识世界。

　　如前所说，知识组织普遍存在于社会生活和各种创造性活动中。只要我们细心观察就可以知道，在社会生活中，农业、工业、商业、医药、贸易、教育、艺术创作和新闻出版等行业内的知识流动和知识组织是各有其特点和规律的。不同的创造意图所需要的知识是各不相同的。下面我们可以沿着知识产生、知识组合和知识运用过程这个路线从五个方面来观察知识组织的一般原理和基本形态。

一　知识的概念化组织

"概念"这个词语在现代汉语里是由西方语言中的"Concept"和"Begrif"翻译过来的。在西方传统的逻辑学里，概念是对事物的特征和分类的固化，通常使用述语来表达。概念也是逻辑方法的起点，由"概念—判断—推理—公理化推导系统"形成一个逻辑学的基本结构。在英文《韦伯斯特词典》中，概念的含义被归为两类：一是心里包含的东西，比如思想、看法；二是将特殊实例普遍化而得到的一个抽象的或全称的观念，即与"观念"为同义词。

在我国的《现代汉语词典》里，概念被看作思维的基本形式之一，它能够反映客观事物的一般的、本质性的特征。其实，概念并不完全是西方的舶来品，在我国古代早已有之，不过它的称呼叫作"类"和"类名"。在《墨经·小取》中已经对"类"有了明确的认识。墨子认为，要说出某一事物，就须为其命名，名是对实的指谓和反映。这个"名"就是当今的概念。为了便于认识和组织各种事物，又根据事物性质的差异程度赋予它们大小各不相同的外延，设立出达名、类名和私名三个部分。"达名"是外延最大的概念，可指称任何事物。"类名"是指外延为一类事物的名称，相当于普遍概念，可指性质相同的某一部分事物的对象。"私名"是外延最小的概念，相当于单独概念，仅指事物的具体对象。"以类取，以类予"。通过类名的区别，将事物分别组织起来。

知识是由概念构成的。因为任何一种知识都具有特定的概念结构。知识组织的精髓就是对概念和概念间的关系进行揭示和关联。根据对概念及其关系的揭示程度，我们可以利用概念的类聚体系和概念的关联体系组织知识。

概念自身也是一种知识，同时它还具备收拢各类知识的聚合功能。因为概念是对事物基本属性的概括，它能够把我们所感觉到的事物的共同特点抽取出来加以限定，构成较大的概念和较小的概念，然后通过大概念与小概念的连接构成系统化的知识结构。

概念无论大小，都包含着内涵和外延两个部分。内涵即指概念的含义，用于界说事物本质属性的总和，外延则指概念包括的范围。概念的内涵与外延之间成反变关系，就是说，内涵越多，外延越小；内涵越少，外延越大。根据这种反变关系，我们可以通过增加概念内涵的方法来缩小概念的外延，由此形成更为专指的概念；也可以通过减少概念内涵的方法来扩大概念的外延，由此形成更为泛指的概念。利用概念的内涵与外延之间的这种反变关系，我们便可将世界上的事物统管起来。因此可以说，概念是用于组织知识的基本单位，是构成知识的细胞。

比如"水果"这个概念，是指可供食用的含水分较多的一类植物果实的统称。

我们知道了"水果"这个概念，这不仅可以用它来指称桃子、橘子、苹果、橙子等果品，也可以用它来指称更多的梨子、杏子、香蕉、柿子等果品，凡是水分多的果实都可放入"水果"这个概念的框子里。再如"干果"这个概念是指带有硬壳而且水分较少的一类果实，那么，核桃、松子、榛子、瓜子、杏仁等果品都可放入"干果"这个概念的框子里。你瞧，概念的功用就是这么强大！通过对水果与干果这两个概念的把握，我们便可统摄这两大类果品及其他下属的各小类果品，只是在它们含水量多少这一性质上加以区别就抓住了它们的主要特点。若是增加"水果"这个概念中的内涵，要求说出外皮是红色的水果，我们就只能把像火龙果、樱桃、草莓与苹果之类长着红皮的水果挑出来，而其他的像杏子、梨子、香蕉等长着绿皮与黄皮的水果就被排除在外了。由此可知，概念的确是人类理性思维的细胞，以它为起点，就可构成判断、推理和概念化推演系统。当一个概念被我们理解之后，虽然我们的心中没有客观事物的实体性，但我们可以借助它方便地存储所接收到的外部信息，并使之形成一种内在的普遍化效应。

梳理概念的逻辑关系是知识组织的基础。知识的概念化组织，就是利用概念对具有共同性质的事物的统摄功能来组织知识。通过概念来把握许多事物的共相，捕捉某类事物的共通点，并对它们进行语义上的定义与范围上的界定。

概念的逻辑关系可分为相容关系和不相容关系两种：相容关系中包括了同一关系、属种关系、整体与部分关系、交叉关系与平等关系等几种类型，不相容关系中包括了并列关系、矛盾关系、对抗关系。我们可以依据概念内涵和外延的大小组织建立起知识的等级关系。一方面，我们可以通过相容关系来增加内涵、缩小外延的方法组建知识的种属关系，如知识—
自然科学知识—物理知识—光学知识；再如知识—人文学科知识—哲学知
识—中国哲学知识—先秦哲学知识等，这样可以将总体分为局部；反之，
我们也可以利用外延的扩大把诸多的局部知识汇合成总体知识。另一方
面，我们可以根据其不相容关系，为各类知识分别建立起并行的知识门
户。如哲学、数学、历史学、社会学、管理学等，它们都可以根据概念的
平行关系，单独建立并列的母学科。正是因为概念能够反映事物的本质属
性及各种属性之间的联系，所以被当作知识组织的最佳要素，在所有的知
识体系中它都承载着奠基石的作用。任何学科的理论知识无不是选取最基
本的概念为基础逐渐建造起自己的理论大厦。

二　知识的理论化组织

"理论"是个复杂词语，最简单的解释是指人们关于事物知识的理解
和论述，即说理立论。任何理论都是在对论说对象的观察、认识和理解之
后根据事物的性质、原因、功能作出的恰当评价。理论往往借助一系列的
概念、判断和推理陈述出来。一个正确的理论可以指导人们做出正确的行
动；反之，就可能导致行动的失败。人们之所以重视理论知识，就在于它
能够帮助那些在该领域内毫无经验的工作者。"通过教育和训练的过程，
人们将用理论来指导整个行动过程，从而改变了他们不胜任工作的情况。
只要有理论指导我们的行动，持续的进步就会自然而然地发生。"①

当理论被当作学说、原理、模型来使用的时候，便可指代系统化的知
识体系。《现代汉语词典》就把"理论"解释为：人们由实践概括出来的
关于自然界和社会的知识的有系统的结论。孙正聿教授在《理论及其与
实践的辩证关系》一文中对理论进行了全面而又深刻的剖析，他指出：
"任何一种真正的理论，都具有三重基本内涵：其一，它以概念的逻辑体
系的形式为人们提供历史地发展着的世界图景，从而规范人们对世界的自
我理解和相互理解；其二，它以思维逻辑和概念框架的形式为人们提供历

---

① ［英］米歇尔·D. 迈克马斯特：《智能优势：组织的复杂性》，王浣尘等译，四川人民
出版社 2000 年版，第 33 页。

史地发展着的思维方式，从而规范人们如何去把握、描述和解释世界；其三，它以理论所具有的普遍性、规律性和理想性为人们提供历史地发展着的价值观念，从而规范人们的思想与行为。理论的三重内涵表明：理论不仅是解释性的，而且是规范性的；理论不仅是实践性的，而且是超实践性的。"正是由于理论具有这样的品性，他把理论的功能归纳为三个方面："理论的三重内涵表明，理论不仅具有解释功能，而且在实践的意义上具有规范功能、批判功能和引导功能。"①

在所有的知识领域里，理论知识都被看作一种价值最高的知识体系。美国当代科学家威尔逊就把理论与科学同等看待，他认为一切理论都是围绕人的主体需要被组织起来的系统化知识。他说："如果没有理论，就没有科学，我们的生活也就没有意义。将所有的知识结合具有一定意义并借此重新创造世界是我们的本性。"② 但是，他又指出："理论是一个被赋予了太多含义的词。如果不限定是一个理论或某个理论，提出理论也不过是在炫耀博学。"③

威尔逊认为，要想使某个理论能在指导与之针对的某种事物或某个行业上具有切实有效的价值，它必将像科学知识那样进行全面的、细密的、系统化的组织。"科学将其证明做得尽可能地精确，科学是有组织的、系统的行业，它采集有关世界的知识，并将这些知识精炼成可以检验的定律和原理。"④ 因此，学者们便对理论的构成和评价提出了许多标准要求。如科学哲学家托马斯·库恩就提出了理论应具备的五个特点：一是精确性，它要求从理论导出的结论应当同观察、试验的结果相符；二是一致性，它要求理论不仅应内部自我一致，并且也应同公认的理论一致；三是广泛性，它要求理论应有广阔视野，一种理论的结论应超出它最初解释的特殊观察、定律或分支理论而具有普遍的解释能力；四是简单性，它要求理论应简明扼要，一语中的；五是有效性，它要求理论能揭示新的现象或已知现象之间的前所未知的关系并产生大量新的研究成果。

---

① 孙正聿：《理论及其与实践的辩证关系》，《光明日报》2009 年 11 月 24 日。
② ［美］爱德华·奥斯本·威尔逊：《论契合：知识的统合》，田洺译，三联书店 2002 年版，第 73 页。
③ 同上。
④ 同上书，第 75 页。

　　一种理论若是符合上述这几个条件要求便能够称为"好理论";反之,则是坏理论。曾有评价者这样说,好的理论应该像地图,它能告诉我们实践行进的位置与周边的环境;好的理论应该像指南针,它能帮助我们确定前进的方向以避免陷入迷途;好的理论应该像一个有机的知识容器,它能解释老问题,并对不断出现的新问题也有一定的预测与应对能力。这些期待都给理论工作者提出了很高的要求。当我们要将某个方面的知识组织成理论的时候,不仅要对现有的知识进行系统的搜集与归纳,还必须使这个理论成为一个有机整体并展现出整体的活力与优势。

　　知识的理论化组织,就是要求对那些日常的零碎的实践性知识进行组织和归纳,分析同类现象中深层次的共性,并找出与之相关的事物之间的纵横联系或因果关系,由此形成具有说服力的概念描述,使这些实践性知识上升到系统化、理论化和科学化的高度。因为"所有科学的目标都是对事物做出解释"。[①] 通过对单一事物的准确解释,比较事物之间的相似性或差异性,找到现象背后的内在关联,就形成了一种理论化的知识体系。"理论既是科学研究的结果,也是科学研究的起点。一方面,所有科研努力的目标都是形成一套整体理论,也即一套相互关联的可被检验的一般性结论,它们可以解释和预测可被观察的实际现象。另一方面,科学研究必须有一个理论框架来指导,也即一个相互关联的概念系统,它从理论上指出了实际调查的成果范围。"[②] 如果我们能够采用这种知识组织的方法把那些相关的实践知识整理和归纳成理论化的知识,不仅有利于指导我们未来的生活,并且我们也已经可以与科学家为伍了。

三　知识的结构化组织

　　"知识结构"是指各类各级的知识体系在人们大脑中构成的情况和结合方式。知识是能力发展的基础,要培养能力必须要掌握大量的知识。现

---

　　① ［美］彼得·M.布劳、W.理查德·斯科特:《正规组织:一种比较方法》,夏明忠译,东方出版社 2006 年版,第 12 页。

　　② 同上书,第 10 页。

代心理学认为，一个人仅有丰富的知识远远不够，这些知识还必须在头脑中形成良好的结构。这个良好的知识结构才是创造力的所在。

合理的知识结构是当代社会在选择和使用人才时设置的基本条件。当今的知识研究者把传统社会中人们的知识结构说成是线性的、单一的知识结构，即指仅有某一专业的知识。他们认为，这种知识结构不能适应现代社会对人才选择的标准要求，因此就建立起了一系列新的知识结构理论。目前我们已经见到的知识结构理论有宝塔型知识结构、网状型知识结构、T 型知识结构、幕帘型知识结构、三角形知识结构、衣架型知识结构、H 型知识结构、X 型知识结构等多种类型，并且他们对这些知识结构的类型与社会的实际需求进行了对应性说明。我们可以通过下列三种知识结构类型来观察这些理论的基本观点。

第一是宝塔型知识结构。它是借用宝塔的形状来比喻这种知识结构类型。这种知识结构由基础知识和基本理论、专业基础知识、精深专业知识、学科知识和学科前沿知识构成。其中，基本知识和基本理论为宝塔的底部，而学科前沿知识则为宝塔的顶峰。这种知识结构的特点是强调基本理论、基础知识的宽厚扎实、专业知识的精深，容易把所具备的知识集中于主攻目标上，有利于迅速接通学科前沿。如果具备了这样的知识结构，就容易在事业上获得成功。

第二是网状型知识结构。它是借用蜘蛛网的形状来比喻这种知识结构类型。该理论认为，这种知识结构是以所学的专业知识为结点，把其他专业相近的、有较大相互作用的知识连接成一种网状结构，以此形成一个范围较为广阔、有较强适应性的知识网。这种网型知识结构的主要特点，往往呈平面化，知识面广，适应性强，但缺乏深度。人们常常把拥有这种知识结构的人称为复合型人才。这样的知识结构对于应付现今社会生产发展的快速变化具有广阔的选择性。

第三是 T 型知识结构。它是借用英文大写字母"T"的结构来比喻这种知识结构类型。该理论以 T 字上方的横线标志着知识面的宽度，T 字下面的竖线标志着知识水平的深度，认为一个人若是符合这一横一纵的两条标准，便可称其为博中有专、专中有博、博专相济的优秀人才。这种知识结构要求人们在宽广知识面的基础上再把自己的专业知识做得更深厚、更精细。如果一个人有了宽广的知识面，就可以保证其具有广阔的视野和开阔的思路，便能够借助不同领域的基本知识和基本原理来思考本专业的问题就容易早出成果、多出成果。同时，若在专业领域内拥有高深的知识水平便可使其较快地占领该领域的前沿阵地而成为本领域内的领军人物。

上述这些知识结构理论虽然还不够成熟，但对于当今社会的人才培养、人才评价和人才选拔乃至个体的知识结构塑造都有一定的影响力。它让我们明白，所谓合理的知识结构，就是要求我们在知识储备方面既要有精深的专门知识，也要有广博的多学科知识，以便于实现专博相济、一专多通的远大目标。只有这样，我们才能成为这个时代里的杰出人才。

四 知识的有序化组织

"序"在汉语里是一个多义字。它的基本含义为"排列"，排列次第、序次、列。若是安排在正式活动之前所做的言论或场景，常称之为序言、序跋、序曲、序幕、序论等，都是开头的意思。因此，被引申为一种空间结构或有规则的状态，如顺序、秩序、次序、工序、程序、序数等。随着概念外延的不断扩展，序或有序还常被用来描述自然系统的状态，也可用来反映自然系统演化的过程。

由此可见，序是一个整体性概念，单个事物或孤立的活动是无序可言的。知识的有序化组织，就是指对知识系统中的所有组成元素按照一定的方式进行顺序排列的组织过程。

知识的有序化组织是我们认识复杂事物的一种有效途径。知识组织的过程就是通过对客观世界内在秩序的观察与揭示，为混乱的事物创造秩序。认知心理学认为，只有组织有序的知识才能在一定条件的刺激下被激活而得到有效的提取和运用。

我们知道，有序是无序的反动，若把有序看作客观事物或系统构成要素之间有规则的排列与联系的话，而无序则指客观事物或系统构成要素之间没有规则的联系。法国当代思想家埃德加·莫兰把宇宙间的事物看作无序与有序的辩证统一，并且无序还可向着有序进化。他说："无序的存在与我们宇宙的进化不可分离。无所不在的无序不只是与有序对抗，也和后者奇妙地合作以创造组织。当然，随机的相撞以动荡，因而也以无序为前提，但它产生了物理的组织（原子核、原子、星体）和最初的生物。因此无序帮助产生了有组织的有序。同时，存在于各种组织的起源中的无序，也不断地用解体威胁着组织。"①

知识组织就是对世界有序化的追求。人类研究知识的目的之一，就是从宇宙的无序中寻求有序，发现有序，或者通过人为地组织使之有序。因为，世界上的事物无限繁多，任意消长，杂乱无序，我们要想准确地认识繁多的事物，就得对其进行有序化处理。

有序意味着清晰和确定性，有序也意味着可控制和可预测性。只有可认识、可控制、可预测的事物才能够被我们有效地利用。所以我们追求事物的有序化，留意观察各类事物自身的特性、形状、大小、颜色和所在的空间位置及其运动时序，根据它们的活动特点为各类事物排列顺序，由此便在我们的大脑中建立起相应的有序化知识体系，从而使混乱的事物清晰化和条理化。有了这样的有序化知识组织体系，我们就可以按照自己的特定组织目标进行任意的调控和配置任何事物。

五　知识的整体化组织

知识整体化组织主要是出于对事物整体化认识的需要来考虑的。因为世间的事物都是一种有机的组织整体，知识的结构也应与其对应形成一个有机的整体。在现存的知识组织体系中，人们对于人或事物的认识往往分属于不同的学科。比如，如今对人的研究就是这样。在生物学和病理学中，科学家把人看成一种生物体，由各种不同的细胞组织和不同的功能器官构成，在生物体质内部可以发现红细胞和白细胞，这些血球的数量多少变化可以反映人体是否健康，血液的浓度高低变化意味着心血管或脑血管的运行是否正常。研究体育运动的学者又对人的运动机能进行深入的研究，他们考虑人的肌体到底有多大的运动能量和承受能力，以便于把它们发挥到极致。教育学家们研究人的脑思维和心理活动，以便了解人体在什么状况下感知能力和接受能力最强。社会学家们把人看成一种群体，考虑他们怎样合作，怎样流动，怎样创建本地域文化模式。政治学家们则从政

---

① ［法］埃德加·莫兰：《复杂思想：自觉的科学》，陈一壮译，北京大学出版社 2001 年版，第 156 页。

治与经济学角度研究人对权力、地位、收入等需求与分配上的差异。如此等等，各个学科自说自话，各有自己的知识体系，关于人的知识研究就这样被分散在许多学科里。

正是由于科学研究中所使用的分析方法及其细微化的发展趋势，使得当今的知识极为精确，极为可靠，我们可以深入到事物的各个部分去把握它的质量和能量，但失去了它原有的整体性、协调性和统一性。如果我们想有一个理想的人生，就得对这些知识体系进行整合，然后才能对人的自然属性、社会属性和文化属性有一个统一的认识，懂得这些知识之间的相互联系和相互作用，从而建立起一种相互协调、融会贯通的人生整体发展理论。研究人是这样，研究其他的事物也是这样，如果我们不能把物理的、化学的和生物之类的知识组织成整体化的知识结构，我们就不能真正地和全面地理解某一事物。

第二节　知识组织的功能

在本书中，使用"知识"这个概念来囊括我们所知道的一切事物以及思想、方法、能力与技巧等东西，并不仅仅指那些书写在各类载体中的符号化的显性知识，同时还把蕴藏在人们大脑中的活知识或称为非符号化的隐性知识作为主要的讨论对象。因此在使用"知识"这个概念的过程中，知识所指的东西就需要根据具体的语境来决定。在一种环境下，知识所指称的可能只是对某事或某物的认识结果。在另一种环境下，知识所指称的可能是一个理论体系，或者是讨论社会生产实践环境中的一套套操作程序或操作方法。

价值含量较高的知识并不是那些写满事实的记事本，也不是那些在课堂上要求死记硬背的僵硬教条，而是我们对日常事务的系统认知和透彻理解。知识就在我们的生活中，对于某种事物表现为"我知道"，对于某件事情表现为"我能做"，对于那些较为复杂的事物或者是复杂问题则表现为"能够运筹各类知识去解决的组织能力"。因为任何知识及其组织方法都应该服务于我们生活中的各种目的。凡是有创意或需要解决问题的地方，就是我们实施知识组织的最佳时机，而不仅仅像图书馆和书店那样把知识组织局限于对各类知识载体的有序化聚合，或者是像情报工作者那样对各类文献中的知识内容进行挖掘以及对知识最小单元的阐释和罗列，而要求我们深入到实际生活中，把具体的任务和所遇到的具体问题作为组织目标，随机调用各种各样的知识为我们创造新生活和解决新问题服务。

知识组织的本质就是对世间各类事物之间关系的认识和组合，是我们的看法、想法和做法的统一，也就是要把实践知识与理论知识有机地组合在一起。在知识组织活动中包含了我们的认知能力、认知行为、认知过程和认知结果等多个部分和多个环节，是一种由追求知识、鉴赏知识、选择知识、组织知识到利用知识并创新知识的动态的实践活动过程。

我们的每一项活动，无论是单项的活动还是序列化的活动都需要进行精心组织，它包含了组织者的兴趣、愿望、动机、能力以及对组织对象的相关信息的准确把握，特别是对组织要素间关系的揭示和梳理。每一个组织者都可以根据自己特定的目的和任务将那些分散的、零碎的、不同学科、不同功能的知识要素进行收集、整合、理解和吸纳，从而使各种各样的知识都能成为我们酿造内在智慧的原料。

一　知识组织有助于促进思想的交汇

什么是思想？思想也是个复杂概念。在《说文解字》里，"思"的结构由上边的"田"和下边的"心"组成，即"心之田"；对"想"的解释是，上边为相，下边为心，即"心之相"。这两个字都是用心字来构造，思就是想，想也就是思，它们都在人们的心里边，是相互连通的。如佛家所言："境由心造，相由心生"。思想是人们心田中独有的产物。

《牛津辞典》这样解释思想：人类运用心灵与智慧去观察外部的客观对象，并在这一基础上形成自己的看法、意见与决定。每个人的行动当然要听命于自己的决定。我们怎样思想，就会向着思想引导的地方去行动。德国诗人歌德认为，思想是我们生活的导游者，没有导游者，一切都会停止，目标会丧失，力量也会化为乌有。而法国作家巴尔扎克也认为，思想就是一个人力量的表现，一个能思想的人，才真是一个力量无边的人。

我们在这里为何要把知识组织活动的首要功能归结于"思想的交汇"

而不是"知识的交流"呢？"这是因为，思想一旦形成，并被人们所信奉，就会变成支配人们行为甚至改变世界的巨大精神力量。思想的奇妙与无穷的魅力，就在于它能支配人类，当人们按思想提供的原则来指导自己的行动时，他就变成一个有精神与意志的人。"① 知识只是思想的原料，求得知识就是为能够正确地思想。

有人问：思想无形无影，有谁见过思想的样子？怎么能够通过知识组织活动进行思想的交汇呢？要说起来这也确实是个难题。思想平时隐藏在我们的大脑中，是看不见摸不着的。有的思想就像不结果的花儿稍纵即逝，我们并不能捕捉到它，但也有大量的奇思妙想可以通过它酿造的产品来展现。如语言、文字、图画是思想的果实，图书、报刊、影视等作品也是思想的果实，甚至可以说世界上一切由人工创造出来的物质财富和精神财富都是思想的果实，包括知识在内。因此，我们可以说，有史以来对人类影响最大的东西就是思想。

我们为何要追求知识呢？就是为了利用它更好地服务于我们的思想！20 世纪最有影响力的美国数学家和历史学家雅·布林斯基在其撰写的《科学进行化史》中曾经这样说："普遍意义的知识和特别意义的科学并非由抽象概念构成的，而是由人为的思想构成，从最开始到现代以及特殊意义上的模式都是如此。"② 知识组织活动也应该是受了人类思想的牵动而主动自觉地去寻求古今中外各类相关知识的一种行动。

古希腊哲学家德谟克利特认为，知道得很多，不如思想得很多。如果仅仅知道积累知识，而不知道利用知识服务于我们的思想和创造意图，那么，许多曾经得到的知识就会随着时间的流逝而逝去。知识组织的真正目的，并不仅仅是通过多种方法把知识汇聚起来就算完事，而在于利用它来创建我们的思想体系。有不少青年朋友问，我们阅读孔子、孟子、苏格拉底、亚里士多德等人的这种古老作品究竟有什么用处？简言之，他们的作品属于思想文化，确实不像自然科学那样能够直接作用于各种具体的目的。但是，这样的思想文化是培养我们心灵成长的重要养料。面对真假、善恶、美丑，能作出正确抉择，就有赖于我们具有丰富而又正确的思想。

---

① 萧功秦：《思想史的魅力》，《开放时代》2002 年第 1 期。

② ［美］雅·布林斯基：《科学进化史》，李斯译，海南出版社 2002 年版，第 2 页。

知识组织的主要目标之一，并不仅仅是通过广泛阅读去搜集和积累自己感兴趣或者是对生活较为实用的知识，更重要的还在于通过广泛阅读古今中外那些思想家们的知识产品来滋润自己的心田，升华自己的思想。在知识组织活动中我们可以利用阅读、研讨、交谈等方法与各种各样的人进行心灵对话，让那些高尚的思想来撞击我们的心灵，引导我们的思想，丰富我们的思想。

美国有两位传记作者琼和内维尔·赛明顿为英国精神分析领域最深刻的思想家威尔弗雷德·比昂写了一本传记，名字叫作《思想等待思想者》，这本书不管内容如何，仅凭书名我们就会思考自己是否能够成为一个思想者。我们在读思想家们的作品的时候，就是要与作者的思想会谈。日本知名汉学家诸桥辙次为了阐述东方的哲学思想，他撰写了一本《三圣会谈》，让乘马车的孔夫子、坐青牛的太上老君和骑白象的释迦牟尼三位不同时空的智者齐聚庐山五老峰，举办一次儒、道、佛三圣高端会谈，通过对话和聊天的方式，阐述天、地、人的关系，使儒、道、佛三家思想在他的书中进行了交汇。我们仔细想想，类似于关公战秦琼的笑话在思想领域里确实是有可能的。因为人是会思想的动物，所有的伟大人物都是由他们的思想所创生出来的。虽然他们的身体早已肉腐骨朽，但是他们的思想却能够永久地影响人心。我们在阅读他们的作品的时候，他们还常常会与我们在心灵上会合，他们那些绝妙的见解仍然会让我们拍案叫绝：嗨！伙计，你说得可真好啊！正是通过广泛的阅读、理解和认同，我们就可以把古今中外各种各样的优秀思想吸纳进我们的心田，成为我们酿造自我思想的最佳养料。

二 知识组织有助于对抗知识的碎片化

有不少人认为，当今我们已经进入"知识碎片化"时代，人们每天通过阅读手机报、博客、搜索引擎、新闻网站、即时通信等方式获取信息，通过快餐式媒体理解世事，通过消费抚慰心灵，通过无所不在的娱乐释放压力，通过虚拟的网络建立与世界的联系，在社交网站和微博上讨论问题，发表看法。来自传统与现代、全球与本土、虚拟与现实的种种碰撞交融，使整个社会环境的一切都变得那么碎片化。这些碎片化的知识似乎让我们的思想也变成了一种碎片，随着社会潮流到处飘荡。那么，我们如何对抗社会上这种知识碎片化趋势呢？最有效的途径就是通过知识组织使那些被碎片化的知识得到整合，帮助我们树立起整体化的世界观，在这种整体化世界观的统摄之下让那些被肢解成碎片的事物得到复原。

在当今的数字化时代，互联网正在改变着我们的生活。正如有位网友所说描述的那样，网络中稍纵即逝的新闻，众声喧哗的BBS，病毒传染式的QQ群，三言两语却成天说不完道不尽的微博客，让网民感慨信息的碎片化、时间的碎片化，日积有余，岁积不足。

网络中的信息量如此之多，获取信息又非常容易，人们读书的热忱比以前下降多了，致使一些忙碌的人养成了一种坏的阅读习惯，遇到文字稍多的文本便没有耐心看完，至于那些大部头的宏幅巨论就更不愿意劳神费力去研读了。于是，学术性、理论性或专业性的图书遭到冷遇，"微博体"图书兴起来了，甚至还成了近年来出版界和读者们追捧的热门。

所谓"微博体图书"，也叫"段子体"、"语录体"图书，原本是网络中一种电子化文体。在Web 2.0时代，网络上出现了微型博客，简称微博（Twitter），网民可在微博上发表不多于140字的短消息，即"微博"。微博最先只是发表在网络中的短消息，其读者是博客与微博圈里的网友，或者是手机用户与各类使用电子阅读器的用户。可是，随着微博的流行，人们又把网络中的微博加以搜集，并编成图书来出纸版，就叫作"微博体图书"。这些微博体图书，每篇或者说是每条都被控制在140个字之内，怎么能阐述那些较为复杂的问题呢？正如一位评论者所质疑的那样，微博中那些只言片语，"虽然有的不乏调侃和幽默，但更多的是边角料，缺乏完整的故事和逻辑，由此拼凑而成的'微博书'到底有多少文化价值？能否经得住时间的考验？"这实在是值得思考的一个问题。

在数字化时代，手机、电视、网络等电子媒体中的信息万壑争流，我们每天浮光掠影地阅读很多信息，一切都似过眼云烟，无法让我们获得较为深刻的理解和记忆，当然就难以形成系统性、规范性、结构性和完整性并合乎逻辑性的知识。有评论者认为，纸质媒介的衰微，代表着系统的深刻的知识载体的衰败，以高刺激性的视频和图片为主流的信息作为文化传播主体必然导致知识的碎片化，使思想缺失，有量无质。可是，对于大多数人来说，无论我们是否喜欢这样的信息碎片化时代，这东西已经来了，并且已经成为一种发展的大趋势。那么，我们该怎么办呢？

知识组织是对抗知识碎片化的一种有效方法。在这个时代，我们更需要有知识组织的思想和方法来帮助我们组织知识和管理知识。要对付知识碎片化，最简单的方法就是对知识进行组织整合。怎么整合？取决于我们对世界的理解和具体需要。如果我们确立了整体性的世界观和主体性的知识聚合目标，那些纷乱复杂、光怪陆离的信息碎片就会聚合在我们的总体目标之下发挥其应有的作用。

知识组织活动的目的之一，就是要借助整体观念把各类知识碎片收集起来，凝聚在我们的思想体系中，使它们成为一个具有逻辑关系的有机整体，并按照我们的各种要求来构成。无论是众多的事物还是众多的事件，都是我们思维加工的原料，都可以通过我们的思维加工来组合，就像使用一根绳子可以把散乱的珠子穿起来那样，获得一种系统化的思维效果。我们的大脑不是一个惰性的容器，它总是追踪着那些感兴趣的东西去摄取被认识和被理解了的对象，然后根据不同的组织目标和创造意图去改造加工它们。任何知识组织活动都应该在我们思想目标的支配下去搜集和组合那些知识碎片，使之构成符合我们所要求的，具有逻辑性、规范性、结构性和完整性的知识体系。

三 知识组织有助于人的智慧生成

什么是智慧？《新华字典》将其解释为对事物能迅速、灵活、正确地理解和解决的能力。因此，有不少人把智慧等同于智力。本书以为，"智"在古代与"知"相通，在知的下面加上"日"字构成"智"字，就是要使知识在日子的日积月累中达到有智。知识越多，能力就相应提高。而"慧"字是个形声字，从心彗声。本义是聪明，有才智。在百度名片上，有人将"慧"字上面的两个"丰"字分别代表国事和天下事，中间的"彐"字代表家事。从字面上看，家事、国事、天下事都放在心上，称之为"慧"。能把这些事都放在心里的人，就有了慧的基础。另外，事与事之间是相互关联的，是相辅相成的。放在心上的事，就得用心去想，去思考各事中的规律性，思考各事之间的联系与作用。当把这些道理都弄懂了，慧就产生了。并且还说，慧用心字底，说明慧是一种精神状态，当一个人的修为达到这种状态的时候，他就具备了慧根，就善于从每件事中了解和掌握规律，进而从容处事，潇洒为人。

这种理解可谓高见。当智与慧组成一个词汇的时候，我们是否可以作这样的理解：智慧是运用知识进行创造性活动的一种表现形态。它是运用知识的一种活动成果表达，其中包含了知识、用心思考知识的用途并加以行动，并不只是有智力，而是用成功的果实将智力展现出来了。这就是说，智力是潜在的，遇到了恰当的机会它就会跳出来参与到我们的创造性活动中。

佛教对于智慧的研究别有天地。佛家将智慧音译为般若（Prajna），是指推理、判断事理的精神作用。智慧在许多教义中都是重要的内容之一，各家教派对智慧内涵的阐释也有多种。比如：明白一切事相叫作智，了解一切事理叫作慧；决断曰智，简择曰慧；俗谛曰智，真谛曰慧。《大乘义章九》中说："照见名智，解了称慧，此二各别。知世谛者，名之为智，照第一义者，说以为慧，通则义齐。"

那么，我们的智力就要靠在平常的日子里积累知识来提升。当我们把分散的知识聚合融通为一体的时候，就可无限地放大个人的智力，就可以帮助我们综合利用各类事物，实现那些宏大的愿望，成为最有智慧的人。其实，人类追求知识的目的就在于变成有智慧的人。由于智慧对人生的意义极为重大，我们将在本书的第七章里继续进行深入的讨论。

四　知识组织有助于积聚力量实现宏大的创造愿望

所谓"创造"，是指发明制造前所未有的事物。创造是个带有明显组织性的概念，它需要把两个以上的概念或事物按特定的方式联系起来以达到某种目的。创造是我们实现美好生活的一种实践艺术，它可以推动社会走进卓越的未来。因为人类的特性就是喜欢求新求异求变化。如艺术上的精益求精，产品上的锦上添花，生活上的好上加好都是这样。人类改进生活的愿望很像俄罗斯作家普希金在《渔夫和金鱼的故事》中所描述的那个贪心的老渔婆，不满足于现存的生活。她在拥有了一个木盆之后，就需要把所住的泥棚变成一座木房，有了木房还想住上皇家的宫殿，正是这种永不满足于现状的进取心理，推动着我们不断地去创造新生活。

　　这里所说的"宏大的创造愿望"，是指设想与期待去办大事或者创建那些影响力较强、较远的事业。物有轻重之别，事有大小之分。有人说，做小事如小鸟飞过天空，不留痕迹；干大事像春雷滚过苍穹惊天动地。因此，很多人都渴望干大事，而不热心做小事。但是，我们都知道这样的道理，小是大的基础，大是小的延伸。韩非说："有形之类，大必起于小；族必起于少。故曰：'天下之难事必作于易，天下之大事必作于细。'"①这就是说，不坚持做小事，很难成大事。只有从小事做起，才能最终做成大事。要想做大事，对知识进行积累性组织是十分重要的。

　　如若我们树立了宏大的创造愿望，就必须朝着这个远大的目标积累知识和组织知识。知识积累既是创造的源头，也以能够创造为归宿。每一朵创造的奇葩都是开放在知识积累的沃土之上。因为良好的创造力是由雄厚的知识储备和丰富的实践经验构成的，宏大的创造愿望当然就需要有广博的学识为根基。

　　要想有广博的学识，就需要坚持不懈地开展知识组织活动。荀子说："积土成山，风雨兴焉；积水成渊，蛟龙生焉；积善成德，而神明自得，圣心备焉。故不积跬步，无以至千里；不积小流，无以成江海。骐骥一跃，不能十步；驽马十驾，功在不舍。锲而舍之，朽木不折；锲而不舍，金石可镂。"②只要我们有恒心，不断地积累知识和组织知识，就可使知识由少到多，使知识结构不断完善，使知识的质随着量的增加而不断提高。

　　为了实现宏大的创造目标，我们可以在知识组织中使用加法与乘法聚集知识，如寻访该行业的专家，复制那些成功的经验，观摩具有相关性或同类的作品，并交互使用各种方法，对那些用于具体创造目标的各学科知识加以搜集、排列分析，相互比较，求同存异，找出事物间的相关性，或将既有的元素重新优化组合，或者添加新的元素，以达到创新与革新的重大目标。

---

① 《韩非子·喻老》，文渊阁四库全书电子版。
② 《荀子·劝学》，文渊阁四库全书电子版。

五　知识组织有助于各学科知识的自由流动

"学科"这个概念在本书中我们会反复讨论，因为它不仅是一种分门别类的知识体系的代称，并且在世界各国都还是一种学术研究的制度化组织方式。在我国，"科"的含义非常丰富，它是一个会意字，从禾，从斗。禾指收获的粮食，斗是一种计量器皿，意思是衡量谷物的等级品类。后来在划分各种部类与级别的组织体系中，"科"便成为一种结构化的框架被广泛使用，如科室、科班、科级、科目、科条、科式、文科、理科、工科等，都可表示其基本品性与结构方式。当"学"与"科"结合起来构成"学科"之后，其中的内涵就更加丰富了。我们可以把它简约为"分科治学"的模式。学界根据不同的研究对象划分疆界，人们在圈定的领域内各自开垦自己的"自留地"，精耕细作，肢解剖析，入微入妙，以求得精确的、可靠的，符合科学化要求的、有组织结构的知识体系。

在这样规范化的学科制度研究中，我们以专致精，虽然得到了精确可靠的知识，但也把那些血肉相连的整体化的研究对象肢解剖析得七零八落。正如法国学者德日进所描述的那样："分析是科学研究的一种神奇手段。多亏有了它，才有了我们今天的进步。然而它也拆散了一个又一个合成，一个又一个心灵，最终给我们留下了一大堆拆散了的螺丝钉和零件。"①

近代以来，这种分科治学的体制已经根深蒂固，想在学术圈里弄饭吃的人都难以跳出这种画地为牢的学科格局，致使学人的眼界日趋狭隘，出现了许多盲人摸象般的专家，而高屋建瓴或庖丁解牛式的大家却很少见。如何才能跳出这样的圈子，打破学科制度设置的各种阻隔呢？对于个体来说，自主的多元化的知识组织或许是一条出路。世界的总图景每时每刻都在发生变化，我们要想对世界有一个整体性、系统性的认识就得借助知识组织对其进行综合研究，把知识的各种分支体系组合起来，复原它的大致图景。

我们所说的知识组织，就是要跳出知识部类或者说是学科专业的限

---

① ［法］德日进：《人的现象》，范一译，辽宁出版社 1997 年版，第 205 页。

制，对我们生活与生产中的所知所能进行组织。不仅使那些已经进入学科专业领域的主流知识进行跨学科组织，也要对那些尚未进入学科专业编制的非主流知识进行组织。本书认为，在信息社会环境下，过去我们曾经奉为真理的知识，随着社会的快速变动已经变得不再那么可靠。我们不必花费大量的时间去死记硬背那些编写在课本上的一些条文。我们每个人都可以借助现代信息技术方法去搜集信息，发现知识，组织知识，建构出适宜于自己生存发展需要的知识体系。

无论是个体还是团体的知识组织都应该是一种自组织系统。一方面，要把那些符合我们组织目标的知识进行收集整理，使其能够恰当地运用在我们行动的各个环节中。另一方面，应围绕着认识对象的事理和事情，使分属于不同学科的知识组合成具有内在联系的系统，让知识在不同的学科组织中自由流动，随机组合。为了得到对某一认识对象系统化的完整感知，我们可以围绕这个认识目标游走于不同的学科中，追寻该事物是否在某个领域内留下它的踪迹，然后将所查询到的信息搜集起来，形成一种由认识对象→相关信息→本质特征→能量类型→抽象化反映等整体化的、相互协调的关系结构，从而使我们获得胸有成竹的完整图景。

第三节 知识组织的基本类型

在汉语中，"类"的意思是类别，"型"的意思是铸造器物所用的模子，两个字组合起来是指由各种特殊的事物或现象抽出来的共同点。在各种技术性活动中，类型被认为是一系列满足确定约束条件的元素。我们在前面说过，知识组织普遍存在于人类社会的活动中，不同的组织目标和组织内容就应该有多种多样的组织类型。这里根据知识的载体类型来介绍三种基本的知识组织类型，以便于能够更好地理解各种各样的知识组织方式。

一 积累型知识组织

"积累"是个好词汇，只要是感到有用的东西都能通过积累以少成多，逐渐达到富足。无论是积累财富、积累经验还是积累知识等，积累都是通向成功的有效途径。我们的祖先对于积累的重要性已经有了充分的认识。老子说："合抱之木，生于毫末；九层之台，起于累土；千里之行，始于足下。"① 事物发展是一个由量变到质变的过程。量变是质变的基础，质变是量变的必然结果。可见一切成功都源自积累的说法是经得起检验的。

这里所说的积累型知识组织，就是按照我们特定的目标把各类知识搜集积累起来，放入特定的知识容器里以备利用。

能够放置知识的容器有许多，比如，记录簿、图书、期刊、各类图书馆、文献中心、资料室、有线的与无线的电子化网络载体，并包括我们的"脑海"。在知识积累的过程中，我们想把什么知识放进什么样的知识容器内，取决于我们组织目标的大小和知识的数量多少。我们知道，世界万物都会随着时间的推移而消长。书籍最容易毁失，图书馆会倒塌，网络也会因各类病毒的侵蚀而瘫痪，即便是我们的大脑也会随着人体的老死而失效。所以，自古以来，人类就学会使用多种载体记录和积累知识。

在所有的知识载体中，最好的知识载体是人脑。因为知识自身就是人脑的产物，只有当知识安居于人脑的时候才能随时随地发挥真正的效用。可是我们的大脑也有许多缺点，最突出的缺点就是容易遗忘。俗话说，好记性比不上烂笔头，所谓"过目不忘"的人是极其少见的。为了克服遗忘的缺陷，为了能够更好更多地保存我们的知识，使其在脱离人体的状态下长期流传下去惠泽我们的子孙后代，人类发明了文字符号和各种书写工具。为了能使这些负载着巨量知识的文字符号得以有序化长期保存和积累，人类又发明了图书。为了能把诸多的图书长期保存和积累起来，人类又创立了各种各样的图书馆。

图书馆是人类保存和积累知识的公器。它利用国家的力量对古今中外各种各样的知识进行专门的收集、整理、保存、积累和传播。图书馆有悠久的历史，由于它在保存和积累知识方面有着无可替代的多样化功能，从它诞生至今就受到全人类的一致重视。目前世界各国、各地区、各学校、各个较大的企业乃至社区都有自己的图书馆。它已经成为人类聚集知识的

---

① 《老子·六十四章》，文渊阁四库全书电子版。

一种文化符号和象征，它代表着社会的发展与进步，也代表着人类知识在数量与质量上的提升。自从有了像图书和图书馆这样的知识积累工具，人们就可以方便地积累知识、组织知识、传播知识和交流知识，使知识在全人类都能得到普遍的发展。

如果说图书馆象征着一个国家和一个团体的知识积累型组织模式，每个人当然也应该有一整套的知识积累型组织方式。因为个人的知识积累涉及我们一生一世的生存质量和发展态势，怎么强调都不为过分。无知、无能常常与贫穷落后住在一起。一个人若想改变无知无能和贫穷落后的命运，就得不间断地通过学习积累知识，并且能够把所得知识合理地组织起来酿造成发展的思想、创造的思想和营建幸福生活的思想。如果我们的知识积累得足够多，想象力和创造力就一定能得到相应的提升。当我们面临实际需要的时候就可以信手拈来、自如运用，有所发明、有所创造、有所贡献，那么，我们就会改变自己愚蠢无能的形象，而成为家庭和社会的有用人才，或者说是伟大的人物。

虽然任何个人对知识的积累和组织都难以达到图书馆那样的专业化和规范化标准，但是，我们完全可以根据自己的兴趣和爱好来搜集知识、积累知识和组织知识，也有更加机动灵活的积累组织方式。为了帮助人们积累知识和组织知识，前人已有大量关于读书方法、记忆方法和学习方法的论著。笔者在这里仅指出两点：其一是善于阅读，特别是善于使用各种各样的工具书，如字典、词典、目录、索引、年鉴、手册与搜索引擎等，它们都是打开各类知识之门的钥匙。编制这些工具书的人就是在前人知识积累的基础上来展现人类的既有成果，并通过有效的组织方式为后人提供获取知识的门径。有了这些工具书，我们就可以方便地找到知识宝藏，就像念出"芝麻开门"的秘诀那样从中得到我们想要的知识。其二是善于利用各种各样的图书馆。当我们了解了世界上各种各样的图书馆都储存了什么样的知识，它们是根据什么样的原则组织出来的，知道了怎样从中索取我们所要的那些知识之后，也就找到了获取各类知识的入门钥匙，就能方便地使用其中所收藏的各类知识。

二 应用型知识组织

这里所说的应用型知识组织，即指把知识直接应用于各种具体活动目标的知识组织过程。这种知识组织类型，就是忽略知识的系统性、学科性、基础性、前沿性或结构性等问题，而以实践操作过程中所需要的实际知识作为组织的核心目标。其特点就是把书本知识与实践活动相结合，使求知的目标在实践活动中得到实现。

其实，无论我们学习任何知识，其最终目标都是为了应用。应用既是我们学习知识和组织知识的原动力，也是检验我们实际掌握知识程度的标尺。我们是否知道自己真正拥有某种知识，怎么判断呢？那就是通过应用来检验。比如说，一个人认为自己已经拥有了关于写作的知识，那么就把这些知识运用到写作的过程中，创作出诗歌、小说、论文、报告、演讲或专著等。如果这些关于写作的知识是从书本或是课堂上听来的，当我们真正从事写作的时候，仅有这些写作知识是远远不够的。除了要在写作过程中揣摩写作的技巧之外，还应对我们要描述的对象进行系统的、透彻的理解，弄清它的性质、来历、发展前景等。若是其中尚有不太清楚的地方，那么，就需要利用各种工具书去查找。若是书中并没有我们所要描述的这个对象，就需要亲自对这个描述对象进行观察或调研，直至全部清楚之后，再将所有的查找材料组织起来进行综合分析，然后才能得出结论。若说一物或一事好，就应说出它好在哪里，有什么功能价值；若说它不好，也应说出其不好的理由。若是对事物了解得不够，就捕风捉影坐在家里闭门造车，肯定会闹出一些笑话。只有把关于写作的知识应用到写作的过程中，才能真正衡量自己是否确实知道自己真正懂得了写作，才算是真正拥有了关于写作的知识。

台湾作家柏杨曾经对他的写作生活进行描述，他说自己写作的过程才是真正的学习。因为动手写起来，才知道自己并不是完全掌握了要写的东西，于是在写作的过程中，一边读书，一边思考，一边写作，这样才使他的知识逐渐丰富起来，因此而成为一位多产而又著名的作家。由此可见，在他的作品中有许多知识都是在创作过程中通过阅读查找然后加以组织才完成的。

本书之所以推崇应用型知识组织，就在于它既能检验我们对知识掌握的情况，也能切实调动我们的学习热情。在实践过程中，由于我们受到了即时需要或是具体任务的引导，就会积极主动地去查找知识和组织知识，并且在知识应用的过程中透彻理解知识和巩固知识。任何知识只要我们真正的理解了，也就不必再去费心地记它们，在需要时自然地使用它们就行了。正像擅长写作的人根本用不着去背诵写作知识就写出能打动人的好作品，擅长烹饪的人用不着背诵烹饪方法就炒出色香味美的菜肴那样，他们所拥有的那些操作性知识已经渗透到操作过程中了。对于外行人来说，我们并不知道作家怎样收集材料并运用他们的写作技巧去构思作品，也不知道厨师怎样选择原料和调味品并巧用火候去烹饪，但是，我们在他们的作品中却能够感受到其中所蕴含的多样性知识要素。

有些人把应用型知识命名为隐性知识、操作性知识或程序性知识，本书认为，这种说法只是知识研究者在作知识品性分析时硬性区分出来的。在现实生活中，我们不仅需要有知道何物是什么的事实类知识，而且需要有何事怎么做的操作性知识，只有多种知识相互融通才能运用自如。应用型知识组织就是要让各种类型的知识相互支撑、相互调适、相互转换，共同发挥合力的作用。如果缺失哪个方面的知识，就不能较好地实现目标。

三 资源型知识组织

什么是"资源"？资源原是人类社会从事物质生产活动所需要的各种资料的统称。但是，资源却是一个不断发展着的概念。据孟继民先生在其专著《资源型政府：公共管理的新模式》一书中说："根据资源的一般定义，资源是指自然界及人类社会中对人类有用的资财。它包括人类所需要的阳光、空气、水、矿产、土壤、植物、动物等一切自然物；也包括以人类劳动产品形式出现的一切有用物，如各种房屋、设备、其他消费性商品及生产资料性商品；还包括信息、政策、制度、知识、技术及人类本身的体力和智力。"[①] 他的定义包括了三个部分的内涵，前边的第一个部分为

---

① 孟继民：《资源型政府：公共管理的新模式》，中国人民大学出版社 2008 年版，第 3 页。

资源的固有定义，后边的"也包括"和"还包括"属于资源概念新延展出来的两个部分。

资源研究者根据资源的基本属性先把它划分为自然资源和社会资源两大类。随着社会的发展和概念的细化，后来又从这两大体系中划分出了各种类别的资源，如经济资源、政治资源、社会资源、文化资源、工业资源、农业资源、土地资源、森林资源、海洋资源、气候资源、交通资源、建筑资源、旅游资源、能源资源、科技资源、卫生资源、教育资源、人力资源、物力资源、资本资源、信息资源等。本书所说的资源型知识组织，意即通过对各类图书资料、通信网络等介质中的信息资源进行开发和组织，使之成为符合我们应用目标的知识资源类型。

在过去，知识资源主要是指由纸本文献作为载体的一种资源形态，常常使用"文献资源"来指称。自计算机和网络诞生以来，一种新型的知识载体形态诞生了，这就是数字化资源，也称电子化资源。它可以负载图片、文字、声音、图像、动画等多种媒体的信息。数字化资源与传统的纸本文献资源相比，其主要特征就是数字化和网络存取，需要借助计算机和网络系统才能使用。

近年来，随着计算机与网络技术的飞速发展，使用网络中的知识资源已经成为我们获取知识的一个重要渠道，并且数字化资源大有抢占强势地位的发展趋向。因为纸本的知识资源是一种传统的资源类型，它随着造纸术的诞生已经存在了一千多年，关于纸本知识资源的使用技术与组织方法已经为大家所熟悉，这里就不再赘述了，而把研讨的重心放到这种新型的数字化资源上。

众所周知，互联网自诞生到普及还不到半个世纪，它最初来源于美苏争霸期间的军事通信领域。20 世纪 60 年代初，美国国防部高级研究计划署（DARPA）为了防御苏联在核战争攻击时确保通信联络，投资建立了一个名叫阿帕网（ARPANET）的分组交换试验网，1969 年，阿帕网与美国四所大学内的计算机进行连接取得成功，网络就此诞生。这个阿帕网就是因特网的雏形，后来被人们看作互联网在世界上诞生的标志。因为自阿帕网连接成功之后，随着连接点的不断增多，其技术方法和通信光缆很快由美国延伸到世界各地，其功能也由单纯的军事通信扩展到社会生活的各个领域，如电子邮件、网络聊天、网上购物、网上银行、数字图书馆、论坛、博客、维客等数字化交流方式都在网上流行开来。似乎现实世界的一切东西都可通过 0 和 1 这两个简单数码的转换统统地拖入到网络中，并通过这些互联互通的网络传到世界的各个角落。

网络化的快速发展本来是一种皆大欢喜的好事，可是任何好事的后面也会有坏事跟着进来。就网络资源的创建和发布来说也是这样，随着网络的广泛利用，无论什么样的人都可以利用它来做自己想做的事。比如，致力于创造优秀社会文化的人利用网络发布信息、传播知识，利用网络交流各种进步思想和研究成果；新闻媒体利用网络发布世界上出现的最新事件和最新变化；意见领袖们以自己独到的视角提出问题并发表评论；商家利用网络宣传自己的商品和营销方式。但是，也有一些人原本无话可说，却也要鹦鹉学舌似的跟着起哄，制造噪声；另有一些人无事生非，利用网络杜撰新闻、编造谎言、搬弄是非；还有一些人利用网络制造病毒、黄毒，或售假行骗、为非作歹；如此等等，不一而足。一时间，来自世界各地的各种数字化信息都从千壑万谷之中流动到电脑窗口上，让我们目不暇接，手足无措。更厉害的是那些电子广告，它们每时每刻都想抢占上风，恨不得一直贴到人们的眼球上。置身于这种无比喧闹的网络环境，常常使我们有一种茫然自失的感觉。对于那些目标模糊而又缺乏坚强意志的人（比如少年）来说，若把求知的主要途径放在网络上，则是一种十分危险的选择。因为网络中有许多好看的、好听的、好玩的东西因为商业或其他目的总是要优先占领人们的视角，如网络游戏、网络聊天、网络视频、网络购物等帖子就是这样，如果我们经不起引诱，便会随着它们的诱导东走西看，随之就忘记了自己的搜寻目标，让大量的时间消逝在许多无谓的网络漫游之中。

如今网络中的信息资源数量巨大，内容丰富，形式多样，共享性强，使用也很方便。但是，这种资源体系庞杂，泥沙俱下，良莠并存，流动性强、信息污染严重，缺乏有序性、规范性和安全性，若不经过精心筛选和整理，就无法显现其应有的价值。这就迫切需要我们对这些大量的、分布储存的、无序流动的网络信息进行有目的、有秩序、有选择的处理和组织。

如果说对网络中的知识进行有序化组织是有效利用网络资源的前提条件，那么，怎样才能从网络资源获取那些适宜于个人需求目标的知识而创建起自己的知识资源体系呢？

根据对资源概念的分析可知，资源所指代的不是某物，而是蕴含在一种巨大空间环境下的某些物。所以人们常常使用"开发利用资源"这样的语句来表示行动意向。这就是说，我们要想充分地利用网络环境下的知识资源，就需要像对待自然资源那样，对网络环境进行全面的普查、调研和系统分析，以便于能从中找到我们需求的对象，并把它们从网络中搜集出来，组织成一种适宜于自我发展要求的知识储备系统。我们可以把这个储备系统称为"个人的"数字图书馆、知识仓库、数字文库、数字书房、数字书柜等。如果置办了这样的个人知识储备容器，既可以把流动在网络中自己喜欢的资源截流积蓄，以防止其瞬间流失，失之交臂；也可以利用这些网络资源来扩展自己的知识积累，培养自己广博的文化修养，以应对实践活动中的不时之需。

那么，在网络环境中，如何才能围绕自己的搜寻目标去建构自己的知识资源体系呢？在专业化的知识组织活动中，人们常常需要使用各种计算机软件与管理技术进行知识组织活动。比如，通过资源标示技术 URL 来定位资源；通过交流传输协议 HTTP 来获得传输许可；通过 PDF、WDL、HTML、WPS、RFTL 等电子文献格式来制作那些具有特殊传输环境要求的数字文档；通过分类法、主题法、主题树法、主题地图法等使那些规模化的资源得到有效利用。

第四节　知识组织的主要方法

"方法"是个含义丰富的概念，通常是指人们为获得某种东西或达到某种目的而采取的手段与行为方式。我们可以把现实社会中解决任何具体问题时从理论到实践所采取的一切手段和操作程式都称为方法。方法在哲学、科学及生活中有着不同的解释与定义。马克思主义哲学认为，方法的使命是引导我们的思想朝着正确的途径去认知客体。因此，我们把方法看作人类认识自然和社会的一种有效的思维工具，它自身也是一种特殊的知识。在知识组织活动过程中，方法将伴随在知识组织的总体活动中，并且一直处于前卫。

选择什么样的方法来组织知识呢？这取决于我们的组织目标，有多少种组织目标和任务就有多少种组织方法。任何组织方法都是根据具体的目标和任务来选择和确定的。人类活动的多样化决定了知识组织方式和方法的多样化。如果掌握了知识组织的基本方法，便可以灵活变通，各行其是。我们只要有了知识组织的需求，就能够从人类储备的知识资源中把自己所需要的那个部分搜集与组织起来，如巧妇下厨，想吃什么完全可以按照我们自己所喜欢的口味做出来。我们可从下列四个方面来观察知识组织的基本方法。

一　知识的事用组织法

知识既是我们对世界万物的认识结果，并且也是我们持续认识世界和改造世界的一种思维工具。在这里使用"事用"这个概念来组织知识，是根据知识的不同用途来说的。有的知识可以用于做事，有的知识可以用于养心。"事"在汉语中是一个多义字，既可构成名词也可构成动词，这里使用"事用"这个概念，即表明我们有的时候需要了解事情，有的时候则需要去做某事（或称为活动），它包含了我们的认识活动和创造活动两大类项的功用。

在知识的理论研究和应用研究中，人们曾根据知识的用途将其划分为几个类别。如德国哲学家马克斯·舍勒把知识划分为应用知识、学术知识和精神知识三大类。而美籍奥地利经济学家弗里兹·马克卢普又在舍勒的知识分类方案的基础上加以改进，把知识分为五大类若干小类：一是实用知识，是指对于人们的工作、决策和行为有价值的知识，包括专业知识、商业知识、劳动知识、政治知识、家庭知识及其他实用知识；二是学术知识，是指能够满足人们在学术创造上的好奇心的那部分知识，属于教育自由主义、人文主义、科学知识、一般文化中的一部分；三是闲谈与消遣知识，是指能够满足人们在非学术性方面的好奇心，或能够满足人们对轻松娱乐和感官刺激欲望方面的那些知识，包括本地传闻、小说故事、幽默、游戏等；四是精神知识，是指与上帝以及拯救灵魂的方式等宗教及与其相关联的知识；五是不需要的知识，是指人们偶然或无意识地获取并保留下来的知识，属于"多余的知识"。后来，马克卢普又把知识分成世俗知识、科学知识、人文知识、社会科学知识、艺术知识、没有文字的知识（如视听艺术）六大类。通常人们为了方便管理，便把知识区分为实用知识和非实用的知识两大类，把自然科学门内的知识看作实用的知识，把人文社会科学门内的知识看作非实用的知识。

其实，知识的类别划分是根据人们的不同目的而设定的，某类知识的有用和无用与人们的主观愿望有直接关系。对于人类的多样化需求来说，任何知识都是有用途的，只是它在功能上所表现的方式不同而已。如果说自然科学知识可以告诉我们什么样的事物具有什么样的本质属性，可以做什么，那么，人文社会科学则可以让我们懂得应该做什么，不应该做什么。比如，科学家通过研究放射性元素制作出杀伤力极大的核武器，那么，人文社会科学知识则用来管理和使用这种高端武器。我们可以利用人文社会科学中的各种理由来说服拥有核武器的国家只可把它视为一种具有威慑力量的防御工具，而不可轻易地就投出去误杀无故的平民。有人曾经把人文社会科学知识比作领属自然科学知识的高层次知识，认为这类知识可以帮助我们树立正确的思想。而科学家只有在正确思想的指导下才能保证他的研究只做有利于人类和平、健康发展的好事而不做坏事。

任何一个从事自然科学研究的人也应该经常读一些人文社会科学方面的书籍，以便于让自己的思想能够正确地管理自己的行为。否则本事大了，做出了坏事就会对人类犯下大的罪孽。曾经有一对夫妻，他们都是在大学里讲授化学的教师，由于缺乏相关的人文社会科学知识便经不起引诱，为了能快速发财致富就利用自己学到的化学知识制造毒品。他们在短短几年内就制作出了几十吨毒品，确实成了暴发户。可是，他们这种不辨是非的害人行径，不仅没有使他们享受到得来的钱财，反而还被关进监狱，让无期徒刑和悔恨伴随其终生。

由此可知，尽管有人认为人文社会科学知识较为虚浮，缺乏立竿见影的实用价值，但是如果真正地理解了这些知识，我们就可以树立正确的人生观和价值观而远离罪恶。当然，我们也应该学习一些自然科学方面的实用知识，以便于能够了解世界上的基本物质和运作方法而具备一些动手操作能力，否则就成了百无一用的贫嘴书生。

在社会生活中，我们每个人一生中都会做各种各样的事，家庭中的事，学业上的事，事业上的事，社会上的事，通过办理各种不同的事来展现我们的丰富人生。其中有不少事都需要使用特定的知识才能做好。如果我们想扮演好我们人生中的各种角色,就得将相关的知识搜集组织起来。比如,怎样当个好儿女,怎样当个好学生,怎样当个职员,怎样当个好领导,怎样当个好父母等,在社会生活的舞台上类似这样的角色随时都有可能让我们来扮演。

在社会学和心理学的角色理论中,每个人在各种社会组织关系中所处的地位和行为方式是不相同的。怎样扮演好不同场景中不断变化着的各种角色呢?这就要根据实际需要去学习和组织与新角色相关的知识。就像一个即将当父母的人,为了能使自己的孩子健康成长并成为一个优秀的人,就需要搜集和组织有关怎样喂养婴儿,怎样培养儿童的好习惯,怎样激励少年立志,怎样使其自立自强等方面的知识,以便于让他们在这方面做好当优秀父母的充分准备。做父母是这样,扮演其他任何角色也是这样,以此类推。如果我们承担了什么事,准备担当什么样的角色,社会就会对我们所扮演的角色有相应的行为期待。因此,我们就需要围绕这个任务去搜集知识和组织知识,以此做好各种各样的事,从而让我们获得一个精彩而又完满的人生。

二 知识的分类组织法

分类组织法是人类在知识积累和整理活动中最常用的一种有效方法。因为在大千世界中,我们要想使杂乱无章的事物得到有效利用,就必须对它们进行分类认识。把性质相同的事物归为一组,把性质不相同的事物归为另一类。即便是在同类的事物中,也要根据它们的品相、大小、长短、好坏、肥瘦等选择标准,将它们区分为三六九等。所谓"物以类聚",就是对事物的分门别类的聚合,使它们各有所属。作为表征的知识分类也是这样,任何分类都需要对事物的性质进行详细的分析和鉴别,分类就是知识组织的起点。

知识组织的分类方法在本质上就是利用知识的分类理论对知识进行聚类。前边已经说过,"类"是个富于组织特色的字眼,它代表着一个群体,当我们把同类事物集合在一起的时候,就建立了一个类别框架,凡是相同的东西都可归入其中。

　　我们究竟应该使用什么方法对知识进行分类组织？究竟应该把它们分成多少个部类合适呢？这个问题说起来比较复杂。因为知识的类别划分既涉及各种知识的属性问题，也涉及知识用户的目的和要求。有简单的划分方式，也有复杂的划分方式。采用什么样的方式，完全取决于我们的具体目标。关于知识分类的理论和方法目前已经有不少的研究成果。

　　笔者也曾下过一番功夫对此进行系统的研究，把人类历史上主要的知识分类方式大致归为十种：按照知识的效用分类；按照知识研究的对象分类；按照知识的属性分类；按照知识的形态分类；按照事物运动的形式分类；按照人类的思维特征分类；按照自然现象和社会现象分类；按照知识研究方法分类；按照知识的内在联系分类；按照学科发展的趋势分类。

　　上述十种知识分类方式，每一种都有它自己的分类理由和规则，在这里仅列出它们的类项，不再对其进行详细的论述。这些分类方式让我们明白一个道理："知识分类总是随着人类对知识认识的发展变化而发展变化。在知识分类的历史过程中，每次对知识的重新分类，都是一次对知识进行重新审视、重新评价、重新挖掘其潜在价值和对知识深度开发的再认识过程。通过对知识的重新分类，不仅可以使知识的原有结构更加和谐，还可使知识在新的分化与组合运动中获得新的意义。"①

　　鉴于这样的道理，无论是从事知识研究，或者是在日常工作中使用知识，我们都应该掌握一些适宜于自我需要的知识分类组织方法。我们不仅可以根据知识的属性特征建立起系统化的理论知识体系，而且可以根据自己的实际需求和兴趣爱好，分别储备一些日用小百科知识。无论怎样分类与组织，只要自己能够方便地使用它们就行了。

三　知识的层级组织法

　　知识的层级组织是指在知识组织过程中所遵循的一种由低到高、由浅入深、由少到多、纵横联系、逐渐提升的层级组合方式。

　　这里所说的知识组织不是某种单一的知识体系，而是对我们在社会生活中所需要的各种知识体系的合理搭配与排列组合。若想使自己的知识水

---

① 陈洪澜：《论知识分类的十大方式》，《科学学研究》2007 年第 2 期。

平由低到高不断上升到一个理想的位置，则需要有坚实的基础知识。"基础"这个概念原指建筑物底部与地基接触的承重构件，它的作用是把建筑物上部的荷载传给地基。因此，高层建筑物的地基必须坚固、稳定而可靠。建筑是这样，研究学问也是这样，并且比做建筑物还要困难得多。设计建筑物只需要按照一定的规则和结构方式使用可靠的材料不断增高即可，而知识的组织必须通过我们的心灵认知、理解才能达成。因此，我们对知识的搜集和组织要比为建筑物添砖加瓦更加缓慢，知识水平的提高就是靠一点一滴的认识和理解逐渐上升的。

　　无论我们从事任何行业，首先都要掌握必要的基础知识，然后由浅入深地逐步提高，在夯实了基础之后才能纵横发展。从一般的知识结构组成来看，也都是从低到高，先从外围的层面逐渐向核心知识逼近。当我们真正地弄清一个领域内所蕴含的各种知识的体系结构之后，才能够对它的本质特性及其活动规律进行触摸和把握。所谓高深、尖端的知识都是从基础知识中提炼或深化的结果。没有对事物的基本认识，高端的知识则无法凭空产生。当然，没有向高深层级推进的勇气，就难以显露出应有的水平。

　　在知识的层级组织过程中，我们需要对不同性质的知识部类进行关系梳理，找出它们之中的等级结构顺序，弄清楚哪些知识是基础性或本源性，哪些知识是由它衍生的，沿着它的等级序列逐渐推开，有纲有目，纲举目张。只要抓住了事物的关键部位，就能带动其他环节。知识的层级组织也是这样，只要我们把握住了基本的东西，其他派生出来的东西或高端的知识就变得容易理解了。

　　如果我们想要系统把握住某个领域内的多种知识，就得像生物学家辨识物种一样，首先入门，然后由纲到目逐一认识。

　　知识的层级组织也是这样，从确认事物的特性、梳理事物间的关系到找出它们的结构层次，就可使分散的事物得到集中认识，从而形成一个相互联系的有层次结构的有机整体。荀子曾说："善张网者引其纲，不一一摄万目而后得。"① 只要我们掌握了这种知识的层级组织方法，便可提纲挈领，以简驭繁，将各种细碎的知识组合起来。

① 《荀子·劝学》，文渊阁四库全书电子版。

四 知识的时空组织法

"时空"是时间和空间的合称。任何事物或事件都是在一定的时空之中生成与运动的。知识是现实世界的表征，当然也应该反映出它的时空特性。时空组织方法就是以时间和空间这两个要素为单位来组织知识。

对于个体的知识组织而言，时空组织法可以实现两个目的：其一是通过时空组织法，了解知识产生与发展的状态，即把握知识所具有的时空特征；其二是帮助我们认识自我心理上所划定的范围之内所存在的各种认识对象。

知识的时空组织有什么特点呢？我们需要对时间和空间这两个复杂的概念有一个大致的认识。因为时空在物理学、哲学与宇宙学等领域内各有一些特别的内容，局外人很难作出精确的说明。我们只能根据日常的见解给它们一个说法。

什么是时间？时是对物质运动过程的描述，物质无穷无尽，无始无终，连绵不绝，并没有间隔。当"时"字的后面有了"间"字之后，就有了"时间"概念。时间便是人类的一种智慧表达方式。

人类为什么要把一年设 365 天，一天设 24 小时？这是我们根据观察宇宙的运行规律而设定的时段间隔。在漫长的农耕时代里，祖先们要根据气候的变化种植农作物，就经常观察物候，逐渐掌握了春夏秋冬、日月星辰轮回的变化规律，认识了地球绕着太阳转这一现象，由此把地球公转一周的时段设定为一年。又根据昼夜轮回的现象，把一个昼夜的轮回设定为一天。古人就是通过这种方式来管理农时季节的。什么季节耕种，什么季节收获，都有一定的规律可循，从此就开始了时间的有效管理。

那么，什么是空间呢？空是虚无，无边无际，无上无下，无左无右，并没有间隔。当"空"字的后面有了"间"字之后，就有了"空间"概念。空间就是人类根据事物运动的范围划分出来的。通常表现为长度、宽度和高度这三个维度。空间与时间是相对的一种物质存在形式。

尽管人类知识的数量目前已经数不胜数，但是每一个有影响力的人物或者是优秀的思想、技术方法及其知识体系的产出都有一个艰难困苦的酝酿过程。一个发明，一个创造，一个改革社会的正确理念，一种社会制度都是一定时空下的产物，带着它的时代气息，带着它的地域气息，带着它特有的时空文化气息。我们要考察一种制度、一种思想、一种知识体系或一种文化的发展变化，则需要沿着时间和空间的顺序与位置加以深究。以时空为单元组织知识，就像编排书架上的书本那样，可以把我们得到的那些古今中外的知识摆放得井然有序，使我们知道哪些知识是中国的、哪些知识是外国的，哪些知识是古代的、哪些知识是现代的，了解这些知识的文化背景和特色，有助于正确地理解知识和运用知识。

另外，知识的时空组织方法对于自我的时空认知也有特别的意义。因为每个人都有一些自身独有的东西，比如国籍、籍贯、故里、家族、家庭、求学与工作单位等。我们要想获得较好的适应能力，就应该知道自己所属的时空范围内都有什么，什么是好的，什么是不好的，什么是重要的，什么是不重要的。就像编撰方志的人那样，把国家的或地方的各种情况加以搜集组织，如当地的杰出人物、山川、河流、风物、习俗、特产、交通、学校、商店等都进行详细的记录，以便于有效地开发利用资源。每个人虽然用不着像方志作家那样下功夫去搜集组织这些知识，但是与我们生活和事业相关的东西是值得了解清楚的。掌握了这些知识，一方面可以直接作用于生活中的实际需要，另一方面也能反映出一个人是否有足够的文化素养。

第 三 章

我国历史上的知识组织及其演化

　　知识来源于人们的社会实践活动，凡是正确有效的知识往往都需要经过社会实践的反复检验才能得到确认。而循环往复的历史实践活动正是我们发现知识、搜集知识、组织并积累知识的一个认识场域。回顾历史上的知识发现、知识搜集和知识组织过程，既可帮助我们了解我国历史上的各种知识体系是怎样被组织起来的，也可帮助我们更好地理解古人的知识组织思想和方法以资今用。

　　我国的知识组织活动是从何时开始的呢？这件事情还没有一个较为准确的说法。如若从我国古代文明社会初期的社会管理和社会生活中来观察早期的知识组织活动，可能会从中捕捉到一些信息。比如：从事国家管理的人为了使确立并维护国家机器的运转，就需要组织并掌握有关社会管理和政治类的知识；负责管理国家农业的人为了农副业能得到好的收获，就需要组织并掌握有关种植与养殖之类的自然科学知识；医生为了准确地诊断并医治疾病，就需要组织并掌握有关生理与病理类的医学知识；教师为了把有用的知识传授给学生，就要从已有的书面知识中选择和组织有较高使用价值的知识进行教学活动；如此等等，凡是有一定社会需求的知识，就必定有相应的知识组织活动。因此我们可以说，早期的知识组织是因为社会的实际需要而产生的一种自发性活动。通过对各类知识属性的辨析、认知和保存，各种各样的知识就被逐渐地组织并积累起来。由此可知，知识组织的初始活动大致有两大功能，一是根据知识的用途设立知识的类别框架，大力地搜集这类知识，从而使各种用途的知识得到全面搜罗、系统整理和持续增长；二是根据社会实践活动的具体需要，对知识进行重组与创新。

第一节　知识组织在我国古典文献中的反映

所谓古典文献，是指由古代流传下来的在一定时期被认为正宗或典范性的文献。其中包括经传史志、诸子百家、文集诗词、小说笔记、杂学旧艺、类书丛编等各类文献。这里选出经典文献、学术专著、古代史籍与类书这四种类型来探讨我国知识发展史上的知识组织思想与组织方式。

一　知识组织在经典文献中的反映

在古典文献中，经典是其中的精华部分。凡是能称为经典的文献都是经过历史实践证明其具有典范性、权威性、代表性的万世不朽之作。它们不仅没有随着时间的流逝而消亡，反而在历代读者的反复淘洗中愈加光亮，并且至今仍然能在学术舞台上占据中心地位，仍然能给后来的人们很多的启发和影响。

我国是一个历史悠久的文明古国，历代保留下来的古典文献十分丰富，早在先秦时期，就已经出现了多种经典文献，如《诗经》、《书经》、《易经》、《礼经》、《乐经》与《春秋》，这些文献在当时被称为"六经"。因为其中的《乐经》后来佚失了，在汉代时人们只称"五经"。自西汉开始，朝廷设置了五经博士，组织专门的经学研究，并在课堂上讲授经学知识。到了唐朝，经学成为开科取士的主要考试内容，并在明经科中增设了《周礼》、《仪礼》、《礼记》这"三礼"和《左传》、《公羊传》、《谷梁传》这"三传"，连同原有的《诗经》、《书经》、《易经》合称"九经"。到了晚唐，加入了《论语》、《尔雅》和《孝经》，成为"十二经"。五代时蜀主孟昶刻"十一经"，他将《孟子》收入经中，而剔除了《孝经》和《尔雅》。这是《孟子》首次跻入诸经之列。但在当时，《孟子》的经典地位并没有得到广泛的认同。直至南宋时期，儒家学派的主要传承者朱熹成名后，将《礼记》中的《大学》、《中庸》、《论语》和《孟子》并列为"四书"用来教授学生，他的选择得到了官方的认可，《孟子》的经典地位才得到承认。"十二经"中加入《孟子》成为"十三经"，从此儒家

的这十三部作品便成为华夏文化的经典性文献。研究这些经典文献的知识
体系则被称为"经学"。除了"六经"与"十三经"之外，当今被人们
称为经典文献的作品还有许多。

这些被称为经典的文献，为什么能穿越时空而经久不衰呢？其主要原
因就在于经典中所负载的知识是人类所共同需要的基础知识或核心知识。
不管社会发生了什么样的变化，这些知识都不曾过时。就像美国管理学教
授乔伊斯·S. 奥斯兰在他的《组织行为学经典文献》一书中所说的那样，
尽管世界的变化很快，但物理学定理和地心引力规律并不会随着知识模式
和技术的进展而改变，同样，人类基本的心理、文化和社会特征也不会变
化。正如建造宇宙飞船，同样需要从牛顿定律学起。我国古代的这些经典
文献就是这样，虽然历时千载，如今也仍然在影响着我们的习俗文化与心
理成长。在这里，我们仅以先秦时期的《尚书》、《易经》、《礼记》和
《尔雅》这四部经典为例，来探讨古代的知识组织思想和知识组织活动。

（一）《尚书》中的知识组织方式

《尚书》亦称《书经》，简称"书"。"尚"即"上"，就是上代以前
的书，故名。它是我国现存最早的史书，相传由孔子编订。这是我国第一
部上古历史文件和部分追述古代事迹著作的汇编，它保存了商周特别是西
周初期的一些重要史料。从这本书中我们可以见到不少有关知识组织方面
的印痕。

在《尚书》中，社会管理已有粗略的分工，每种管理机构都有相应
的知识要求。特别是在《尚书·洪范》篇中集中反映了当时的知识组织
情况。"洪范"二字大有讲究，"洪"的意思是大，"范"就是模子或典
范，常用作规范。洪范合并起来就是宏大的规范。相传本篇是在周朝灭掉
商朝后的第二年，商朝遗臣箕子向周武王讲述的"天地之大法"的记录。
其中提出了帝王治理国家必须掌握的九种根本大法。比如：要求统治者必
须掌握施政的八个方面的知识："一曰食，二曰货，三曰祀，四曰司空，
五曰司徒，六曰司寇，七曰宾，八曰师。"① 唐人孔颖达把"八政"解释
为统治阶级施政于民的八项事业：勤农业；求资用；敬鬼神；建房屋；明

---

① 《尚书·洪范》，文渊阁四库全书电子版。

礼仪；管治安；礼宾客；整军旅，设置相应的机构和官吏来管理这些事务。由此可知，当时的"八政"就是对国家管理中的政治、农事、经济、教育、司法、礼仪与军事外交等方面事务的准确分工与合理组织。先民们认为，只有对这八个方面的知识进行合理组织，才能对国家的各项政务进行有效的治理。

在《尚书》中还要求统治者必须掌握四时节气的知识，以做到"协用五纪"。五纪的内容就是："一曰岁，二曰月，三曰日，四曰星辰，五曰历数。"① 即要求统治者根据日月运行来确定历法，并能够正确使用历律，按照天时节气，授民于四时，以获得百谷丰收，国泰民安。

在《尚书·洪范》中还有类似于此的五典、五福、五事、六极等方面的内容，每列举出一组事类，都有相应的规范要求，实际上这不仅是对当时社会各项管理活动的职能分工，同时也对这些分工活动的知识给予了分类整理和有效组织。因此，当今有学者将《尚书》称为"帝王的教科书"。

（二）《易经》中的知识组织方式

《易经》也称《周易》，简称《易》。这是我国流传最古老的一部哲学著作。相传由伏羲氏与周文王根据《河图》和《洛书》演绎并加以总结概括而来。内容包括重叠八卦而成的六十四卦，由六十四卦组成三百八十四爻，以及说明卦的卦辞和说明爻的爻辞等。《易经》用卦和爻来占卜，以象征自然和社会变化的吉凶。有的人把它看成中国最古老的占卜术的原著，有的人说它是中国传统思想文化中自然哲学与伦理实践的根源，也有人说它是华夏五千年智慧与文化的结晶，被誉为"群经之首，大道之源"。因而称为古代的帝王之学，是政治家、军事家、商家的必修之术。

《易经》中的这个"易"字在汉字中由日和月两个字组成，日月交替运行就是"易"。它象征着阴阳的交替变化，也代表着世间两种最基本的相互对立的两种势力。"一阴一阳之谓道"。② 道在汉语里是个会意字，由

① 《尚书·洪范》，文渊阁四库全书电子版。
② 《易经·系辞上》，文渊阁四库全书电子版。

"首"字和"走止"边构成，以首表示方向选择，且走且止，因此引申为道路。道在我国的文化中是一个十分重要的概念。"其抽象意义是至高无上的'原理原则'，向上可以推到形而上学的宇宙根源；在现象界则是万物生长的'形式'或'法则'，含着善和美；对人来说，则是立身行事的'理法'（道理方法），犹如走路头必须向前一般。"① 《易经》中的"道"对后世的哲学与科学的发展都有很大的影响。中国古人把世界分为三大类：一是天道，指自然；二是人道，指社会；三是为学之道，即掌握天道与人道的治学方法。三者相互联系，相互组织，浑然一体。古代的治学大家往往是天道与人道相互融通，为"道"赋予了规律、原理、准则、宇宙的本原等含义。因此"道"便成为中国哲学寓意最为丰富的一个概念。"形而上者谓之道，形而下者谓之器。"② 这里的道和器就是对中国哲学中两大类知识的集合。道指无形的法则或规律，是一种抽象的理论知识；器指有形的事物或名物制度，是一种具体的日用知识。道不离器，器在道中，一切知识组织活动都必须依照道的规则来运行。

自先秦以来，"道"作为一种形而上的知识，曾吸引了无数的学者。除了老子与庄子为首的道家时常论道之外，历代还有很多学者也都认为道能够统领天地万物，甚至把对道的研究当作揭示玄奥之门的钥匙，希望通过对道的观察而把握世间所有的道理。韩非说："道者，万物之所然也，万理之所稽也。"③ 北宋的邵雍也说："道为天地之本，天地为万物之本。"④ 在他们看来，道就是知识之家，世间凡是说理的一切知识都在道中，只要把握住了道这个原理，其他的知识自然就可归附其中。

但是，如何才能得到"道"呢？"道"体现在何处呢？针对这样的问题，很多人却难以回答。于是，学者们就不得不又回到"器"的研究中来，开始进行道器之辨。

道器之辨反映在知识论上，就是把对道的探求看作形而上的思辨的理性知识，这类知识是社会精英阶层所属的上位知识；而器则被称为形

---

① 贾馥著：《教育伦理学》，五南图书出版股份有限公司2004年版，第4页。
② 《易经·系辞上》，文渊阁四库全书电子版。
③ 《韩非子·解老》，文渊阁四库全书电子版。
④ （宋）邵雍：《观物内篇》，文渊阁四库全书电子版。

而下的一般的生产性经验和技能，这类知识是普通大众谋生的下位知识，以道率器，道便在知识组织中处于统领的地位，而器则围绕道的规则来运行。

这种以道器二元结构为基础的知识谱系，在很长时间内便显现出中国传统文化中主要的知识组织特色。直至宋代，学者们对道器的见解才有了新的变化。特别是以二程与朱熹为代表的学者，对道进行了系统的论述，认为道不离器。离开了器，道则无所依存。而明清之际的学者王夫之则对道器关系进行了彻底的颠覆。他认为，在道器这两种知识体系中，器的知识才是第一位的重要知识。他说："天下唯器而已矣。道者器之道，器者不可谓之道器也。"① 王夫之已经认识到，所谓器就是有形可见的具体事物，道则是具体事物中所共有的规律和法则。世界上只有具体的东西是实际存在的。道是器的道，器却不能说是道的器。因为只有器才有道，离开了器，道也就不存在了。到了近代，学者们又把中国的伦理纲常称为道，把西方的科学技术称器，主张道本器末。总之，由《易经》中产生的道与器这种两种知识既能分又能合，这种分合交互的运动方式对我国的知识研究和知识组织活动都产生了深远的影响。

（三）《礼记》中的"六艺"、"四术"与"四科"

《礼记》是记载我国古代重要典章制度的一部经典。该书由西汉礼学家戴德和他的侄子戴圣编写。戴德选编的那本叫《大戴礼记》，共 85 篇，在后来的流传过程中流失了一部分，到唐代只剩下了 39 篇。戴圣选编的那本叫《小戴礼记》，共 49 篇，即我们今天见到的《礼记》。这两种书各有侧重和取舍，各有特色。东汉末年，著名学者郑玄为《小戴礼记》作了出色的注解，后来这个本子便盛行不衰，并由解说经文的作品上升到经典的地位，到唐代被列为"九经"之一，到宋代被列入"十三经"之中，成为士子的必读之书。

在《礼记》中记载了古代社会制度中行业等级组织划分的大致情况。"凡执技以事上者，祝，史，御，医，卜及百工。凡执技以事上者，不贰

---

① （清）王夫之：《周易外传》卷五，文渊阁四库全书电子版。

事，不移官，出乡不与士齿；仕于家者，出乡不与士齿。"① 此处说明，在当时的社会组织中，具有专门技术知识的人如祝、史、弓箭手、驾车手、医生、卜人以及各种工匠，终生只能从事他所属的技术职业，不能从事其他的职业。他们依靠自己的专门技艺为君王服务，但是身份比为官的士人较低，离开了自己的家乡就不能按年龄的高低与士人一起排列位次。

在先秦时代的学校教育中，知识组织与课程设置的方式多以"六艺"来指称。"六艺"这个名称最早见于《周礼》，书中记述了当时的教育长官大司徒在教育活动中所规定的知识内容："以乡三物教万民而宾兴之：一曰六德，知、仁、圣、义、忠、和；二曰六行，孝、友、睦、姻、任、恤；三曰六艺，礼、乐、射、御、书、数。"② 在这套知识组织体系中，包含了六德、六行和六艺，共有十八类教育内容。"六德"是关于道德品格的教育，"六行"是关于人际关系的教育，而"六艺"则是关于文化知识与技能的教育，在后来的学校教育中"六艺"就是主要的内容。

也有人把"六艺"等同于"六经"，认为"六艺"就是孔子教授门徒时使用的《诗》、《书》、《礼》、《乐》、《易》、《春秋》这六种典籍。人们之所以把"六艺"与"六经"进行密切联系，源自孔子，他把"六艺"解释为"六经"。孔子说："六艺于治一也，《礼》以节人，《乐》以发和，《书》以道事，《诗》以达意，《易》以神化，《春秋》以道义。"③ 这是孔子根据六经的内容对其教育功能的简要揭示。由此可以认定，作为"古代道术之总汇"的"六艺"，既是当时流行的六种重要典籍，也是当时社会已经出现的六种知识类别，它包含了哲学、政治、历史、文学、数学、音乐等方面的内容。战国以后，儒家传习六经：《易》、《书》、《诗》、《礼》、《乐》、《春秋》，以六经为中心而形成的学术传统被学者们称为"六艺之学"。

所谓"四术"，就是当时统治集团要求贵族子弟在受教育过程中应学习的四种基本知识。"乐正崇四术，立四教，顺先王《诗》、《书》、

---

① 《礼记·王制》，文渊阁四库全书电子版。
② 《周礼·地官》，文渊阁四库全书电子版。
③ （汉）司马迁：《史记·滑稽列传》，文渊阁四库全书电子版。

《礼》、《乐》以造士，春秋教以《礼》、《乐》，冬夏教以《诗》、《书》。"① 这里的乐正就是掌管贵族子弟教育的最高长官，由其全权负责知识的选择和组织。其中所说的"四术"与"四教"，即指《诗》、《书》、《礼》、《乐》这四类教材。事实上，这些教学内容仍在"六艺"之内。"六艺"中的"射"和"御"属于技能课程，是为培养弓箭手和驾车手而设置的职业性技术知识，这是贵族子弟们不屑于学习的本领，因此就把"六艺"中的后两项舍弃了，所以只剩下了"四术"。

"四术"之外还有"四科"之说。"四科"是孔子教授门徒时设置的四种知识科目，后来人们称之为"孔门四科"或"孔门四教"。关于"孔门四科"的内容，有两种说法，第一种是《论语·述而》说："子以四教：文、行、忠、信。"后来就有人认为孔门四科指"文、行、忠、信"四个方面。第二种说法来自《论语·先进》："德行：颜渊、闵子骞、冉伯牛、仲弓；言语：宰我、子贡；政事：冉有、季路；文学：子游、子夏。"于是后世学者便将德行、政事、文学、言语看作孔门弟子各自的学业知识专长。

《礼记》中第十八篇的《学记》是专门讨论教育组织内容的篇章，其中对于当时社会兴教办学的意义、学校设置、课程内容组织与教学方法等方面的情况进行了精当的论述："玉不琢，不成器。人不学，不知道。故古之王者，建国君民，教学为先。"② 鉴于学习的重要性，古代做君王的人要建立国家，治理民众，都必须把兴教办学放在首位。为了能充分说明学习的意义，《学记》接着又说："虽有嘉肴，弗食，不知其旨也；虽有至道，弗学，不其善也。是故，学然后知不足，教然后知困。知不足，然后能自反也。知困，然后能自强也。故曰：'教学相长也'。"③ 《学记》中也介绍了当时学校中的知识组织类型和层次划分状况："古之教育，家有塾，党有庠，术有序，国有学。比年入学，中年考校。一年视离经门辨志，三年视敬业乐群，五年视博习亲师，七年视论学取友，谓之小成。九

---

① 《礼记·王制》，文渊阁四库全书电子版。

② 《礼记·学记》，文渊阁四库全书电子版。

③ 同上。

年知类通达，强立而不反，谓之大成。"① 由此可知，当时教育的目标与
知识组织内容是非常一致的，即学习做人的知识，学习交际的知识，学习
职业与敬业的知识，即学会为人处世。一个人若能接受九年的教育，具备
独立理解能力和辨析各类事物的能力，能够遵循事物的道理去做事就算是
成才了。

（四）《尔雅》中的知识组织方式

《尔雅》是中国古代解释词语的著作，由秦汉时期佚名学者所著。这
部书被看作我国古代第一部词典，中国训诂学的开山之作。在训诂学、音
韵学、词源学、方言学、古文字学等方面都有重要影响。

《尔雅》对大自然的分类认识和社会知识组织方面达到了一个足以令
后人骄傲的高度。全书共有 19 篇，大致可根据"天、地、人、事、物"
分为四大类知识体系：第一类：《释诂》、《释言》、《释训》，收录一般的
日用词语；第二类：《释亲》、《释宫》、《释器》、《释乐》，是对社会人
伦、名物制度的解释；第三类：《释天》、《释地》、《释丘》、《释山》、
《释水》，是对大自然的天文与地理的解释；第四类：《释草》、《释木》、
《释虫》、《释鱼》、《释鸟》、《释兽》和《释畜》，是对动植物的解释。特
别是在第四部分中，对动植物的分类组织可以说是我们后来动植物分类组
织的蓝本。

在《尔雅》介绍的 590 多种动物和植物名称中，都是按它们的自然
属性划分的。从《尔雅》19 篇的篇名可知，当时的人已经把植物分为草
本和木本两大类。又把木本植物分为乔木、灌木和檄木（相当于现在的
棕榈科植物）三种类型。并有明确的分类标准，如"小枝上缭为乔"、
"木族生为灌"、"无枝为檄"等，准确地把握了它们之间最为突出的
区别。

《尔雅》还根据动物的形体特征，把各种动物编织成一定的类别框
架。设立了虫、鱼、鸟、兽四大类别，其定义也很简明，如"两足而羽，
谓之禽；四足而毛，谓之兽"。这种解释，至今沿用。现代人对动物分类
的方法基本上是从那里沿袭下来的。如无脊动物相当于"虫"；在变温动

---

① 《礼记·学记》，文渊阁四库全书电子版。

物中又有两栖纲和爬行纲。鱼纲即"鱼";鸟纲即"鸟";哺乳纲即"兽"。可见当时的人们对动物的研究已经达到了很高的水平。

我们从《尔雅》中可以看到,当时的人们已经能够正确地使用"属"概念这样的知识组织工具,通过建立属别分出大类,又根据它们的相似性和亲缘关系分出小类。如《释兽》中把那些寄居在树上的动物称为"寓属"。把灵长目的蒙颂(猴类)、猱(猿)、猩猩等编排在一起,认为它们与人有类似的地方。使用"鼠属"概念,把啮齿目的动物鼢鼠、鼸鼠、鼳鼠、鼶鼠、鼬鼠、鼩鼠、䶂鼠、鼣鼠、鼶鼠、鼭鼠、豹文鼮鼠等统统放进"鼠属"内,以表示它们之间有较近的亲缘关系。像"马属"、"牛属"、"羊属"等属别都在《释畜》中有较为具体的罗列。我国现代动物分类中的界、门、纲、目、科、属、种的组织体系就是建立在这样的原始组织框架下不断发展完善起来的。

《尔雅》不仅是我国古代最早解释词义的工具书,而且在知识分类组织方面已经能够把有关人的社会知识和有关自然的各科知识进行明细的区分,这种知识组织方式对于集中研究专门的知识具有十分重要的价值。自《尔雅》产生以来就受到了当时学者们的重视,到唐朝时被列为"十三经"之一。

二 知识组织在古代早期学术专著中的反映

学术专著通常是指对某个学科或某类专门问题进行系统而又深入研究的著作。早在西周时期我国已经有了学术专著。人们认为,我国最早的专著是《吕刑》,是由周王朝的大司寇吕侯对法律方面的知识进行系统搜集、整理、编写出来的。书中将西周王朝的刑法,分为轻典、中典和重典三个部分,合称"三典"。在刑法中又设置了墨刑、劓刑、剕刑、宫刑、大辟刑五个等级,共有三千条之多。作者还在书中系统地阐述了制定法律的必要性及其原则,因此对后来的法制理论的发展产生了极大的影响。

西周初期还有一本军事专著叫《六韬》,又称《太公六韬》、《太公兵法》或《素书》,旧题是周初太公望(即吕尚、姜子牙)所著,有不少人都认为是后人依托,作者已不可考。还有人认为,此书成于战国时代。全书以太公与文王、武王对话的方式编成,共分为文韬、武韬、龙韬、虎韬、豹韬、犬韬六个部分。文韬论述治国用人的韬略；武韬讲授用兵的韬略；龙韬论述军事组织；虎韬论述战争环境以及武器与布阵方式；豹韬论述战略战术的具体运用；犬韬论述军队的训练与各类武器的组织协调与配合。这部书不仅被后人看作论述战略战术性知识的专著，同时也是一部集先秦军事思想之大成的著作，它对后代的军事思想有很大的影响，被誉为兵家权谋类的始祖。

先秦时有一部最古老的地理学专著叫作《山海经》，具体的成书年代及作者已无从考证，许多人认为，此书并非成书于一时，也不是一个作者写的，可能属于一种经过了多人搜集与组织相关知识编纂而成的集体成果。全书共计18卷，包括《山经》5卷，《海经》8卷，《大荒经》5卷。内容包罗万象，主要记述古代地理、动物、植物、矿产、神话、巫术、宗教等，也包括古史、医药、民俗、民族等方面的内容。书中最有代表性的神话寓言故事包括夸父逐日、女娲补天、精卫填海、大禹治水、共工撞天、羿射九日等，这些传说为时久远，当时善于考证史实的司马迁在写《史记》时也认为，《山海经》中所记载的怪物，他也"不敢言之"。由于《山海经》对古代历史、地理、文化、民俗、神话以及中外交通状况都有涉及，所以有人把它看作一部古老的奇书，不仅在地理学上有重要价值，并且在史学、文学、文化学等方面均有重要的参考价值。

春秋末年出现的《考工记》是一部记录手工业技术知识的专著，相传由齐国人撰写，作者不详。这本书描述了当时的手工业在社会生活中的地位和特点。书中说："国有六职，百工与居一焉。或坐而论道；或作而行之；或审曲面执，以饬五材，以辨民器；或通四方之珍异以资之；或饬力以长地财；或治丝麻以成之。坐而论道，谓之王公；作而行之，谓之士大夫；审曲面执，以饬五材，以辨民器，谓之百工；通四方之珍异以资之，谓之商旅；饬力以长地财，谓之农夫；治丝麻以成之，谓之妇功。"[①]书中对于社会上的那些能工巧匠给予了很高的评价："知者创物，巧者述之守之，世谓之工。百工之事，皆圣人之作也。烁金以为刃，凝土以为器，作车以行陆，作舟以行水，此皆圣人之所作也。天有时，地有气，材

---

①　《周礼·考工记》，文渊阁四库全书电子版。

有美，工有巧，合此四者，然后可以为良。"① 在该书中，"圣人"不只是那些社会上的思想家和知识精英，而能为社会"创物"的百工也得到了极高的称誉。书中把木工、金工、皮革工、染色工、玉工、陶工等分6个大类30个工种，分别介绍了车舆、宫室、兵器以及礼乐之器等的制作工艺和检验方法。内容涉及数学、力学、声学、冶金学、建筑学等方面的自然科学知识和技术方法。《考工记》篇幅虽然不长，但科技信息含量却相当高，语言也不像有些技术性著作那样晦涩，因此受到历代学者们的喜爱，有关《考工记》的注释和研究层出不穷。

到了战国时期，随着生产的发展，天文学领域也出现了很多成就。"鲁有梓慎，晋有卜偃，郑有裨湛，宋有了韦，齐有甘德，楚有唐昧，赵有尹皋，魏有石申夫，皆掌著天文，各论图经。"② 在这些天文学人才中，齐国人甘德写出了天文学专著《天文星占》，魏国人石申写出了《星经》，后人将这两部著作合编在一起，称为《甘石星经》。这就是说，这两部专著被看作天文学的经典。甘德和石申根据自己对金、木、水、火、土五大行星的系统观察，初步掌握了这些行星的运行规律，记录了800个恒星的名字，其中测定了121颗恒星的方位，有人说它是世界上最早的恒星表，比希腊天文学家伊巴谷在公元前2世纪测编的欧洲第一个恒星表还早约200年。因此有人说，《甘石星经》不仅在我国是最早的天文学专著，在世界天文学史上也占有重要的地位。

在秦汉之际又出现了《周髀算经》、《许商算术》、《杜忠算术》和《九章算术》等数学专著。其中要属《周髀算经》最为著名。《周髀算经》原名《周髀》，它不仅是我国流传至今最早的数学著作，而且是我国最古老的天文学著作，主要阐明当时的盖天说和四分历法。唐朝初期主管教育的人把《周髀》列为国子监明算科的算学教材之一，而获得了算术中的经典称号，所以被称为《周髀算经》。据考证，现传本《周髀算经》大约成书于西汉时期，作者是赵君卿，由于书中除了讲述学习数学的方法之外，还介绍了勾股定理、开平方、分数算法等有较高难度的数学内容，所以受到人们的高度重视。历代许多数学家都曾为此书作注，还曾传入朝

---

① 《周礼·考工记》，文渊阁四库全书电子版。
② （唐）房玄龄等：《晋书·天文志上》，文渊阁四库全书电子版。

鲜和日本，在那里也有不少翻刻注释本行世。其中的勾股定理代表当时世界数学的先进水平。

除了上述的这些专著之外，还有许多专著也在多个领域内形成了系统的专门知识体系。如名医扁鹊的《难经》，托名黄帝作的《黄帝内经》等代表了病理与医药方面的专业知识水平。孙武的《孙子兵法》和孙膑的《孙膑兵法》代表了军事理论方面研究的研究水平。这些专著都可说明先民们在专业知识组织方面的意向和杰出成就。

三 知识组织在古代史籍中的反映

记载人类社会各个方面发展变化的史学著作简称史籍。历代优秀的文化成果正是通过历史的记载得到了保存和传承。

我国史籍的丰富在世界文化史上首屈一指。我国的史学之所以如此繁荣，就得益于我国历代所保留下来的大量史籍。"六经"之中，就有《春秋》这样的史学著作。在《隋书·经籍志》中，把唐朝以前所有的典籍划分为经、史、子、集四个部类，经部以其在知识组织体系中的重要性而被列为四部之首，经部之后就是史部。在我国的知识总体中，史部作为一级知识组织类目，占到总类的1/4之多。

《春秋》是目前我们见到的最早的史学专著。孔子在编辑和修订《春秋》时，就是以春秋时的鲁国国史为书名，并用此书的名称来命名他所在的时代。事实上，在《墨子·明鬼》中，我们还见到"周之春秋"、"燕之春秋"、"宋之春秋"、"齐之春秋"等名称，可见当时除了鲁国之外，周王朝与其他的诸侯国也都有自己的国史，只是没有像鲁国的《春秋》这样幸运地被流传下来罢了。

《春秋》是我国最早的编年体史学专著。此后，左丘明的《左传》及战国时期学者们编的《国语》、《战国策》、《竹书纪年》等，都是先秦时很有影响的史学专著。古代的史官就是国家负责知识组织和管理的人。据《隋书·经籍志·正史序》记载："古者天子诸侯，必有国史，以纪言行，后世多务，其道弥繁。夏殷已上，左史记言，右史记事，周则太史、小史、内史、外史、御史分掌其事，亦置史官。"这些名称不同的史官不仅掌握着国家各个部门的事务，并且还能发号施令，继而在每项活动结束之后，还要把活动的详细记录整理出来作为重要档案加以保管，以便于国家在制定各类规章制度时参考使用。"至汉武帝时始置太史公，命司马谈为之，以掌其职。时天下计书皆先上太史，副上丞相，遗文古事，靡不毕臻。"① 可见当时史官的地位之高，所掌管的知识之宽泛驳杂。就拿《史记》来说，它把汉代以前各个时期所产生的知识几乎都囊括其中了。

《史记》是最早绽开在我国史学领域里的一朵奇葩。作者司马迁（公元前135—约前87）不仅是我国古代伟大的史学家，并且在哲学、文学、天文、历法等方面都有很高的造诣。《史记》是我国第一部纪传体通史，曾被誉为我国古代的百科全书。全书共130卷，526500多字，记载了上起上古传说中的黄帝时代（约公元前3000）下至汉武帝元狩元年（公元前122）共三千多年的历史。书中的内容包罗万象，而又融会贯通，脉络清晰，翔实地记录了上古时期政治、经济、军事、文化等方面的发展状况。

据宋人裴骃撰写的《史记序》统计："上始轩辕，下讫天汉。作十二本纪，十表，八书，三十系家，七十列传。凡一百三十篇。始变左氏之体，而年载悠邈，简册阙遗，勒成一家。其勤至矣。又，其属稿先据左氏、国语系本、战国策、楚汉春秋及诸子百家之书，而后贯穿经传，驰骋古今，错综隐括，各使成一国一家之事故。其意难究详矣。"② 在古代著述条件十分艰难的社会环境里，司马迁竟然撰写出了这样的恢宏巨著，并力求达到"究天人之际，通古今之变"的高远目标，其治学精神和知识组织能力不能不令历代的学者所叹服。

《史记》中涉及的知识十分广博，那个时代的天文、地理、政治、经济、文化等领域的主要知识成果几乎都在《史记》中得到了较为系统的反映，充分展现了司马迁对各类知识的准确把握、分析综合能力和系统组织水平。比如，《史记》中的十二本纪记述历代帝王的政绩；三十世家记述各诸侯国和汉代诸侯、勋贵的兴亡；七十列传记述重要人物的言行事迹；十表按照年代顺序编排上古至汉代三千多年间的大事；八书记录各种曾经出现过的典章制度，并将礼乐、音律、历法、天文、封禅、水利、财

---

① （元）马端临：《文献通考》卷一百九十一《经籍考》，文渊阁四库全书电子版。

② （南朝宋）裴骃：《史记集解·序》，文渊阁四库全书电子版。

用的具体状况做出细致的编排。由于有了这样精心的分类组织，便能使由上古到汉代这个时间阶段内的各项重要活动和重要的知识成果较为全面地展现出来。

到了东汉时期，班固依照《史记》的体例，撰写出了我国第一部完整的断代史《汉书》。《史记》与《汉书》成为我国后代撰写通史与断代史的榜样，使我国的史学以此为稳固的基础蓬勃发展起来了。后来的各个朝代都各自组织编写断代史的写作班子，使我国的历史文献十分浩富。到晚清的时候，由国家编纂的正史已有二十多种，号称"二十五史"，二十五史之外，其他私人撰写的史学著作数量更多，历代的各类知识成果都在史籍中得到了系统的反映。

四 知识组织在古代类书中的反映

类书，顾名思义，是经过对事类相同的知识进行分类组织之后编成的图书。在我国古代，类书就是通过分类与聚类这两种方法来搜罗与组织同类知识的典型。凡是读过类书的人都知道，古人在编纂类书的时候，对事物知识的分类之细微、搜罗之广阔今人叹为观止。

类书起源于何时？学者们对此各有看法。有人认为，类书编纂应从秦汉时的《尔雅》算起；有人认为应当从西汉淮南王刘安编纂的《淮南子》算起；有人认为《吕氏春秋》、《新序》、《说苑》也是类书。对于类书起源的这些争议，主要是因为在类书的认定上还存在着不同意见。哪些书属于类书，哪些书不属于类书？目前尚缺乏统一的标准。但是，多数人都同意把三国时的《皇览》看作我国最早的类书。

大家为什么都认为《皇览》属于类书呢？我们可以从它的编纂体系与知识组织方式上找到较为明显的类书特征。据《三国志·魏志·文帝纪》载：魏文帝曹丕时"使诸儒撰集经传，随类相从，凡千余篇"。这就是说，这部巨著是由三国时的魏文帝曹丕下令组织当时有学问的"诸儒"集体编写的。这个编写班子中有史可查的人有刘劭、王象、桓范、韦诞、缪袭等人。编纂这部书的目的，主要是为皇帝及其皇室高官们能方便地了解历史上传下来的各种主要知识。负责编纂这部书的人首先对当时社会上流传的各种图书文献进行搜集，然后，依照"随类相从"的编撰规则，把不同图书中相同的知识内容集合组织在一起。由于编书的目的是供皇帝与皇家使用，所以命名为"皇览"。

《皇览》收罗到的知识非常丰富，其中内容包罗万象，除了儒家的经典之外，还包括历史、地理、典制、民俗、文艺、人物等多方面的内容，并以摘录古书原文见长。因为它是按照事物的类别组织编排的，所以在查找各种资料时就非常方便。这部巨著共分四十多部，每部数十篇，共有一千多篇，八百多万字。

《皇览》的编纂，开创了我国集体组织编纂大型类书的先河。后世的各种类书大都沿袭《皇览》的体例格局。如《艺文类聚》、《太平御览》等都是采用了这样的组织编排方式。

人们都认为，类书就是古代的"百科全书"。因为它对事物的类别划分和组织非常详细，天地自然，日用人伦，万事万物，莫不有类，并对每类事物的有关解释和材料整理和排列都很详尽。如唐人欧阳询等人奉敕编纂的《艺文类聚》，对知识类目的划分和组织就非常周全。全书共分 46 部，设立类目 727 个。在各个类目中，对文献资料的编排组织采取"事居其前，文列于后"的方式。"事"主要是辑录经史、诸子对事实、事物的论述；"文"的部分，多是辑录诗、赋等各种作品中对"事"的论述。

唐朝还有一部类书叫《初学记》，是徐坚等人奉敕编纂。这套类书主要是为唐玄宗的皇子们初学作文时检寻事类而编写出来的。本书取材于群经、诸子、诗赋及唐初诸家作品，共分为 23 部 313 个子目，先为"叙事"，次为"事对"，然后摘引诗文中的相关论述，体例与《艺文类聚》相近。这两部类书对每类事物的知识收录都很仔细，其组织方法就是按照事物的类别把相关的知识进行集中编排，对于初学者利用前代典籍中的知识和理解同类问题很有帮助。

到了宋代，编辑类书已经成风。李昉和扈蒙等人奉宋太宗之命在太平兴国二年至八年（977—983）编出的《太平御览》数量多达 1000 卷，分为 55 部，在每部类目之下又设置的子目录多达 4558 个。这部类书征引广博，知识浩瀚，大量佚失的古籍都在其中得到了反映。过了十几年，宋真宗继任皇帝，又下诏由王钦若、杨亿等编纂《册府元龟》。这部类书编纂于景德二年至大中祥符六年（1005—1013）。共分为 31 部，1104 个门类。

这部类书的特色在于书中所搜集的知识内容着重反映历代君臣的重要言行以及上古到唐五代的典章制度和各类重要事实。它的取材在唐以前以正史为主，唐至五代则直接引用实录和国史，间及经子，不采说部。总部之前有总序，总部之下各门前边均有小序，资料详备，文笔极佳，自成特色。不少人都认为这部类书具有通代"会要"的性质。所以后来有人就把"会要"体的图书也看成类书。

宋代还有一部大型类书叫《玉海》，由南宋的大学者王应麟编纂。这本书是当时为参加博学鸿词科考试的人组织相关知识而编写的，所以重点收集有关典章制度的资料和吉祥善事。书中资料搜罗宏富，尤其注重收录宋代的史事，多取材于《实录》、《国史》、《日历》等可靠的史料，文献价值很高。全书分为 21 门，书末还附有《词学指南》4 卷。这部类书在学界得到的评价也很高。

到了明朝的时候，中国历史上编出了规模更大的类书——《永乐大典》。明朝永乐元年（1403），明成祖朱棣下令由学者解缙、姚广孝等人领衔组织班子集体编纂《永乐大典》，先后调用了 3000 多人参与编校、誊写，历时 5 年编成。共收录历代重要典籍 22817 卷，11095 册，总字数多达 3.7 亿字。按《洪武正韵》的韵母次序组织编排，韵以下使用单字韵母编目以便于翻检。书中内容搜索范围上至古初，下至明朝当世，从历代古籍中分类抄录汇集起天文、地理、人事、名物、诗赋、典故与各类技艺资料。它对知识的分类组织整理已经达到很高的水平。可惜这部耗费了巨大人力物力编纂出来的《永乐大典》由于内容数量巨大，仅抄成一部正本，后因皇宫失火提醒，嘉靖时又抄出一部副本。明朝末年，战火频起，正本在战火中被毁，便将副本移至翰林院存放。乾隆时期，开始编修《四库全书》，发现《永乐大典》中保存了大批佚文秘籍，从中辑出佚书数百种。遗憾的是这部副本在第二次鸦片战争后已经毁坏殆尽，我们现在只能看到仅存的几百册残卷。

有研究者梳理了我国类书的发展脉络，认为类书始于三国《皇览》，形成于唐朝的《艺文类聚》，中经北宋的《太平御览》日臻完善，发展至明朝的《永乐大典》和清朝的《古今图书集成》达到巅峰。由于类书都有宏大的组织规模，所以，对于中华文化的积累与继承意义重大，影响深远。

第二节　知识组织在科举制度中的反映

科举制度简称"科举"，这是中国古代封建王朝通过考试选拔官吏的一种制度，由于是采用分科取士的办法，所以叫作科举。

我国的科举制度正式出现起始于隋朝大业三年（607），到清朝光绪三十一年（1905）举行最后一科进士考试为止，共经历了一千三百多年。在我国漫长的封建社会里，科举既是一种较为公平而又进步的教育制度，同时也是国家和社会选择知识、组织知识的一种主要方式。

一　科目与科举

"科"在汉语里的第一个含义，即指学术与业务的类别。类别划分多了就有了细目，因此，当"科"用来指称知识或业务类别的时候，常常是科目连称，科目便成为一个独立的词汇。早在春秋时期我国就出现了"为力不同科"的学科意识。

所谓"科举"，就是采取分科考试的方法来选择举荐人才。其实，我国的科举制度早在汉代已经开始萌芽了，它是随着知识的分科学习与学术的分科研究逐渐发展成社会普遍采用的一种知识组织方式。这种方式在我国出现是一种历史的进步行动。因为在封建社会初期，国家任用官员的制度是通过分封制度组织起来的。

所谓"分封"，就是分封领地，建立邦国，简称"封建"。我国出现封建制度是在西周初期。由于在打败商王朝之后，周王开始分封诸侯，受封者主要是同姓子弟和异姓功臣。周王利用册封的方法把土地以及土地之上的居民分赐给诸侯，让他们在自己的封地内建立诸侯国。诸侯在自己的封疆内，又对卿大夫实行再分封。卿大夫再将土地和人民分赐给士。卿大夫和士要向上一级的诸侯承担守土作战等义务。这样层层分封下去，天子—诸侯—卿大夫—士，由此便形成了一个由周王（也称周天子）为核心的等级制度。虽然在秦朝以后开始实行郡县制，但是这种分封制的基本社会结构并没有被彻底打乱，仍然在一定范围内存在着。

分封制的主要特点，就在于国家的权力分配是通过血统世袭的方式组建起来的，凡是重要的职位必须通过国君由上到下层层册封，能够受到册封的人往往都是皇家宗室子弟，平民的子弟无论多么优秀，都没有机会进入到统治阶层中。而科举制度则相反，它是按照社会分工的科目需要由下向上推举人才，这就是科举的原始意义。但是，下边推举出来的人才，不一定就能得到朝廷的认可，于是再通过考试的方法对他们进行检验，因此，科举也称科举考试或"科考"。通过分科考试方法选拔官吏，就让那些优秀的平民子弟获得了进入社会上层统治集团的机会，这样一来，国家官员队伍的道德水平和知识水平也就自然而然地得到了整体性提升。因此，科举制度在与封建的世袭制度的相比之下，其优越性就凸显出来了。

科举最早酝酿于汉代，出现于隋代，到武则天时开始兴盛。"汉举孝廉、茂才，尚存古制，得人亦多。魏晋而降，州郡各置九品中正以别人才，汉制亦渐废矣。后世科举之法自隋炀始殿试之法，自武曌始可胜叹哉。"① 清朝学者张之洞对我国历代的人才任用制度进行了系统的考察，他说："取士之法，自汉至唐为一类，自唐至明为一类……汉魏至隋选举为主，而亦间用考试，如董、晁、郤、杜之对策是也。唐宋至明，考试为主，而亦参用选举。"② 在封建社会，从分封世袭制到察举推选制是一个进步，但是，后者也仍然讲究推举者的身份地位，一般的百姓是无权推举人才的。科举制则不同，它使任何人都可以"怀牒自进"。古代的"牒"类似于现在的身份证件，读书人只要怀里揣着证件就可以自由报名考试，这就给那些出身贫寒却勤学苦读的人提供了一条进取的道路。从隋唐到清代，一千三百多年间，封建王朝通过分科考试这种科举制度选拔文武官员，在中国历史上确实产生了积极而深远的影响。

长久以来，人们讨论科举，主要是从人才选拔的政治制度上予以研究的。事实上，科举考试科目的设置，不仅与社会上的生产活动、管理活动和教育活动的实际科目有密切的关系，并且与人才培养的方向、知识选择的意向和学校的教育内容选择组织也有着极为密切的关系。当代有研究者

① （明）王志长：《周礼注疏删翼》卷八，文渊阁四库全书电子版。
② （清）张之洞：《张文襄公奏稿·变通政治人才为先遵旨筹议折》卷五二，民国九年（1920）铅印本。

认为，在科举时代，学校教育已经成为科举考试的一种准备。他们根据《唐六典》把当时科举考试的科目与唐代大学教育中不同类型的课程进行了对照，使当时科举开设的秀才、明经、进士、明法、明书、明算、道举诸科与崇文馆、弦文馆、国子学、太学、四门学、州府县学、广文馆、律学、书学、算学和崇玄学都有对应关系，特别是进士科之后的几科不存在包含或交融关系，而是直接的对应。如：明法—律学；明书—书学；明算—算学；道举—崇玄学等都是一一相对的①。所以，我们既可从历代的科举中了解历代统治者对知识部类选择的意向和态度，也可从中了解历代统治阶级对于不同的知识体系的价值评估方式与知识组织进程。

二 从分科举士到科举制度形成

如今许多研究科举制度的人，往往把隋朝时炀帝杨广举行殿试作为科举的开始。事实上，分科举士的思想渊源最早是由西汉时的汉武帝刘彻提出来的。西汉王朝是通过秦末的农民战争夺取天下的。在战争中立下功勋的武将们在汉初都得到了高官厚禄。但是会打仗的人不一定就懂得治理天下。这个道理在西汉初期就已经被提出来了。

据《史记·郦生陆贾列传》记载，汉高祖刘邦夺得天下之后，还没有从喜悦的心情中走出来，书生陆贾便常常在他的耳边唠叨《诗》、《书》、《礼》、《易》等经书如何好，应当读一读，这让读书不多的新皇帝十分反感，便骂道，你的主公在马背上夺得天下，攻于诗书有什么用？陆贾反击说，你从马背上夺得天下，难道你还要在马背上治理天下吗？古代圣贤治国有哪个不是"逆取而以顺守之？"假如令秦国吞并天下之后能够施行仁义，效法过去的圣人，陛下的江山怎么会得到呢？刘邦觉得他的话很有道理，虽然面子上不高兴，却在心里边接受了。"逆取"与"顺守"这两个概念含义很丰富，逆取就是与采用不正常的手段，如秦末农民起义就摧毁了秦王朝所有的物质文化与精神文化建设，才使刘邦在这次战争中获得了新政权。若是想建立一个秩序化的新政权，让老百姓能够安

---

① 参见李国钧、王炳照总主编，宋大川、王建军著《中国教育制度通史》第二卷《魏晋南北朝隋唐》，山东教育出版社 2000 年版，第 445 页。

定的生产生活，当然就需要"顺守"，使用各类知识重新建设新的正常的社会秩序。当刘邦明白了这样的道理之后，他不仅没有怪罪陆贾对他的批评，反而请陆贾为他写出秦王失去天下而他得到天下的原因以及古代那些国家成功与失败的道理。于是，陆贾便把自己对国家存亡的见解写成奏章，一共写出了 12 章。每上奏一章，汉高祖刘邦读了没有不称赞好的。后来陆贾的这些奏章被汇编成《新语》一书，成为汉代统治者治理国家的重要思想资源。从刘邦开始，汉代的统治者已经开始注意国家的文化建设，注重寻找和培养有才学的人帮助皇帝治理国家。

但是，经过秦朝的"焚书坑儒"和秦末战争的劫难，大量的文化典籍被焚烧、散佚，读书人不多，又要明哲保身，很少有人愿意出来做官。到汉武帝刘彻继位的时候，汉朝已经建立了 60 年。那些帮助刘氏打天下的老将们都已死去，削弱了推举人才的阻力，胸怀壮志的汉武帝便拿出了招揽人才的新方法。

建元元年（公元前 140），汉武帝刘彻下诏，令丞相、御史、诸侯中俸禄在二千石以上的人，举荐贤良方正和直言极谏之士出来做官。随后又设置了孝廉科，让郡国各推举孝廉一人为官。汉武帝还下诏，令礼官兴办教育，推举隐居于各地的有学问的人出来做事，并在全国搜罗遗留下来的图书，特别是前代的经书。并于建元五年（公元前 136）开始设置五经博士，分科讲授经学，从而使经学成为两汉时期的显学。"自武帝立五经博士，开弟子员设科射策劝以官禄，讫于元始，百有余年，传业者寖盛枝叶蕃滋，一经说至百余万言，大师众至千余人，盖禄利之路然也。"① 事实上，除了设置五经博士使经学知识繁盛之外，朝廷在其他的知识门类中也设置了博士。"汉制，凡五经俱设博士。即书算之类亦设博士，是即专家名士之意也。故汉儒之学虽未精纯，然尊重师傅，渊源有本，是以其学尤多近实。"② 这些接受了经学和其他知识门类教育的书生们就成了汉朝选拔官员的后备军。

自汉武帝之后，汉代的统治者便把"孝廉科"变为常科，又陆续开设了茂才、明经等常科以及明法、尤异、兵法、阴阳灾异、童子举等名目

---

① （清）秦蕙田：《五礼通考》卷一百七十一，文渊阁四库全书电子版。
② （明）陆世仪：《思辨录辑要》卷二十，文渊阁四库全书电子版。

众多的科目，从多个方面招揽人才。这种从地方推举、选拔官员的方式，后来逐渐发展为一种制度性的行为。据《汉书·儒林传》载：汉平帝时"岁课甲科四十人为郎中，乙科二十人为太子舍人，丙科四十人补文学掌故"。此处的所谓"甲科"、"乙科"及"丙科"，既是选拔官吏的科目，也是官员录取的等级。由汉武帝创建的这些推举取士制度在历史上曾产生了积极的影响。东汉著名学者蔡邕曾评价说："孝武之世，郡举孝廉，又有贤良文学之选。于是名臣辈出，文武并兴。"① 明代的著名政治家、史学家丘浚对汉武帝的评价也很高，他说："秦焚诗书，惟存博士官。汉初仍其旧，置五经博士，始见于此。呜呼！五经自秦火之后为世大禁。汉兴稍稍复出，然皆私相传习于其家。至是，官始置五经博士，然后天下之人靡然向风，公相受授以为业。武帝有功于儒学岂小小哉！"② 史实证明，汉武帝刘彻不仅推动了儒学的发展，并且为科学制度的产生提供了思想来源和制度基础。

三　科举制度与知识组织的关系

历史上的科举考试都考什么内容？现在还没有见到专门的研究成果。从历代的教育史料中我们发现，那些被列为考试科目的知识，通常都是由国家负责教育的高官来确定，然后经过皇帝的许可才能列为考试的内容。这些内容一旦选出来变为必考科目，则成为万众瞩目的核心知识。科举制度自隋朝创制到清朝末年结束，在这一千三百多年间，科考每年举行或隔年举行，在当时社会上具有无比丰富的戏剧色彩。那些能够在考场上得胜的举子、进士和状元们便进入了国家的统治阶层，成为举国瞩目的明星。人们常把那些入围的举子们看成"鲤鱼跳龙门"，使鱼虫变成了巨龙。使得历代的读书人都把科举看成改变人生命运的有效途径，无不把国家考试的科目看成铺路的砖石去把玩、打磨。据宋代学者尤袤在《全唐诗话》卷三中记载，唐朝科举推崇诗学文论，于是考生们便努力去雕琢他们的诗文和策论。唐敬宗宝历二年（826）有个叫朱庆馀的考生从遥远的越州

---

① （清）秦蕙田：《五礼通考》卷一百七十一，文渊阁四库全书电子版。

② （明）夏良胜：《中庸衍义》卷三，文渊阁四库全书电子版。

（今浙江绍兴）来到京城长安应试，他对时任水部员外郎的著名诗人张籍很崇拜，希望能得到他的帮助，便写下了一首名为《近试呈张水部》（又名《闺意呈张水部》）的诗，向张籍推荐自己说：

> 昨夜洞房停红烛，待晓堂前拜舅姑。
> 妆罢低声问夫婿，画眉深浅入时无？

考生朱庆馀在诗里将自己临考前的心情比作一个新嫁娘，初入闺房，在拜见公婆之前，小心翼翼地打扮自己，虽然也准备好了，可还是不放心，就很想问问当时以提携后进而闻名的水部员外郎张籍，自己有没有中榜的希望。

张籍收到这首诗后，便明白了朱庆馀那种忐忑不安的心情，立即也酬答了一首诗说：

> 越女新妆出镜心，自知明艳更沉吟。
> 齐纨未足时人贵，一曲菱歌抵万金。

朱庆馀是越州人，越州是个盛产美女的地方，张籍便在诗中称朱庆馀为越女。他说，你这个美女子，已经在镜子里看到了自己打扮得光鲜漂亮的样子，却还放心不下。那我来告诉你，那些身着齐地名贵丝绸的美人并不被时人看好，而唱着乡野里采莲曲的淳朴女子可以敌过那些身着万金的美人。诗中暗喻朱庆馀那种质朴纯真的语言足以打动考官们的心。朱庆馀从这首诗的绝妙答复中得到了安慰，果然登上进士第。于是，这两个人在科考前夕的唱和诗作与考后朱庆馀的如愿登第从此就成了文坛上盛传不衰的佳话。

我们可以从这首诗中的"画眉深浅入时无"之问去思考当时的考生们是怎样使用各种知识为自己化妆的。每个聪明的考生都应当知道，国家的科举考什么，什么样的知识属于入时的主流知识，只有把握住了这些东西，他们才能成为考场上的赢家。

事实也正是这样，我们在知识的评价与选择方面，往往与国家的知识管理制度有着直接关系。我们知道，擅长作诗的人并不一定有什么特别的技能，然而唐朝人喜欢诗歌蔚然成风，关于诗歌的对仗技巧与起承转合方法就成了一种主流知识。能把诗歌写得精妙绝伦，就反映出了一个人的知识水平和应对能力。所以在唐宋时代，许多由科考场上选择出来的官员们都是写诗填词的高手。

但是，管理国家需要各种各样的人才，仅有能写诗填词的官员还是不够的，所以，在科举制度中就形成了常科和制科这两大类别。

常科是相对于制科而言的，因为出现了制科，便将以往设置的正常考试科目称为"常科"。常科考试所设置的科目，就是在正常情况下要求考生具备的知识内容。不过，常科中设置的考试科目在各个朝代并不相同，设置什么科目，共设多少个各类，则取决于朝廷与教育主管对各类知识的评价与选择，皇帝与主管教育的大臣认为什么对国家有重要作用就考什么。从《新唐书》的记载中我们知道，通常设置的常规科目共有 12 科："其科之目，有秀才，有明经，有俊士，有进士，有明法，有明字，有明算，有一史，有三史，有开元礼，有道举，有童子。而明经之别，有五经，有三经，有二经，有学究一经，有三礼，有三传，有史科。此皆岁举之常任也。"① 这里告诉我们，在 12 种常规的科目中，每个科目之下也还有它的下位分支知识。

所谓制科，就是由皇帝为了选出一些多样化的特殊人才亲自出题考试的临时科目。如宋初宋太祖曾下诏书，令地方官司举荐孝悌、力田、奇才、异行和文武干才之人，为他们设置特殊的考试方式来网罗人才，若是在某个方面有特殊才能的人就通过这样的"制科"进入国家的官僚队伍。比如，那些孝敬父母、安贫乐道、文才出众、武艺高强或高蹈不仕的人就是经过皇帝亲自过问而委以官职的。可见"制科"并不是常置的科目，它是根据皇帝的临时需要或兴趣所起而兴办的具有特殊性质的考试。皇帝如果听说了某个人特别孝顺，某个人武艺特别好，某个人的文章写得特别精妙，某个人在种植、养殖业方面特别有能耐，就想把他们叫过来测试一下。如果皇帝觉得他们的做法和想法确实可行，就给他们官做，让他们为国家服务。我们见到制科中设置的"力田"、"草泽"之类的科别，往往弄不明白这些人是用来做什么的，其实，这样的词汇是与朝廷、庙堂、衙

---

① （宋）宋祁、欧阳修等：《新唐书·选举志上》卷四十四，文渊阁四库全书电子版。

门相对应的乡村、田野、民间的空间概念，它是指那些从事田野耕作的人们，包括像我们现在所说的农、林、牧、副、渔等各业内的突出人物。如果按照常规的考试方法，像他们这样从事实业的劳动者尽管在他所从事的行业内特别杰出，却永远没有机会通过正规的科举之路进入国家的官僚队伍中。那么，皇帝要想任用他们，办法当然是很多的。制科这个概念前面的这个"制"字，在古代就是崇敬皇帝的话语权，凡是皇帝说出来的话，就叫作"制诰"。虽然国家设置了常规的科举考试规则，但皇帝有权突破这个界限，设置特殊的考试方式，让这些特殊的人才通过特殊的路子进入国家的官僚队伍。皇帝制定出这个考试的法儿就成了制科。它与时下我国对特殊人才开设"绿色通道"一样，更改衡量人才的标准，让这些行业内的"专家"们在国家这个大舞台上获得更加广阔的用武之地。类似这样的考试方式，唐朝已经有了，宋代较为多见，在以后各个朝代也都有过。制科考试的内容更多，据黄宗羲在《宋元学案·安定学案》中统计，唐朝设立的制举科目多达63科，分为文、武、吏治、长才、不遇、儒学、贤良、忠直8大类。在这些科目中，进士科是其中的主导科目。因此人们把进士科的设立看成科举制出现的标志。

"进士"这个称呼，原来并不是用于科举，而是指举贤进能。早在周朝的《礼记》中，"进士"已经作为专有名词出现。"大乐正论造士之秀，以靠于王而升诸司马，曰进士。"[①] 意谓可进入某个阶层而使用的人士。至于进入那个层次，各朝不一。同朝进士也不一样，但成为进士的人当然就是享受国家俸禄的人。

进士作为科举中设立的科目，最初始于隋炀帝大业年间。五代人王定保曾写出科举研究的专著《唐摭言》，他在其中的《述进士篇》中说："若列之于科目，则俊、秀盛于汉、魏，而进士，隋大业中所置也。"[②] 从这里我们也可以看到科举中的进士与汉代和魏代的察举贤能中所推选的秀士、俊士在意义上是关联的。进士、秀士和俊士在职位的等级上有何区分，书中没有提及。《新唐书·选举志》说，唐朝取士的科目多是因袭隋朝，而隋朝的科目又来自魏晋，一直推到汉代，可见科举考试中的科目设

---

① 《礼记·王制》，文渊阁四库全书电子版。
② （五代）王定保：《唐摭言·述进士篇》，文渊阁四库全书电子版。

置与知识的选择组织方式多是源远流长并适宜于当时社会需要的东西，有的强调"德行"，有的强调"道艺"，有的科目要选择的则是被现在人称为"实用人才"的人才。

四　科举考试中的知识分科

"分科"在孔子的时代就是教学活动中的一种知识组织方法。据考证，"分科"作为一种知识组织制度到了宋代才正式建立。"自经、赋分科，声律日盛……二十七年，诏复行兼经，如十三年之制。内第一场大小经义各减一道，如治《二礼》文义优长，许侵用诸经分数，时号为四科。"① 科举发展至宋代已经十分成熟，无论科目设置还是管理制度都很完备。除了沿袭唐代的常科与制科外，还增加了恩科、荫补（门荫）、童子科、八行取士、十科取士及纳资等入仕途径。

北宋天圣七年（1029）宋仁宗下诏说："'朕开数路以详延天下之士，而制举独久不设。意者吾豪杰或以故见遗也。其复置此科。'于是增其名曰：贤良方正能直言极谏科，博通坟典明于教化科，才识兼茂明于体用科，详明吏理可使从政科，识洞韬略运筹帷幄科，军谋宏远材任边寄科，凡六，以待京、朝之被举及起应选者。又置书判拔萃科，以待选人。又置高蹈丘园科、沉沦草泽科、茂材异等科，以待布衣之被举者。其法先上艺业于有司，有司较之，然后试秘阁，中格，然后天子亲策之。"② 宋仁宗所下的诏书经过有关部门的讨论都得到了落实，于是人们把它称为"天圣十科"。在这十科之中，我们见不到现在使用的学科名称，如哲学、政治、经济、文化等科目，实质上它们都被包含在其中，像贤良方正、能言极谏科要选拔的人才就相当于现在我们所说的那些德才兼备、具有洞见又有责任感的学者。而博通坟典明于教化科要选拔的人才是通达历代典籍，能够肩负起教育民众树立优良社会风气的学者。六科之外的四科就是从普通百姓中选拔那些在社会各领域表现优异并具有实践经验的人出来做官。到天圣八年（1030），宋仁宗"亲试武举十二人"，又开设了武科。

---

① （元）脱脱等：《宋史》卷一百五十六，文渊阁四库全书电子版。
② （清）秦蕙田：《五礼通考》卷一百七十四，文渊阁四库全书电子版。

到了北宋中后期，宋王朝发生了两次大规模的政治改革，为了培养和选拔人才，从学校教育到科举考试对知识选择组织和科目设置都采取了许多新的举措。在"庆历新政"之前，范仲淹积极推行兴学运动，鼓动皇帝兴办教育，从中央到各州县都建起了各级官学网络，历史上称之为"庆历兴学"。到了"王安石变法"时又兴起新一轮的兴学高潮，史称"熙宁兴学"。在范仲淹的"庆历新政"和王安石主持的"熙宁新政"中，对隋唐以来的科举考试科目进行了大规模的调整。但是，这两次变法都未能达到如期的目标，在保守派的反对下，有些科目时而废除，时而恢复，未能形成稳定的知识管理制度。

到了北宋元祐元年（1086）司马光主政的时候，他又提出了"十科举士"的建议。司马光的"十科举士"与"天圣十科"既有区别也有联系，基本上都是根据当时的社会需要来设置科目的。这种"分科取士"之法，在学界影响深远，有人认为，这种方法是中国学界接受近代西方"分科设学"观念的思想基础。

尽管"分科"这种知识管理制度出现的较晚，但早在周朝时对知识进行分科教育的方法已经非常普遍。前边我们已经列举了专门性知识成果即专著的大量出现，汉代人对经学分门讲授与研究，到了魏晋时期，社会上已出现了大量被称为"实学"的专门知识教育组织。所谓"实学"是相对于形而上的"虚学"而言的。实学是为实用而学，学习实用性知识；而虚学则是为学问而学问，相当于我们现代的纯理论研究，如儒学、经学、玄学、佛学、道学、阴阳学、理学等类，就不是实指专门的用途。从魏晋以来，社会已经注重专科教育，如文学、史学、医学、算学、律学、书学、画学和杂学等知识都设置了专门的学校或馆阁进行专门教育，特别是到北宋时期，私人讲学之风再起，出现了书院制度，一些学者开始重视"分科授学"。这种以"私学"方式出现的书院制度一直在我国延续了上千年。

宋代分科设置的知识科目与现代按专业划分知识的方法已很接近。比如在医学门内又设分科，"医学初隶太常寺，神宗时始置提举判局。官设教授一人，学生三百人设三科以教之。曰方脉科、针科、疡科。凡方脉以《素问》、《难经》、《脉经》为大经，以《巢氏病源》、《龙树论》、《千金翼方》为小经。针、疡科则去《脉经》而增《三部针灸》。经常以春试，三学生愿与者听。崇宁间改隶国子监，置博士，正录各四员，分科教导，纠行规矩"。① 算学于崇宁三年（1105）始建，学生以 210 人为额，允许官员和普通百姓把算学作为职业进行研究，以《九章》、《周髀》及假设疑数为算问，仍兼《海岛》、《孙子》、《五曹》、《张丘建》《夏侯阳》算法，并历算三式，天文书为本科。三舍法略如太学，上舍三等推恩，以通仕登仕将仕郎为次。大观四年（1110），把算学生归入太史局，把书学生归入翰林书艺局。律学相当于现代的法律学，在宋代也被分为三个学科，称为名法科、刑法科、律义断案科。还有书学、画学与杂学等，每个学科各有自己的知识体系，内容十分丰富。我们可以这样认为，在宋代社会中，知识组织的方式有许多已与社会的分工组织基本相符，许多具有实用性的学科已经确立。

第三节　知识组织在古代文献管理中的反映

前面我们已经说过，凡是书面知识都需要使用各种载体来负载，这些用以记录知识的载体现在就被人们统称为文献。那么，要对书面知识进行组织管理，我们就一定要考虑知识的载体问题。尽管知识组织与文献分类是两个不同的概念，所制定的规则与标准各不相同，使用的方法手段也不一样，但是，它们在本质上仍然有许多相通之处。

一　知识组织在古代文献分类中的体现

据我国古代的图书分类体系可知，古人对知识体系的把握方式不像西方人那样按照客观事物的认识类别来设置类目，而是把精力集中在知识的功用及其表现方式上。若从文献分类的原理来说，任何文献或图书分类法都是以文献中包含的知识类别为基础来建立分类标准与基本构架的。文献只是知识的外在形式或装载工具，文献中的内容才是分类的主要根据。比如：一份论述历史的研究成果的文献无论它是放在图书、报刊或电子文档

---

① （元）脱脱等：《宋史》卷一百五十七，文渊阁四库全书电子版。

中，负责分类的人都会按照史学的代码来确定其在知识总体中的位置。在编制书目或论文索引的时候，总是要按已有知识的类别来给它们准备栏目。文献分类设置的框架就是这样，首先考虑文献内容的性质，按照文献中的知识类别安排分类表，至于文献的载体类型，则附着在文献的内容性质之旁。出版学家王云五曾说："图书分类法无异全知识之分类，而据以分类的图书即可揭示属于全知识之何部门。因此，要想知道应读什么书，首先要对全知识的类别作鸟瞰的观察，然后就自己所需求的知识类别，或针对取求，或触类旁通。"① 由此可知，文献分类与知识的分类组织是相辅相成的，我们可以从文献分类中了解到知识组织的大致脉络。

我国文化源远流长，古籍浩如烟海。从《周礼》的记载可知，西周时官府已经设官分管典籍。老子在周朝做柱下史，其职责类似于现在的图书馆长。但是，研究文献组织管理的人通常都是从孔子开始，而不谈那位当过图书馆长的老子，因为那时的文献没能保留下来多少东西，所以有人就把孔子删诗书、定礼乐、整理"六经"看作对文献和学术进行分类的开端，并把他的编排方法看作六分法。自春秋晚期到清朝晚期，我国对图书文献的组织与管理方面曾经出现了多种方法，如六分法、五分法、四分法、七分法、九分法等，只是有的分类组织方法未能占据主导地位，逐渐地就被人们忘却了。

我国有历史记载的大规模整理图书活动，开始于西汉后期的刘向、刘歆父子。我们仅以他们编订的《七略》和占领主导地位的四部分类法作为典型，来观察图书管理活动中知识组织的方式方法。

二 《七略》中的知识组织思想

《七略》是我国最早组织集体的力量编纂出来的国家藏书目录，也是我国第一部系统的目录学著作。

西汉河平三年（公元前26），汉成帝命令当时最杰出的学者刘向领导校书，并委派了多个不同部门的大臣分别负责整理不同内容的文献。"命光禄大夫刘向校经传诸子诗赋，步兵校尉任宏校兵书，太史令尹咸校数

① 王云五：《旧学新探——王云五论学文选》，学林出版社1997年版，第176页。

术，太医监李柱国校方技。每一书就，向辄撰为一录，论其指归，辨其讹谬；叙而奏之。向卒后，哀帝使其子歆嗣父之业。乃徙温室中书于天禄阁上。歆遂总括群篇，撮其指要，著为《七略》：一曰《集略》，二曰《六艺略》，三曰《诸子略》，四曰《诗赋略》，五曰《兵书略》，六曰《数术略》，七曰《方技略》。大凡三万三千九十卷。"[1]

《七略》对文献整理的方法所采用的是六分法，因为七略之中的首位《辑略》是对所有收录的文献作的总序，其余六略是按照图书的性质和主其知识内容分类组织的。所谓"六略"，就是共设置了 6 个大类。在 6 个大类之下又分设为 38 个小类。

> 六艺略：易、书、诗、礼、乐、春秋、论语、孝经、小学；
> 诸子略：儒家、道家、阴阳家、法家、名家、墨家、纵横家、杂家、农家、小说家；
> 诗赋略：赋、杂赋、歌诗；
> 兵书略：权谋、形势、阴阳、技巧；
> 数术略：人文、历谱、五行、蓍龟、杂占、形法；
> 方技略：医经、经方、房中、神仙。[2]

若按当代人理解，我们从这六略中的小类中看到的这样书籍编排方式，似乎并不是对知识类别的划分，因为其中有不少类别之间缺乏必然的联系，也看不出知识谱系的发展脉络。但是，目录学家姚名达则根据《七略》的分类义例找出了其中的多样化组织依据。他认为，《七略》首先是"依学术之性质分类"，但《诸子略》以思想系统分，《六艺略》以古书对象分，《诗赋略》以体裁分，《兵书略》以作用分，《数术略》以职业分，《方技略》则兼采体裁与作用两种标准。同时姚名达也指出了《七略》分类中存在的许多缺憾[3]。

尽管《七略》在图书分类与知识组织组织方面存在着一些缺陷，但

---

① （唐）魏征等：《隋书·经籍志》，中华书局 1985 年版，第 905—906 页。
② （汉）参见班固《汉书·艺文志》，文渊阁四库全书电子版。
③ 参见姚名达《中国目录学史》，上海书店出版社 1984 年版。

它实质上是我国古代最早按照知识内容进行组织而编成的第一部综合性图书分类目录。他们的分类方法，也被人们看作我国最早的图书分类方法。后来南朝齐王俭编的《七志》，梁阮孝绪编的《七录》，都是依照《七略》的方法加以改进的。

可惜《七略》在唐末就佚失了，后人对于这部目录的大致了解，都是通过《汉书·艺文志》及其他人在自己的著作中提及的部分内容获得的。

三 四部分类法的形成

在我国，研究国学的学者没有不熟悉四部分类法的。自刘向在《七略》中正式创立六类图书分类目录之后，历史上又相继出现了九部、七部、五部、四部等分类组织方法。其中以四部分类法影响最大。四部分类法自唐初在《隋书·经籍志》中确立之后，便成为我国古代知识组织管理的主要方法。

那么，四部分类法是谁创立的？有人说是魏人郑默，也有人说是晋人荀勖。这两种说法都有道理。本书认为，四部分类法应是由郑默创建，经过荀勖与后来的李充、魏征等人多次调整，然后逐渐稳定下来的。

早在三国后期，魏元帝曹奂令秘书郎郑默整理宫廷藏书，郑默编制的藏书目录叫作《魏中经簿》，简称《中经》。不久曹魏政权被西晋的司马炎所取代，晋武帝司马炎便于咸宁年间（275—279）令秘书监荀勖整理图书，荀勖根据郑默的《魏中经簿》又编出《中经新簿》，又称《晋中经簿》。这就是说这两部皇家藏书目录都曾简称《中经》，其中所采用的都是四部分类法，即把所有的图书按甲、乙、丙、丁四个类别进行组织归类，甲部包括六艺及小学等书；乙部为古诸子家、近世子家、兵书、兵家、术数；丙部为史记、旧事、皇览簿、杂事；丁部有诗赋、图赞、汲冢书。大凡四部，合 29945 卷。这是四部分类法创立的初期阶段。由于郑默的《魏中经簿》先于荀勖《中经新簿》佚失，所以能提起它的人很少，多数人则认为荀勖就是四部分类法的创始人。

到了东晋成帝时期，著作郎李充又奉命整理国家图书，在他主持编制的《晋元帝四部书目》中，他也把所有的图书分为四部，但把荀勖四部的顺序进行了调整。他把"五经"设为甲部，《史记》设为乙部，诸子设为丙部，诗赋设为丁部。清代学者钱大昕说："晋荀勖撰《中经簿》，始分甲乙丙丁四部，而子犹先于史。至李充为著作郎，重分四部：五经为甲部；史记为乙部；诸子为丙部；诗赋为丁部。而经史子集之次始定。"①

到了唐朝初期，当魏征、长孙无忌和李延寿等人领衔整理图书时，继承了李充编排的经、史、子、集四部分类顺序编制出《隋书·经籍志》。由于当时的宗教文化十分发达，图书很多，难以把它们归入某个类别中，只好把道教与佛教的图书编为两个小类附在后面。四部的名称和顺序由此确立并沿用下来。

《经籍志》为《隋书》十志中的一志，由李延寿等编，魏征删定。它是根据《隋大业正御书目》和梁阮孝绪的《七录》两书增删而成的。以往的四部分类法多以甲、乙、丙、丁来命名各个部目，而《经籍志》则将经、史、子、集分为四部四十个类别组织收录图书。不仅对确定四部分类法起了主导作用，而且直接使用经、史、子、集四部标示名称，自此之后，许多史志、官籍或私藏书目大多是按照这种方法编制出来的。这种分类方法后来在《四库全书》的分类体系中得到了体现。其中虽然也有不同，但并没有太大的变化。

《经籍志》还对这种典籍分类方法与各个类别中的知识功用进行了简要的说明："夫仁义礼智，所以治国也，方技数术，所以治身也，诸子为经籍之鼓吹，文章乃政化之黼黻，皆为治之具也。"② 这里把古代典籍中的知识用途分为治理国家与个人修养两个方面，明确说明这些知识都是国家用于统治的工具和个人安身处世的工具。

四　《四库全书》的知识组织方法

《四部全书》产生于清朝乾隆时期。当时清王朝的统治已逾百年，政权稳固，经济繁荣。乾隆三十七年（1772），清高宗开始下诏搜求遗书，并在翌年设立了"四库全书馆"，由永瑢领衔编撰，纪昀担任总裁官，先后调用4186人充任四库馆员，对那些从全国搜集来的大量图书进行整理，

---

① （清）钱大昕：《元史·艺文志·序》，文渊阁四库全书电子版。
② （唐）魏征等：《隋书·经籍志》，中华书局1985年版，第909页。

乾隆四十七年（1782）这套丛书的正本编成，共花费 10 年时间。由于这部卷帙庞大的丛书是按照传统的四部分类方法是编排的，所以被称为《四库全书》。

《四库全书》编成后，由于图书数量巨大，不便了解各部图书收录的具体情况，于是在此基础上又编纂出《四库全书总目》。《四库全书》为四部分类法的集成之作，它将古今图书分为四部四十四类，著录图书3470 种，79018 卷，另外在《四库全书总目》中还有存目 6819 种，94034卷。可见当时有三分之二的图书没能编入《四库全书》当中，并且在整理历代图书的过程中，清统治者还把大量有碍其统治的著作销毁了，这次销毁图书的罪恶行径曾被看作自秦始皇之后的第二次焚书。

《四库全书》编成后，因为主持者担心不慎损毁，便缮写出四套复本，分别收藏在紫禁城翰林院的文渊阁、圆明园的文渊阁、热河行宫的文津阁、奉天陪都的文溯阁。这四套书后来被称为"内廷四阁"或"北四阁"。在乾隆五十三年（1788）时又抄出了三套，分别收藏在杭州西湖的文澜阁、镇江金山寺的文宗阁、扬州大观堂的文汇阁。后抄出的这三套被称为"江浙三阁"，或"南三阁"。其中文宗阁、文汇阁毁于太平天国战争，文澜阁虽有散佚，但经过补抄基本齐全。文渊、文津、文溯这三部书得以保存到现在。尽管有了七部抄本，但它们仍然深藏秘府，当时那些普通的读书人是没有机会看到的。由于后来战乱迭起，这些图书屡遭焚难，保存于文渊阁、文宗阁和文汇阁的藏本全部毁失，目前存世的这四套丛书也收藏在四个地方。文渊阁本现藏于台北故宫博物院；文溯阁本现藏于甘肃省图书馆；文津阁本现藏于中国国家图书馆；文澜阁本现藏于浙江省图书馆。

20 世纪 80 年代，台湾商务印书馆影印出了文渊阁《四库全书》，共分为 1500 册发行。1999 年迪志文化出版有限公司和上海人民出版社合作研制出了电子版本，包括 470 多万页原书页的原文图像版和全文检索版，制成了逾 7 亿汉字的全文数字化检索系统。先是刻录于 180 张光盘中广为流传，随后又推出了网络版，由此使我们这些普通的读书人也有机会得以见到许多平时难以找到的古代典籍。

现在我们见到的《四库全书》，共分为四部，四十四类如下：

经部：易、书、诗、礼、春秋、孝经、五经总义、四书、乐、小学；

史部：正史、编年、纪事本末、别史、杂史、诏令奏议、传记、史钞、载记、时令、地理、职官、政书、目录、史评；

子部：儒家、兵家、法家、农家、医家、天文算法、术数、艺术、谱录、杂家、类书、小说家、释家、道家；

集部：楚辞、别集、总集、诗文评、词曲。

出版家王云五先生曾对《四库全书》的知识组织方法进行批评，指出了其中知识组织的混乱状态："譬如经部的《书》本是一部古史，《诗》本是文学，《春秋》也是历史，《三礼》等书是社会科学，《论》、《孟》也可以说是哲学；若严格按性质分类，当然是不能归入一类的。但旧法分类的原则，因为这些都是很古的著作，而且是儒家所认为正宗的著作，便按着著作的时期和著者的身份，不问性质如何，勉强混合为一类。关于子部呢，也是同样的情形，把哲学、宗教、自然科学、社会科学各类的书籍并在一起。关于集部，尤其是复杂，表面上虽皆偏于文学方面，其实无论内容属哪一类的书籍，只要是不能归入经、史、子三部的，都当它是集部。"① 现代人对四部分类法确实无法苟同，因为它已经存在了上千年，我们无法使用现代的知识组织方式对其进行改制，只有了解它，适应它，才能较好地使用它。了解它的方法主要是从对传统文化的研究中了解古人的思维方式和组织方式，同时我们也应力求从学术上找出各部类知识之间的区别与联系。如果我们理解了古人认识世界的方式，那些看起来没有什么关联的东西，也可从中找出它们的合理性。比如：在四部分类法中，最显著的特征是尊崇圣贤，重视经典，这是我国传统学术的基础和出发点。刘简在《中文古籍整理分类研究》一书中指出，经部，为中国文化之根源，犹如中世纪欧洲之神学——新旧约全书。史部，为史实之记录；子部，为哲学家之思想；集部，为文学作品。又如希腊亚里士多德根据人类记忆、理性、想象之三性能，分学问为历史、诗文、哲学三大类。易言之，经为根，史、子为干，集则为枝；聚根、干、枝而成树之整体。故四部法依经、史、子、集之次第先后排列，亦即在表明全部知识之体系。②

在古代的四部分类法中，地理被分置于史部，使史地同域。这里也有

---

① 王云五：《中外图书统一分类法》，商务印书馆 1928 年版，第 2 页。

② 参见刘简《中文古籍整理分类研究》，台北文史哲出版社 1978 年版，第 77 页。

合理的因素。因为人们认识事物既需要考虑其地理这个空间概念，也需要考虑历史这个时间坐标。任何事物的发生与发展当然都不能离开时空这两个基准。研究地理变迁的人，无论是观察自然地理的变迁，还是观察人文地理的变迁，都需要有时间的维度；而地理是历史的舞台，研究历史的人必须考察人类社会实践的地理环境与空间范围，离开了这些具体的必要条件，这些研究就失去了确定性。从这个意义上说，现代人把地理与历史分作两门学科的方法并不比古人更加合理。比如，四部分类法把小学列于经部，是为了让人们注重文字的学习与研究，即要求对基础性知识的重视。

我们现在常说的古籍分类，通常都以四部分类法为主，事实上，除了四部分类法之外，我们已经介绍了《七略》中的六部分类法，还有许多其的他分类方法也很有影响。如南宋时郑樵的《通志》就有不同，其中的《艺文略》曾把典籍分为 12 个大类，82 个小类，小类又分 422 个细目。他在典籍分类中，非常注意按知识的领域对图书进行分类集中组织。如文学、历史、地理、天文、数学、艺术、医学等都设置了专门的一级或二级类目，在他的编排组织方法中，我们已经能够清晰地辨析出典籍中的知识内容及其所划分的各个门类。

再如：清康熙四十年（1701），由陈梦雷等原辑，雍正间蒋廷锡等奉敕编纂的《古今图书集成》，全书共 10000 卷，分类的方法也有大的改变，它改过去经史子集四分法为六分法，以天、地、人、事、物等为分类认识对象，"以类聚事"，共分为历象汇编、方舆汇编、明伦汇编、博物汇编、理学汇编、经济汇编 6 个汇编，每编之下分为 32 典。又从每典中分出若干个部，共计 6109 部。每部先是汇考，然后是总论，还有图表、列传、艺文、纪事、杂录、外编等项目，资料的搜罗非常丰富。《古今图书集成》是我国现存类书中规模最大的一部，实用价值也很高。从学理上看，这种分类法与后来的主题分类法很相近，使用起来也比较方便。但是，由于人们还不太熟悉它，也不太习惯使用它而未受到应有的重视，这种六分法也一直未能取代四部分类法的统治地位，经、史、子、集似乎已经成为中国传统文化中难以割裂的知识组织体系。

除了四部分类法之外，我们在阅读古籍时还经常看到"四部之学"这个名称。什么是"四部之学"？是指典籍的分类之学，还是四部典籍中包含的学问？我们常常对此心存疑虑。左玉河在《典籍分类与近代中国知识系统之演化》一文中，以中国典籍的分类为切入点对中国传统的知识组织系统进行了深入的考察。他对"四部之学"作了明确的界说。认为"四部"虽然指典籍分类的经、史、子、集，但"学"则不是特指"经学"、"史学"、"诸子学"和"文学"等，而是指经、史、子、集四部范围内的学问或"知识"，它包括众多的知识门类和具有内在联系的知识系统。也就说"四部之学"涵盖了中国传统"全部知识之体系"。

第四节　中国近代教育中的知识组织

1840 年，我国在鸦片战争中失败，开始沦为半殖民地半封建社会，学界把它作为划分古代与近代的标志。西方人的坚船利炮使中国人看到了自己在科学技术上的落后，开始大量引入"西学"，从此我国在学术界有了"中学"与"西学"两种知识体系。随着西学的大量传入，我国传统的知识体系被冲垮了，一种新的知识组织方式逐步建立起来。

一　"中学"与"西学"的对抗

所谓"中学"，是与"西学"相对称的我国固有的学问，也称"旧学"和"内学"。在近代思想史上则专指以"伦常名教"为核心的中国封建主义传统文化。严复曾将其概括为以儒家"四书"为经典的"宋学义理"，以章句笺注为特征的"汉学考据"和拘泥于形式的"辞章"。而"西学"也称"新学"或"外学"，泛指西方文化。

事实上，早在 17 世纪前期，即明朝天启年间西学已经开始进入我国。由于初期传入我国的西学是由西方传教士带进来的，所以主要是以欧洲中世纪的神学和经院哲学为主，自然科学只是其中的微小部分。当时西方在科学文化方面还不比我国先进。但在文艺复兴之后，科学与技术知识很快在各个领域里得到了快速发展，而我国的封建制度已经腐朽，因而导致了从制度文化到科学技术多方面的落后。

鸦片战争之后，我国新兴的资产阶级进步人士提出了"师夷长技以制夷"的口号，开始引进以制造洋枪洋炮为主的各种工业制造技艺。后来维新派批判了"中体西用"的说法，强调学习西方资产阶级的社会政治学说及其政治制度理论有利于推进我国科学与民主的进程，自然科学和社会科学才逐渐被介绍进来。当时国人把操办国际事物，利用西方技术制造武器、开办工厂等活动称为"洋务运动"，把主持这类活动的人称为"洋务派"。

随着洋务活动的开展，清政府筹建了南洋、北洋和福建三支海军。为了与西方人打交道，又开设了翻译局、同文馆和广学会。翻译局就是专门翻译、出版西方人的著作的机构。1862年开设的同文馆实质上是我国近代第一所新型学校。因为在这里不仅设置了英文、法文、俄文等学习外国语言的课程，还增加了天文、算学等自然科学的内容。同时还在同文馆内分设英文馆、法文馆、俄文馆，组织师生翻译西方图书。

1887年创办的广学会是由西方基督教设立在我国的出版机构，当初专门出版以宗教为主的西方图书，后来其他学科的图书逐渐增加。仅广学会在19世纪后期的十多年间先后就编译出版了2000多本图书，内容涉及宗教、哲理、法律、政治、教育、实业、天文、地理、博物、物理、化学等多种学科。这些知识的引入，日益成为冲击"中学"的一种强势文化，使西方的知识体系开始在我国逐渐形成。在西方洋枪、洋炮与被翻译出来的"科学与民主"这些软炮弹的夹击之下，我国传统的知识体系随着封建制度的倒塌逐渐崩溃了。

二 近代教育对知识科目的改造与组织

教育是知识传播的主要渠道，西方知识体系的输入，必须反映到我国的教育中。在19世纪末与20世纪初，中国教育中的知识组织体系也随着新旧世纪的交替在教育改革中实现了新旧交替。

1891年，被称为改良思想家的陈虬在他的专著《治平通议》中首先提出了变革传统教育科目的问题。他说："夫科目者，人材之所出，治体之所系也。今所习非所用，宜一切罢去，改设五科。"[①] 他所提出的五科

---

① 陈学恂、陈景磐等：《清代后期教育论著选》（下册），人民教育出版社1997年版，第129页。

为艺学科、西学科、国学科、史学科、古学科。其中的西学科为当时传入中国的各门西学，包括电学、光学、汽学、矿学、化学、方言学（外国语言学）六门，其余四科属于中国传统教育中的"实用之学"。这种把西方的各种知识分为一科的方法，说明近代的学科划分还处于粗放的状态。

1896 年，晚清状元、政治家孙家鼐在他的《议复开办京师大学堂折》中提出了十科立学的建议。他所提出的十科为天学科、地学科、道学科、政学科、文学科、武学科、农学科、工学科、商学科、医学科，并对这十大学科作了系统说明。他认为这种组织知识的方法，可体现出"中体西用"的思想原则，即以中学为主导性知识，以西学为实用性知识，让西学课程多于中学课程是为了实用。

1902 年，流亡日本的政治活动家、思想家梁启超对日本的大学教育进行了考察，提出依照日本大学分科的方法来组织知识体系，即把大学分为文、理、法、工、医、农、商七科。清政府采纳了他的建议，于 1902 年 8 月颁布了《钦定学堂章程》，依照日本学制把大学分为七科，三十五目如下：

（1）政治科：政治学、法律学二目；

（2）文学科：经学、史学、理学、诸子学、掌故学、辞章学、外国语言文字学七目；

（3）格致学：天文学、地质学、高等算学、化学、物理学、动植物学六目；

（4）农业科：农艺学、农业化学、林学、兽医学四目；

（5）工艺学：土木工学、机器工学、造船学、造兵器学、电气工学、建筑学、应用化学、采矿冶金学八目；

（6）商务科：簿记学、产业制造学、商业语言学、商法学、商业史学、商业地理学六目；

（7）医术学：医学、药学二目。①

《钦定学堂章程》颁布后，就遭到了不少人的反对，认为其不能体现"中体西用"的思想原则，不久便被废弃。时任管学大臣的教育家张百熙

---

① 参见金以林《近代中国大学研究》，中央文献出版社 2000 年版，第 23 页。

便亲自主持拟定了一套《钦定学堂章程》，经清廷批准颁布执行。这是我国近代第一个以政府名义规定的完整学制。这个章程包括从蒙学（幼儿园）、小学、中学到大学的各级学堂章程，统一了全国各地各级学堂的教育体制。这个章程还把大学分为大学预科、大学专门分科和大学院三个级别。各个级别科目不等。本科三年毕业考试，与现代的大学本科相近。他设置的科目有七科三十五目。但是，张百熙提出的章程也没有得到多少人的认同。随之张之洞等人又提出了"八科分学"的主张。

三 "八科分学"在癸卯学制中确立

1903 年，晚清政治家、洋务运动的代表张之洞在《奏定学堂章程》中提出了"八科分学"的方案。他在这个方案中共设置了经、文、政法、医、格致、农、工、商八科四十三个科目，并规定了各门课程讲授的内容和方法。① 张之洞拟定的《奏定学堂章程》中的八科与由张百熙所拟定的《钦定学堂章程》中的七科相比，多出了放在首位的经学科，因此得到了多数教育主管者的肯定。这一年农历为癸卯年，因此被称为"癸卯学制"。

1904 年，清政府颁布了一系列新规章，承认我国在高等教育中"八科分学"的知识组织方式，由此使其成为我国近代大学学科知识组织的基础。当时清政府又规定，除了京师大学堂以外，其他各省的分科大学不必是八科齐备，但不得少于三科。

不久，著名学者、教育家王国维对这个"八科分学"体系提出了批评。他认为"八科分学"的根本失误在于漏掉了哲学。他说："夫欧洲各国大学无不以神、哲、医、法四学为分科之基本。日本大学虽易哲学科以文科之名，然其文科之九科中，则哲学衰然居首，而余八科无不以哲学概念、哲学史为其基本学科者。"他认为不能以实用功能来衡量哲学，哲学的价值超出了实用的范围，它是人类认识的基础。"如果没有哲学基础，那么经学、文学都学不好。""人于生活之欲外，有知识焉，有情感焉，

---

① 参见张百熙《新定学务纲要》，《东方杂志》第 1 年第 4 期（光绪三十年四月二十五日）影印本，第 91 页。

感情之最高满足，必求之文学、美术；知识之最高满足，必求诸哲学。"①
他提出："合经学科大学于文学科大学中，而定文学科大学之各科为五：
一、经学科，二、理学科，三、史学科，四、中国语言学科，五、外国语
言学科。"② 他主张把哲学概念、中国哲学史、西洋哲学史等科目作为五
科中每科都要讲授的基本科目。这样虽无哲学科之名，却有哲学科之实。
他的提议得到了多数人的认同，直到民国成立后在新的大学学科体系中仍
然得到了体现。王国维还把社会分工的专业化与知识分类组织联系起来，
认为只有专业化才能使职业技能精湛。他说："今之世界，分业之世界
也。一切学问，一切职事，无往而不需要特别之技能，特别之教育，一习
其事，终身以之。"③ 自 1903 年"癸卯学制"颁布，到 1905 年 8 月清王
朝下令正式废除科举制，传统的书院也被新式学校取代，传统的知识组织
方式开始让位于新的知识组织方式。

　　教学科目的变革必然要求使用新的教材，选取新内容改变教科书的面
目也是近代知识发展的一个方面。由于大量翻译西方的图书慢慢地消解了
我国传统的文言文写作方式，新型的白话文流行开来。使用白话文编写教
科书在当时就成为一项重大的教育改革活动。1903 年，由张之洞主持制
定的"癸卯学制"颁布后，按照新学制的要求，学校的教材应使用白话
文编写，并对教学内容也进行了大规模的调整，其中加强了对自然科学的
学习。

　　辛亥革命之后，民国政府教育部于 1912—1913 年相继颁布了《大学
令》和《大学规程》，开始对大学设置的学科及门类进行变革。"大学以
教授高深学术、养成硕学宏才、应需要为宗旨。取消了经学科，分设文
科、理科、法科、商科、医科、农科、工科等七科，其中文科分为哲学、
文学、历史学、地理学等四门；理科分为数学、星学（天文学）、理论物
理学、实验物理学、化学、动物学、植物学、地质学、矿物学等九门；法
科分为法律学、政治学、经济学等三门；商科分为银行学、保险学、外国
贸易学、领事学、税关仓库学、交通学等六门；医科分为医学和药学两

---

① 王国维：《王国维学术经典集》（上卷），江西人民出版社 1997 年版，第 155—157 页。
② 同上书，第 160 页。
③ 同上书，第 166—167 页。

门；农科分为农学、农艺化学、林学、兽医学等四门；工科分为土木工学、机械工学、船用机关学、造船学、造兵学、电气工学、建筑工学、应用化学、火药学、采矿学、冶金学等十一门。"① 由此，新的学科组织体系基本确立了起来。

晚清以来，中国的学者们对创立分科治学的新学术制度持积极的态度，认为中国传统的政学不分，不利于学术的独立与自由，为学不专就不易于达到精细的要求。但是，随着新的学科制度的发展，人们也日益认识到，分科治学圈定了学者们的知识范围，限制了他们捕获知识的广泛性，也增强了他们的门户之见，缺失了传统学者们的会通努力和涵泳功夫。因此造成治学与人生的割裂，知识支离破碎，孕育大师的学术环境已经失去。

四 目录学中的新型知识体系

读书人要学习知识就离不开图书目录。图书目录如何组织，可以反映出当时社会人们对于主流知识的选择和知识组织思想。我国新型知识分类体系的出现，除了国家在政治制度和教育制度上的变革之外，学界如何选择图书目录、如何编排图书目录也是体现知识组织思想的一个重要方面。正如目录学家姚明达所说："学者要通晓古今，洞识所学，乃不得不各自就其本科目录作彻底之研究。"② 姚明达对我国专科目录的出现和发展变化进行了梳理，划分出从汉代到民国期间已有的兵法、史学、画学、经学、佛学、金石学等专科知识目录，而把康有为的《日本书目志》和梁启超的《西学书目表》看作近代按专业整理组织图书的开端。

1895 年，我国在甲午战争中失败，国家面临着被瓜分豆剖的危机，为了变法救国，以康有为、梁启超等为代表的改良派都把学习西方乃至日本的科学知识作为变法图强的出路。他们认为，像我国这样的大国竟然被日本人打败，就是因为日本通过"明治维新"强大了起来，日本之所以

---

① 参见编委会《中国近代教育史料汇编》（高等教育），上海教育出版社 1993 年版，第367 页。

② 姚明达：《中国目录学史》，上海书店出版社 1984 年版，第 312 页。

能取得"明治维新"的成功，就在于日本人善于学习外国文化，乐于接受西方的先进技术。因此，他们主张大量翻译西方图书，由于当时我国掌握西方语言的人才较少，便就近从日文中转译西学。为了能够从日本图书中挑选出较好的图书来翻译，于 1897 年出版了《日本书目志》。在这本书中，康有为把从日本图书中选择出来图书目录分为生理、理学、宗教、图史、政治、法律、农业、工业、商业、教育、文学、文字语言、美术、小说、兵书共 15 门，在每门之下又设置了数量不等的小类，并为每个小类写了简要的序录。康有为在这部书目中，向中国人介绍了日本明治维新以来出版的书刊和日本知识体系的发展变化。

另一位改良派领袖、著名学者梁启超也在 1896 年开始编写《西学书目表》。为了使西方的文化能够与我国的传统学术实现对接，梁启超对我国历代的典籍目录进行了系统的研究，他先为 300 多种翻译过来的西方图书写出了提要，编制出《西学书目表》四卷和《札记》一卷。在这部书目中，他用新的图书分类方法把翻译进来的西方图书分为西学、西政和杂类三大部分：

在上卷的西学中设置了 13 个小类：算学、重学、电学、化学、声学、光学、汽学、天学、地学、全体学、动植物学、医学和图学。

在中卷的西政学中设置了 10 个小类：史志、官制、学制、法律、农政、矿政、工政、商政、兵政和船政。

在下卷的杂类中设置了 5 个小类：游记、报章、格致总、西人议论之书与无可归类之书。

他还在附卷中把没有完成翻译和印刷的百余种图书进行了辑要荟萃并介绍出来。他对自己的分类方法和标准也作了简要的说明。该书于光绪二十二年（1897）开始陆续在《时务报》上登载，后来又改造了单行本。当时，他的这种知识分类组织思想在学界中产生了重大影响，特别是让我国的目录学研究者从中得到了许多启发。有许多人就是在他的带动下开始寻求新的知识组织方法。比如，有的人开始改革图书分类法，有的人专门收编翻译出的西方图书目录，有的人专门收录西方某个国家的图书，还有人为哲学、宗教、教育、文学、社会科学、自然科学、应用技术、历史地理等学科编制了专门的分科目录。从此，这些知识整理组织专门化活动逐渐在学界发展起来。

第四章

世界古代文明与知识发展

"世界"这个概念，在我国唐朝的佛教经典《楞严经》中已经出现。《楞严经》指出："何名为众生世界？世为迁流，界为方位。"世界就是时间与空间的概称。而世界史即指全人类在地球上生活的全部过程。

当人类走出荒蛮，从其他的动物中独立出来成为"人类"的时候，就已经拥有了一些认识自然和改造自然的知识和能力。人类社会文化的进步就是在保存知识、积累知识、合理地组织和利用知识这样的实践性活动中缓慢前行的。学者们常常喜欢使用"历史的车轮"来表述人类行进的轨迹。那么，究竟什么才是推动历史车轮前进的动力呢？是人民的智力劳动。人类之所以能从动物界超拔出来，就是因为人类能够依赖自己的智力制造工具，利用知识编织我们的文明史册。

我们知道，人类若是单凭自身的肉体结构与其他的动物相比并没有多少优越性。我们的体力与牛马和大象相比要小得多，我们奔走的速度甚至追不上温顺的兔子，我们的凶猛与威严程度赛不过狮子和老虎，我们在感觉上的机警与狗和猫相比也差得很远，可是人类为什么能够成为超越其他动物的非凡物种呢？人类的优势究竟何在呢？18 世纪法国有一位哲学家孔多塞对此进行了专门的研究，他在《人类精神进步史表纲要》一书中指出，人类在动物界中的优势，就是我们能够依赖自身的智力酿造出无穷无尽的精神力量。

孔多塞把人类的发展进步归结为认识水平的不断提升。他在书中依据人类知识的发展变化将全部历史划分为三个大的时代、十个小的阶段。每一个时代的变迁和阶段的转折都是通过知识的进步和发展为划界标准。在第一个时代里，人类发明了语言，由于语言的交流，理性逐渐觉醒。在第二个时代里，人类发明了文字，有了文字，历史上就出现了科学的曙光。在第三个时代里，人类的智力与理性日渐成熟。由于知识的进步和普及，人类的历史得以快速进步。

孔多塞还对人类精神进步的史表作出了详细的说明。他认为，人类的进步与社会活动广泛开展和密切联系是通过知识的启蒙来实现的。他说："在什么程度上，在我们今天看来似乎是一种幻觉的希望，将会逐步地变成为可能，甚至于还会是轻而易举的；何以尽管各种偏见也曾有过眼烟云的成功，并且得到了腐化了的政府和民族的支持，但唯有真理才能获得持久的胜利；自然界是以什么样的纽带来把知识的进步和自由、德行、对人的自然权力的尊重的进步都不可分割地联系在一起的；这些唯一真正美好的事物是如此之经常地被分割开来，以至于人们竟然曾相信它们是互不相容的，然而恰好相反，它们又怎样地应该成为不可分割的，只要知识一旦在大多数的国家达到一定的地步并且渗透到整个广大人民群众中去，他们的语言就会普及，他们的商业关系就会包括整个的大地在内。这种结合一旦在整个启蒙了的人类中间起着作用，那时我们就只能期待着它会是人道的朋友，同心协力在促进自制完善和自己的幸福。"① 孔多塞之所以被尊为启蒙运动最杰出的思想家，就是因为他揭示出了真理与知识对人类历史进步的重要意义。他所看到的历史进步，不是依靠帝王将相和英雄来推动，而是随着知识的普及对人心灵的开化来实现的。"为了引导人们能达到使用技能，使科学知识能开始启蒙他们，贸易能把各国联系起来，而最后使拼音书写得以发明的地步，我们还可以对这一最初的引导附加以各个不同社会的历史，那种历史是几乎所有的各种中间阶段上都可以被人观察得到的；尽管我们无法跟踪其中的任何一个走遍分开了人类这两大时代的全部空隙。"② 通过对历史的考察，他发现了人类能力发展的普遍规律。"毫无疑问，唯有思索，才能通过各种幸运的组合，把我们引向有关人的科学的普遍真理。"③

---

① ［法］孔多塞：《人类精神进步史表纲要》，何兆武、何冰译，江苏教育出版社 2006 年版，第 7—8 页。

② 同上书，第 6 页。

③ 同上书，第 9 页。

知识与技术的进步可以推进人类社会各个方面的发展与进步。孔多塞的这个观点后来已被许多学者所接受。他让我们知道，知识的发现、传播和组织对于全人类的发展来说意义非凡。美国人类学家弗朗兹·博厄斯对此也有独到的见解。他说："人类的历史证明，一个社会集团，其文化的进步往往取决于它是否有机会吸取邻近社会集团的经验。一个社会集团所取得的种种发现可以传给其他社会集团；彼此之间的交流越多样化，相互学习的机会也就越多。大体上，文化最原始的部落，也就是那些长期与世隔绝的部落。因而，它们不能从邻近部落所取得的文化成就中获得好处。"①

当今美国史学家斯塔夫里阿诺斯在解释"人类"一词的含义时说："人类，只有人类能创造预定的环境，即今日所谓的文化。其原因在于，对于此时此地的现实中的事物和观念，只有人类能予以想象或表示。只有人类会笑，只有人类知道自己将死。也只有人类极想认识宇宙及其起源，极想了解自己在宇宙中的地位和将来的处境。"② 而他所说的这些特点可以归结为"能进行思维的人类"在文化知识的表达与运用方面的优越性。"人类文化包括工具、衣服、装饰品、制度、语言、艺术形式、宗教信仰和习俗。所有这一切使人类能适应自然环境和相互间的关系。"③

由此说来，我们探讨世界史上的知识发展与知识组织进程，当然也是一种向世界其他国家和民族学习文化知识的一个重要途径。我们可以从他们的知识成就中发现我们所没有的东西，更加广泛地学习新知识和新技术。不过，我们知道，"世界史"所涵盖的时间与空间范围是全人类共同发展的过程。世界很大，时间久远，人类积累的知识很多，涉及的内容十分浩繁，我们在这有限的章节里，根本无法对众多的国家和地区的知识组织成就进行详细的描述，我们只能在这些枝叶繁茂、百花盛开的知识园地里走马观花，从不同时代、不同地域内的那些最具代表性的知识交汇处采撷几朵知识的浪花。当然，我们也很期待这些有限的章节能够把作者的观

---

① ［美］F. 博厄斯：《种族的纯洁》，载《亚洲》第 40 期（1946 年 6 月），第 231 页。

② ［美］斯塔夫里阿诺斯：《全球通史》，吴象婴、梁赤民译，上海社会科学院出版社 1999 年版，第 67 页。

③ 同上书，第 68 页。

察由点到线、由线到面，推而广之，使其精彩地展现出人类知识发展和知识组织的大致图景。

第一节　世界最古老的文明发源地

在我们这个地球上，由于地理与气候环境条件的差异，各个地区、各个国家、各个民族的文化发展状况是不尽相同的。在世界上最先出现的那些古代国家就成为人类文化的发祥地，在历史学中常被称为"文明古国"。

一　人类早期文明中的知识组织

我们现在常说的"世界四大文明古国"这个提法，最先在我国著名学者梁启超在 1900 年撰写的《二十世纪太平洋歌》中出现。他在这首歌中说："地球上古文明国家有四：中国、印度、埃及、小亚细亚是也。"他说的"小亚细亚"后来被修改为两河文明中的另一个中心——古巴比伦。他最先把世界上历史最悠久的国家进行了排比，发现这四大文明古国都是因为拥有优越的地理位置和气候环境条件，才使文明的种子最先在这里成长起来。如埃及有尼罗河，印度有印度河和恒河，中国有黄河和长江，古巴比伦有底格里斯河和幼发拉底河。正是因为这些地区背靠河流，土地肥沃，雨水充足，适宜于农作物的生长，才使这些大河流域内的先民们获得了优越的天然生存环境，有条件最先进入人类的文明时代。

不过，梁启超先生的这个提法后来在史学界受到批评。他们认为，四大文明古国的排列不够全面，因为其中漏掉了古希腊这个欧洲的重要文明中心。美国历史学家威廉·麦克高希在《世界文明史》一书中把古巴比伦、古埃及、古印度、古代中国、古希腊这五个地区列为世界上的"五大文明发源地"。

斯塔夫里阿诺斯在他的《全球通史》中指出，中东、印度、中国和欧洲这四块地区的肥沃的大河流域和平原，孕育了历史上最伟大的文明。在他提出的四大文明发源地中，把埃及的尼罗河流域与古巴比伦的底格里斯河和幼发拉底河流域以及伊朗高原这一广大地域归为一个文明中心，就是说他把尼罗河文明和两河文明这两大文明归纳到"中东文明"这个大的地域之中了。他的这种说法与威廉·麦克高希在《世界文明史》中的介绍很相近。

法国当代史学家费尔南·布罗代尔在他的《文明史纲》一书中将人类的文明发源地归纳为两种。他说："在历史的黎明时期，古代世界繁荣着许多大河文明：黄河流域的中国文明，印度河沿岸的前印度文明，幼发拉底河和底格里斯河沿岸的苏美尔、巴比伦和亚述文明，尼罗河沿岸的埃及文明。与此类似，还有海生的文明（civilization thalassocratiques），即大海的女儿：腓尼基、希腊、罗马（如果说埃及是尼罗河的产物，它也同样是地中海的产物）。同样，一个充满生机的文明群也在波罗的海和北海——更不用提及大西洋了——沿海的北欧地区发展起来。"① 在这里，布罗代尔把人类文明的发祥地划分为大河文明和海洋文明两大类型和更多的文明发源地。

那么，他们所说的"文明"究竟意味着什么？这些文明与知识组织有关吗？

在汉语中"文明"这个概念，早在我国古代的《易经》中就已经有了，如"见龙在田、天下文明"。② 孔颖达在《易·乾》中解释道："天下文明者，阳气在田，始生万物，故天下有文章而光明也。"他的意思是说，阳光普照，万物生长，物质丰盈，人们有时间和条件从事各类文化艺术等创造性活动。这是一种由阴暗、贫困、荒蛮朝着昌明、富裕和繁荣方向良性发展的状态。孔颖达在注疏《书·舜典》中的"濬哲文明，温恭允塞"时，又将其中的"文明"解释为："经天纬地曰文，照临四方曰明。"我们知道，"文"这个字，在我国含义颇丰，若从组织学上去探讨，就可发现其根源性意义。

在我国最早的字典《说文解字》中，许慎将"文"解释为"错画也"，即指事物纹理各色相互交错。若在"文"的后面搭配上"字"，即

———————

① ［法］费尔南·布罗代尔：《文明史纲》，肖昶等译，广西师范大学出版社2003年版，第30页。

② 《易·乾·文言》，文渊阁四库全书电子版。

成为"文字"，若在"文"的后面搭配上"化"字，就成为"文化"，而其他的搭配更多，如文明、文章、文献、文采、文物等都是这样，以文为根，就可构筑出许许多多内涵极其丰富的新概念。由此可见，孔颖达所说的"经天纬地曰文"，就是利用文字和天地万物的形象进行整体性素描，而"照临四方曰明"，则是以文为本"化"之四方，让全天下的人共享文明。

据布罗代尔考证，在西方文化中，"文明"（Civilization）这个词源在欧洲出现的较晚，1752 年，法国政治家和经济学家杜尔哥最先在他所写的通史中使用这个词汇。它所指代的是一种开化的、有组织的人群与野蛮的、无序的、未开化的人群相对立的状态。布罗代尔还系统地考察了"文明"这个词汇在欧洲各国的出现、传播及其使用过程中单数与复数的具体变化。

尽管东方人与西方人对文明的理解不尽相同，但在对人类文化发源地的认识上是较为一致的。无论我们说世界上有"四大文明古国"或者是"五大文明发源地"，是河生文明或是海生文明，他们所说的这些"文明"都有其共同的特征，即最先出现国家和城市，有较为先进的生产方式；最先创立文字系统，有较为成熟的知识与技术。因此，我们可以说"文明"是个集合概念，这个概念中包含着物质文化与精神文化两大方面，它涉及人类日用生活的各个方面，如种植、养殖、建筑、饮食、服饰、社会制度、礼仪规范、风俗习惯、宗教思想及其用于这些方面的知识与技术方法等，它蕴含着人类群体组织的力量和智慧。"离开社会的支持，离开社会带来的张力和进步，文明便不能存在。"① 当一种文明能够形成一定的基础，就意味着人类能够利用各种知识去索取用于建设物质生活的各种自然资源并战胜来自自然界的各种困难。通过知识的生产、组织、传播和普及，使大多数人都能逐渐地脱离愚昧无知和野蛮粗鲁的状态而成为有教养的人。因此，学界在讨论文明这个概念时，尤其要强调在文明是在精神文化方面的进步状态，即人类群体智识与智能的进步状态。

后来世界上有许多学者对文明的理解基本上趋于一致，即把城市的出

---

① ［法］费尔南·布罗代尔：《文明史纲》，肖昶等译，广西师范大学出版社 2003 年版，第35 页。

现、国家制度的建立、文字的产生与广泛使用知识作为文明出现的标志。如美国学者斯塔夫里阿诺斯在讨论文明时就持这样的观点。他说："文明一词的含义确切地说，究竟是指什么呢？人类学者指出了将文明与新石器时代的文化区别开来的一些特征。这些特征包括：城市中心，由制度确立的国家的政治权力，纳贡或税收，文字，社会分为阶级或等级，巨大的建筑物，各种专门的艺术和科学，等等。"① 同时，他还指出，并非所有的文明都具备这一切特征，世界上曾出现过各种类型的文明。

鉴于上述这些理解，本书认为，自人类进入文明时代，特别是文字产生之后，人类的知识组织活动就已经开始出现了。因为文字被应用于人们的社会生活需要经过一个漫长的组织过程。任何一种文字系统的产生和规范化都需要得到大家的广泛认同，只有在社会生活中达成共识，才能在交流中真正发挥作用。这个认同的过程就是一种知识组织的过程。因为这种组织不仅仅是创造文字符号的人对各类事物在概念中的组织安排，并且要求在传播与运用过程中对众多的接受者予以特别的组织。比如，通过当面授意，通过核心成员的秘密约定，或者通过学校的教育普及等方式，使人们能够理解一种符号所指代的真实含义。

不同的知识有不同的使用范围，在人类历史上对具有特别价值的知识进行垄断的现象直至今日并没有绝迹。若是一个人自己创造了一种符号，他想让圈子内的其他人有所了解，就需要经过组织面授机宜，否则就会随着他的死亡而成为一种没有任何人可以辨识的死亡文字。要想让他所创造的文字符号得到广泛传播或者成为一种通用的东西，就必须通过各种组织方式使他人能够识别和理解。因此，本书把文字的创造与广泛使用作为人类知识组织的开端。

推进人类社会进步和发展的决定因素究竟是什么呢？我们在各种历史的读本中曾经看到过许多理论，比如，各个地区、各个朝代的大变局往往是通过权力组织，利用武力征战的方式来划定。但是，我们知道，在权力组织中，包含了软权力和硬权力两种要素。以往的历史学家过多地看到了硬权力的组织，而未能揭示其硬权力背后的软权力。因为这种软权力是由

---

① ［美］斯塔夫里阿诺斯：《全球通史》，吴象婴、梁赤民译，上海社会科学院出版社1999年版，第105—106页。

那些平时看不见的思想和知识支撑的。同时我们发现，人类的权力总是围绕社会的财富来组建和分配。

知识在社会财富中属于一种无形的精神财富，人类物质财富的创造往往需要大量运用精神财富才能达到理想的目的。若对人类的财富进行深入的分析就会发现，财富的来源主要是人们运用知识和技术通过劳动创造出来的。如今人们把技术也称为知识，或者是称为技术知识。无论是权力组织还是生产组织无不需要把知识这个要素注入其中，只有得到了知识浸润的各类生产性活动才能更加协调、有效地开展起来。离开了知识这个要素，仅仅依靠高压统治和人们的体力盲目蛮干都不会有什么好的收成。特别是权力的组织更需要有综合性知识的浸润才能长期运行，否则就一定是一种低劣、短命的权力。因此，当我们考察一个地区或一个国家的文明发展进程时，就可从有形的社会组织中推测其无形的知识组织状况。正如斯塔夫里阿诺斯所说："距今数千年的人类最早的各大文明的发展情况，可以根据技术革新地理环境和经济组织加以分析。"①

在古代世界的这些文明发源地中，除了中国的历史自夏商周以来能够延续至今之外，希腊和罗马的文化可以追寻的内容尚多，其他的文明古国由于历史的中断，关于知识组织的许多具体问题已经难以考察，只能通过其留传下来的宗教、建筑、艺术品等方面的遗迹表现出来。

人类知识的发展有一个十分漫长的历史过程。当今世界的灿烂辉煌都是人类的祖先为我们铺就了文明持续发展的基础。正如牛顿所说的那样，在知识研究方面，后来的人由于是站在前人的肩膀上，所以就能得到较快、较多、较好的成绩。

二 两河文明及其重要成就

据世界史研究者称，在世界历史上最早出现的文明是苏美尔人在底格里斯河和幼发拉底河之间的美索不达米亚平原上发展起来的文明，叫作美索不达米亚文明，也称为两河文明或两河流域文明。"两河流域"通常指

---

① ［美］斯塔夫里阿诺斯：《全球通史》，吴象婴、梁赤民译，上海社会科学院出版社1999年版，第118页。

两条河中下游的地区，大致上就是现在的伊拉克。早在公元前4300—前2000年，美索不达米亚平原上就已经建立了不少城市，如欧贝德、埃利都、乌尔、乌鲁克、温玛、拉尔萨、拉格什、苏路巴克、尼普尔和基什等独立的城市国家。这些城邦的建立，标志着两河流域南部地区氏族制度的解体开始向文明时代过渡。世界史中的考古学家在研究中还把古代两河流域文明分为苏美尔文明、巴比伦文明和亚述文明三个部分。其中，苏美尔是最早出现文明的地方。为什么要划分为三部分呢？原因很复杂。因为在古代的两河流域中，是苏美尔人最早在这里建立政权，创造出人类初期的文明，甚至还发明了楔形文字。可是，当时周边还有许多部落对两河流域这样富饶的地区都很羡慕，于是就把它作为争夺的对象，在这里演出了许许多多的民族争霸战争。在几千年的漫长时间里，先后曾有十多个民族在这里进行长期的混战，也曾建立过多个声名显赫的王朝，由于缺乏系统性的文献记录，它们的历史无不显得支离破碎。现代人在描述它们所创造的文明时，所依据的往往是地下的文物和地上现存的大型建筑物。我们对这里的古人所创造的各种知识也难以形成系统的说明。

据考古学家的发掘成果证实，苏美尔人是最先进入美索不达米亚平原的古代民族，因为他们是来自远方的黑发种族，在他们带来的石碑上的铭文中，他们自称为"黑头"，他们是地球上最早建立起自己国家的部落。我们知道，当一个部落开始建立起自己的国家时，他们就已经懂得了组织的力量，能够使用一些基本的知识为自己的政权建立起一套维持统治的综合性管理体系，如人民、领土、财产、军队、官吏、公众认可的规章制度和秩序框架等。国家作为人类群体中最大的组织，不仅需要建立起一整套的权力系统，同时，还必须有一部分人从日常的劳作中脱离出来，从事专门的管理工作，职业分工就会随之而来。要从耕种的农民那里收取地租，从放牧的牧民那里收取牲畜，灌溉土地需要基础设施，管理账目的人需要记录和计算，于是最早的文字就在两河流域产生了。他们把芦苇削成三角尖头，在泥版上刻写那些不能忘记的东西，就这样，世界上最早的文字就诞生在了苏美尔人制作的泥版上。为了能使这些文字长久保存，他们还把泥版烘烤干燥。这种泥版文字，后来被称为楔形文字。而楔形文字的保存与流传后来就成为苏美尔古典文明的一个象征。这种楔形文字是目前我们所知道的世界上最早的文字。考古学家利用放射性碳十四对他们发现的含有楔形文字古老的泥版进行断代测试，认为苏美尔文明的开端可以追溯到公元前4000年。

据考证，世界上第一个图书馆（藏有2400多块泥版图书）由亚述巴尼王建造在雄伟的巴尼拨王宫内。这里收藏着他们用于计算牧群、测量土地、计量谷物等内容的数学文献和其他学科的知识。比如，观察行星与恒星运动的天文知识、编制法典的法律知识、铸造金属工具与武器的冶金知识以及提炼金属的矿物学知识等。在苏美尔人古老的典籍中，人们看到了可与现代星相图接近的行星与恒星图案，这曾让许多人惊奇不已。近年已经发掘出上十万篇苏美尔文章，大多数刻在黏土板上。其中包括个人信件、汇款、菜谱、法律、赞美歌、祈祷、魔术咒语、数学、天文学和医学等内容，从中我们可以观察到他们对知识的创造与运用状况。

另外，在吾珥古城遗址周围，目前还有许许多多的阶梯形金字塔存留下来。这些金字塔是用来祭祀的，因为他们心中的神总是高居于神山之巅，因此就需要到金字塔顶上去祈祷，这样才能够与神的宫殿接近，从而得到神的庇护。

苏美尔人有较为发达的农业和手工业，表明他们在这些领域已经拥有较为丰富的知识。苏美尔人发明的太阴历，更能反映他们在时间管理和天文学方面的知识水平。他们根据月的圆缺，周而复始为一个月，将一年分12个月。其中的6个月各为30天，另外6个月各为29天，全年共354天。每年比地球绕太阳一周的时间少11天多时间，于是，他们又用设置闰年的办法来安排这些时间。他们还在每天当中设置小时，把每小时分为60分钟，每分钟分为60秒的计时系统。像他们这样精确地管理时间当然就令当今的人们感到敬佩。因此，现在有许多学者认为他们的文明是"高度发达的文明"，应该说，这个评价他们是当之无愧的。

在两河流域的古代文明中，我们不能不提古巴比伦王国，因为在巴比伦王国发展到第六代的时候，这个王国里出现了一位著名的君主——汉谟拉比。他用武力统一了两河流域，建立了一个强大的中央集权制国家，使两河流域进入最辉煌的时代，并颁布了世界史上现存的最早法典——《汉谟拉比法典》。这个法典共有282条，刻在一块高2.25米的黑色玄武岩石柱上。法典的内容涉及诉讼和司法、侵犯他人财产、兵役、与农业有关的法律问题、商业、婚姻、家庭和财产继承、伤害、行医等职业的收费和责任、租贷和雇佣、奴隶买卖和处罚等。这个法典在 1901 年法国考古队发掘苏萨城遗址时发现。它在世界法律史上占据源头的地位，是迄今发现最早的较完备的成文法律。我们知道，任何法律都是用来维护国家的正常秩序与安全的准绳，它要求人们可以做什么，不可以做什么，不仅能够反映古巴比伦王国统治的政治思想水平，同时也可以看作知识组织的最高成就。因为它向人民大众传递了日常生活中需要遵循的实际知识。

三 古埃及的文化成就

若是按照布罗代尔对古代文明类型划分的方式来看，古埃及文明既属于大河流域文明，同时也属于海洋文明的类型。这是由古埃及特殊的地理位置所带来的好处。古埃及位于尼罗河流流，北有地中海，东临红海，向东连通印度洋，向西连通大西洋，居于亚、非、欧三洲交通要冲，连接亚欧大陆和非洲大陆。由于尼罗河每年定期泛滥，给尼罗河沿岸和河口三角洲地区带来肥沃的冲积物，这就为农作物的成长提供了天然的优势，于是埃及便成为古代文化的发祥地，约在公元前 3100 年，埃及就出现了国家，开始进入了文明时代。

古埃及文明的产生和发展同尼罗河密不可分，古希腊历史学家希罗多德曾这样说："埃及是尼罗河的赠礼。"在古代，尼罗河几乎每年都要泛滥，淹没农田，但同时也使被淹没的土地成为肥沃的耕地，农业的丰收为古埃及文明的产生奠定了良好的物质基础。

撰写古埃及历史的人，通常是从公元前 3100 年左右上埃及的国王美尼斯将下埃及吞并在一起为开端，史称埃及由此进入了王朝时代。史学家把古埃及的历史分为古王国时期、中王国时期和新王国时期这三个阶段，共有 31 个王朝。

古埃及人的国王被称为法老，这个词的意思是宫殿。因为古埃及人相信他们的国王拥有如神一样高的权力，不能直接称呼国王的名字，便称他为法老。自古王国时期开始，埃及已经具备了文明的基本特征，国家出现了专职的行政机构，法老之下有贵族、祭司和官员，他们是古埃及的特权阶级，享有崇高的社会地位并拥有田地和奴隶，过着十分奢侈的生活。中间的人群是农民、工匠、商人、艺人和士兵，他们属于古埃及的平民阶级，他们可以过上安稳的生活。最底层的人是奴隶、战俘或罪犯，他们没有任何权利，生活极其困苦。

距今5000多年前，古埃及出现了象形文字。古埃及人认为他们的文字是月神、计算与学问之神图特（Thoth）制造出来的。但是，这种古老的文字后来因为外族的入侵与长期统治消失了。1798年，拿破仑率领法国军队远征埃及，远征军中有个军官叫布夏尔，他对考古有浓厚兴趣，曾在埃及罗塞塔地区附近发现一块黑色玄武石碑，后来被称为"罗塞塔石碑"。石碑上面分别刻写着古埃及的象形文字、阿拉伯的草书和希腊文三种文字。于是，有人猜测，这可能是同一篇文献的三种文字版本。因为其中有能够识别的希腊文，当他们译出那段希腊文之后，为了将希腊文字和那些象形文字之间进行对照翻译，从此让法国的两名学者托马斯·扬和让－弗朗索瓦·商博良醉心于研究古埃及的象形文字，力图破解古埃及的象形文字之谜。后来他们就在研究这种古文字的基础上建立了一门埃及学。

古埃及留给世界的遗物有很多，它不仅以雄伟的金字塔、狮身人面像、亚历山大灯塔、阿蒙神庙等建筑物以及制造木乃伊保存尸体的医术而闻名天下，同时还有许多精美的艺术品能令人叹为观止。

能够反映古埃及建筑水平的建筑主要是宫殿、神庙和陵墓。在古埃及的遗迹里，有宫殿群、金字塔群，还有神庙群。金字塔是古埃及最具有代表性的建筑，被誉为"世界七大奇迹之一"。除此之外，以阿蒙神庙为代表的庙宇建筑也特别值得夸耀。阿蒙神庙也称为太阳神庙，据说是在上千年的漫长时间里陆续建造起来的。其建筑体量十分宏大，面积达5000平方米，殿内石柱如林，光线幽暗，形成一种庄严、神秘、压抑的气氛。在阿蒙神庙的周围还有孔斯神庙和其他的小神庙群。神庙内的门楣与柱子上面有精美的浮雕，神庙外边的石板大道两侧还整齐地排列着圣羊像，这些宏伟的建筑不仅让那些崇拜太阳神的古埃及人心生敬慕，甚至连当今的游人也会感到震撼。据研究者称，不少古埃及神庙与重要天文事件息息相关，能够精确地测量到冬至、夏至和春分、秋分等时刻。古埃及人每年都会在这些季节里来到神庙，在法老的主持下举办祭典仪式，并进行测量活动。

古埃及天文学与历法知识非常发达。他们通过观测太阳和天狼星的运行来制定历法。把一年定为 365 天，全年 12 个月，一个月 30 天，剩余 5 天作为节日，还把一年分为 3 个季节，每季为 4 个月。他们还发明了水钟及日晷，利用太阳的倒影来计时。这两种计时器，把每天分为 24 小时。他们这种历法被称为"科普特历"，也叫作"太阳历"。古埃及的这种日历和我们今天所使用的历法差不多，目前在世界上被认为是最早的，也是较为精确的历法。

讨论知识组织我们不能不谈谈古埃及的图书馆。图书馆是人类从事知识组织的专业化机构。当一个地方出现了图书馆的时候，我们就可以在这里看到人类知识组织的曙光。古埃及的亚历山大图书馆始建于公元前 259 年，由托勒密一世创立，经二世、三世的持续扩充逐渐发展成希腊文化（古埃及一度为希腊占领区）的知识中心。这个古老的图书馆藏书十分丰富，据说当初亚历山大图书馆的建设目标就是要"收集全世界的书"，实现"世界知识总汇"的梦想，所以历代国王都采取过多种手段来收集图书。如使用重金收购，雇人抄写，或掠夺那些被兼并国家的图书，甚至下令搜查每一艘进入亚历山大港口的船只，只要发现图书，不论国籍，马上都被收入亚历山大图书馆内，致使藏书数量达到 50 万或 70 多万卷。在还没有印刷术的年代里这个数量是十分不易的。

古亚历山大图书馆在古代文明中对全人类发挥过重大影响，有不少古代著名的学者和思想家都曾慕名在这里求学和讲学，使这个图书馆享有"世界上最好的学校"的美名。它曾与亚历山大的灯塔一样驰名于世。但是，这座举世闻名的古代图书馆却在公元 3 世纪末毁于战火。

四 古印度文明

古印度三面环海，北靠喜马拉雅山，是一个独立的三角形半岛。其北部有平原和两条大河流域，即印度河和恒河，范围包括如今的巴基斯坦、孟加拉、尼泊尔、不丹等整个南亚次大陆，地理面积远远大于当今的印度。在古印度，并没有任何一个国家以"印度"为国名，但波斯人和古希腊人称印度河以东地域为印度，我国的《史记》和《汉书》称其为"身毒"，《后汉书》称其为"天竺"，唐代玄奘在其《大唐西域记》中称其为"印度"。有人认为这个名称是从印度河的名称引申而来的。

古印度虽然也是人类文明的发祥地之一，但它那灿烂的远古文明过去并没有多少人真正知道。直到 1922 年英国的考古学家们通过考古发掘才发现了这个被埋藏在地下的文明发源地。其领域之大甚至超过了古埃及与巴比伦两者之总和。由于发掘的遗址主要集中在印度河流域，故称为"印度河文明"。又因为它的遗址最先是在哈拉巴（Harappa）被发现，所以也称为"哈拉巴文化"。据考古研究者称，古印度河文明产生的年代约在公元前 2500—前 1750 年，它与两河流域的苏美尔文明一样，曾经长期埋藏在地下不为人们所知。所以，过去编写古印度史的人往往从公元前 1000 年间的"后期吠陀时代"开始说起。哈拉巴遗址的发现，把古印度文明的开端向前推进了 1500 多年。可是这个巨大的文明区域后来却彻底消失了。它是在什么时间、以什么原因被毁灭，学界众说纷纭，由于未能找到确切的证据，他们所说的毁灭原因都属于推测或假说。

经考古发掘证实，在地下发现的哈拉巴和摩亨佐达罗两座古城，其遗址的面积都很大，各占两三百公顷的土地面积，被看作古代大河流域文化遗址的代表。其城市建筑水平较高，房屋布局井然有序，水井、浴室、沟道、供水与排水体系严密，设备完善。地下发掘出来的各类金属制品和珠宝装饰品等做工都很精良，充分反映当时人们已经掌握了冶金、铸造等工艺技术。特别是从地下发掘出两千多枚带有精美文字和图案的印章说明他们已经进入文明时代。只是这种原始文字直到今日都未能被人解读出来。我们现在能够解读的文献是后来的阿育王所刻的铭文。阿育王铭文有两种：一是婆罗米文，二是去卢文。后来去卢文失传，婆罗米文在公元 7 世纪时发展成梵文。由此使古代印度的一些知识和技术传播到世界各地。

古代印度是个神话之国，宗教异常发达。相继兴起的宗教有许多种，如婆罗门教、印度教、佛教和耆那教等。特别是印度的佛教先后传入中国、朝鲜和日本等地，成为世界三大宗教之一。关于佛教的知识博大精深，现存的佛教经典可以用汗牛充栋来形容其数量之多。

古代印度实行的种姓制度就是利用神话传说，把社会上的人划分为不同的等级和不同的职业。传说梵天用口造婆罗门，用手造刹帝利，用双腿造吠舍，用双脚造首陀罗，根据梵天造人的高低位置把印度人划分为四个等级：婆罗门最高，可掌管宗教祭司，参与政治决策，享有重大政治权力；刹帝利为第二个等级，掌握国家的军事和政治大权；吠舍为第三个等级，他们是国家的平民，可从事农业、牧业和商业；首陀罗是最低等的人，他们只能从事农、牧、渔、猎以及当时被认为低贱的各种职业，其中那些失去土地的首陀罗就沦为雇工，甚至沦为奴隶。根据种姓制度的规定，不同种性的人不可通婚，身份永世不可改变。下一等级的种性不允许从事上一等级的职业。这种森严的种姓等级制度直至现代仍然未能绝迹。

古印度人的哲学知识很丰富，他们在很早的时候就创立了因明学。因明学是佛学中的一种思想方法和论辩术。当时印度的哲学家们已经出现了派别之分，他们常常因为对宇宙的不同看法而引起激烈的争论。因明学中有严谨的逻辑关系，利用因明学进行辩论是取胜的得力工具。通过因明学的辩论，使佛教知识得到了广泛的普及。

在数学方面，印度人发明了目前世界通用的计数法，创造了包括"0"在内的10个数字符号。现在我们所说的阿拉伯数字，最早起源于印度，因为是通过阿拉伯人传播到西方，后来被误称为阿拉伯数字。现存的《准绳经》是古印度最早的数学著作，是一部讲述祭坛建筑知识的专著，大约成书于公元前5—前4世纪，其中包含一些几何学、勾股定理、圆周率、三角形等方面的知识。另外还有一本《圣使集》，其中收集到的数学内容共有66条之多，包括了算术运算、乘方、开方以及一些代数、几何和三角形的规则。

古印度的天文历法也很发达。有许多天文历法著作流传下来。在《太阳悉檀多》一书里讲述了古印度人对时间的设置和日月星辰运动的观察和测量。为了观察日月的运动，他们把黄道附近的恒星划分为27宿。"宿"在梵文里的意思是"月站"，以便于区分月亮在天空中所处的位置。他们创造的历法较为科学，我们把这种历法看作阴阳合历。早在吠陀时代，印度人就把一年设定12个月，全年共360天，还用置闰的方法处理多出的天数。公元505年，天文学家彘日将古印度五种最重要的天文历法著作汇集起来，编成了《五大历数全书》。这本书表明了印度的天文历法知识已经达到相当高的水平。

此外，古印度的炼丹术与医药学也很繁荣，有大量的医学著作被保留下来。仅从这些存留下来的文化中就可反映古代印度已有较高的知识组织水平。

在上述我们所说的世界上最早出现的五大文明区域中，中国早期的文明不仅非常灿烂夺目，并且一直延续了下来。在这里顺便说一下作为世界最古老文字体系中的中国古文字——甲骨文。我国有文字可考的历史就是从商代的甲骨文说起的。

甲骨文是指清朝晚期在河南安阳小屯的商代都城殷墟遗址中发掘出来的那些刻写在龟甲与兽骨上的文字，因此又称为"殷墟文字"或"殷契"。目前发现的甲骨文大约有 15 万片甲骨，4500 多个单字。这些甲骨文所记载的内容极为丰富，涉及商代社会生活的诸多方面，不仅包括政治、军事、文化、社会习俗等内容，而且涉及天文、历法、医药等科学技术。这些文字与两河流域与埃及的文字有所不同，其他文明古国的文字，绝大多数目前还不能识读，而甲骨文则与我国现代使用的汉字一脉相承，目前已经可以识别的文字已有 2500 个单字，被称为我国最早的成熟的汉字系统。它是世界四大古文字中唯一与活文字有传承关系的古文字。关于我国早期的文化成就与知识组织情况，我们在第三章中已经作了简要的阐述，在这里不再赘述。

第二节　古希腊与古罗马的文明成就

在世界五大文明发源地域中，古希腊和古罗马文明属于后起之秀。我们为何不把它放在上一节的古印度之后并列探讨，反而将其另列一节进行介绍呢？这是因为古希腊和古罗马是在四大文明地区兴起之后，从欧洲和西亚地区相继兴起的一种海洋文明。古希腊和古罗马曾经在地中海地区的各个城邦中相继称霸，后来成为欧洲乃至整个西方文化发展的基础，在世界上有很大的影响力。系统梳理古希腊和罗马的文化发展状况，有助于我们系统地了解人类知识发展的大体状况。

古代希腊和古罗马的文明区域很大，除了现在的希腊半岛外，还包括爱琴海、马其顿、色雷斯、意大利半岛和小亚细亚等地。古罗马原来曾经是古希腊王国的一个附属国，长期向古希腊王国纳贡。但是，后来的罗马帝国却征服了希腊，使其成为罗马帝国的属地。这两个古代文明古国在军事、政治和文化上存在着既相互争斗又密切联系的复杂关系。它们相邻而居，都有极其绵长的海岸线。只是古希腊有更多的岛屿和山脉，土地贫瘠，凭借海上的交通优势，成为连接欧洲、亚洲和非洲三个大陆的交通要冲，所以被看成一种蓝色的海洋文明类型。罗马帝国征服古希腊之后，将其原有的文明成果全盘继承下来，后来不仅发展成欧洲文化发展的重心和基础，并以优异的文化成就而享誉全球。恩格斯说："没有希腊文化和罗马帝国所奠定的基础，也就没有现代的欧洲。"① 欧洲又是世界近代文明的中心，抓住这条文明发展的线索，就对世界古代文化知识发展的进程有了大致的了解。

一 古希腊文明构成的要素

古希腊位于欧洲南部，文明发展源远流长。自公元前 20 世纪克里特岛出现国家之后开始进入文明时代，先后出现过克里特文明和迈锡尼文明，这两种文明又被合称爱琴文明。到了公元前 8 世纪前后，爱琴海地区开始出现城邦国家，较为著名的有雅典、斯巴达、底比斯、科林斯等城邦。此外，希腊人在地中海周边地区的意大利半岛、小亚细亚西部沿海、西班牙、法国南部沿岸和黑海周围的广大地区都建立了自己的殖民地，由此使这些地区也形成了许多城邦国家。到公元前 5 世纪后半期，在伯里克利当政的时代，古希腊的奴隶制民主政治达到古代世界史中的高峰，希腊成为方圆几万公里内二百多个城邦中的盟主。在世界史上，这个阶段被称为"伯里克利的黄金时代"。

公元前 4—前 2 世纪中叶，位于希腊北部的马其顿王国崛起，腓力二世（公元前 359—前 336）在位期间强大起来，于公元前 338 年征服了古希腊统治的各个城邦，并在此年成立了"希腊联盟"（即"科林斯联盟"）。公元前 336 年，腓力二世遇刺身亡，王位由他 20 岁的儿子亚历山大继承，这个人就是世界史上著名的亚历山大大帝。

亚历山大从小兴趣广泛，聪明勇敢，腓力二世曾为他聘请了世界上最博学的老师亚里士多德对他进行悉心培养，由此使他获得了渊博的学识。腓力二世被刺后，被征服的希腊城邦都认为摆脱马其顿帝国统治的机会来

---

① 《马克思恩格斯选集》第 3 卷，人民出版社 1995 年版，第 524 页。

到了，于是便纷纷发动起义战争。但年轻的亚历山大在短短的两年里就平息了这场骚动，并整合了希腊各城邦的力量，开始实施征服世界的野心。

公元前334年，亚力山大大帝亲自率领军队先后征服了波斯、叙利亚、腓尼基等城市。次年又征服了埃及，在埃及建筑了一座新城叫作亚历山大里亚。公元前331年春亚历山大大帝离开埃及，继续东征，渡过幼发拉底河与底格里斯河，攻克了巴比伦城。公元前327年，他又继续进兵印度和阿富汗，但他的将士们随着他征战了十年，思乡心切，不愿意继续东征，他就把印度分成几个行省留给部下管理，自己退守到古巴比伦城驻守。公元前323年夏天，亚历山大因患恶性疟疾就死在这里。这位年仅33岁的帝王在十余年间建立起了一个地跨欧、亚、非三大洲的亚力山大帝国。其版图包括今天的希腊、马其顿、保加利亚、阿尔巴尼亚、塞浦路斯、土耳其、黎巴嫩、叙利亚、以色列、巴勒斯坦、埃及、约旦、伊拉克、科威特、伊朗、巴基斯坦、阿富汗和印度的一部分。

但是，由亚力山大扩张起来的马其顿大帝国在世界史上犹如昙花一现，它随着亚力山大的征服而产生，也随着他的死亡而解体。公元前307年，这个横跨欧、亚、非三大洲的大帝国分裂为马其顿王国、塞琉古王国和托勒密王朝统治下的埃及王国三个部分。公元前168年，罗马帝国打败马其顿，将其分解为罗马的四个行省，古代的马其顿王国从此消失了。

世界史上所说的"希腊化时期"出现的所谓"希腊的奇迹"和"希腊的光荣"等称誉，指的就是在这个时期里这个广大地域内所产生的科学文化成就。亚力山大原本是马其顿的一个国王，何以要把他所建立的帝国与其所推行的文化统治称为"希腊化"文化呢？因为马其顿人自称为希腊人的后裔，亚力山大曾以自己是希腊人而感到自豪。因此他在武力征服世界的过程中，极力推行希腊的政治制度和文化，从而使希腊文化伴随着军事力量的推进而广泛传播。

其实，所谓的希腊科学文化成就，并不只是古希腊王国自己独创的成果，而是广泛吸纳和汇聚了被征服区域内曾出现过的精粹文化，因此就显得无比优越和繁荣。比如，希腊在征服古埃及和古巴比伦之后，继承和发展了古埃及的文明以及美索不达米亚平原上的两河文明成果。美国科学史专家乔治·萨顿把这两个地区的文明对希腊的直接影响比作像父母影响自己的孩子那样直接。他说："希腊科学的基础完全是东方的，不论希腊的天才多么深刻，没有这些基础，它并不一定能够创立任何与其成就相比的东西。我们没有权力无视希腊天才的埃及父亲和美索不达米亚母亲。"①

斯塔夫里阿诺斯也认为："古希腊文明不是原始文明。它和其他所有的文明一样，大量借用过去的文明。不过，无论是埃及的艺术形式还是美索不达米亚的数学和天文学，都烙上了希腊人所独有的智慧的特征。这些特征归结起来，就是虚心、好奇多思、渴求学习、富有常识。"②

在古希腊的文化成就中，知识和技术是其中的两大构成要素。如果对它们详加区分的话，知识是人们对世间万物认识的结果，主要是通过语言文字及其系统化的理论来表达，而技术则是人们改造和利用自然的过程中对知识的使用，通过物质形态展现出来。知识的功能在于告诉人们"是什么"和"为什么"。而技术的功能则在于指导人们"做什么"和"怎么做"。它们两者互为表里，相辅相成。因此，在泛化的知识概念中应当包括技术在内。就是说，技术在本质上也是一种操作性知识。现在有不少人使用"科学"这个词汇来替代知识，本书认为，科学只是知识体系中能够被检验的那部分知识，比如哲学和宗教等人文知识就不是科学。因此，我们在讨论古希腊的知识体系时，不使用"科学"这个概念，但它与其他著作所说的科学是相近的。

二　古希腊早期的自然哲学

在古代希腊的知识发展中，作为学科性的知识体系已经萌芽，但还没有较为明显的疆界划分。当时的人们把他们的知识研究成果统称为哲学。哲学这个概念最早就诞生在古希腊，意思是"爱智"。知识是智慧组成的要素，追求知识则是爱智的直接表现。哲学似乎就是人类所有知识的代称。不过当时的人们也从哲学中划分出两个大的知识体系：有关自然的知识被称为"自然哲学"；有关社会的知识被称为"道德哲学"。这样划分

---

① ［美］乔治·萨顿：《科学史和新人文主义》，陈恒六、刘兵、仲维光译，华夏出版社1989 年版，第 64 页。

② ［美］斯塔夫里阿诺斯：《全球通史》，吴象婴、梁赤民译，上海社会科学院出版社 1999年版，第 212 页。

的理由是因为社会是由人组成的，人的情感、意愿和爱好非常复杂，因此把有关人的行为和社会制度的知识看作一种或然性知识。而自然是客观存在的，较为单纯，因此有关自然的知识就是一种必然性知识。这样的组织划分方式一直延续到 17 世纪之前，直到制度化的自然科学和社会科学产生之后才发生了变化。因此，许多人都认为，哲学既是知识之母，也是构建西方文明大厦的支柱，后来的绝大多数学科都是从哲学中派生出来的。

当我们在考察人类早期的知识组织活动的时候，发现古希腊的知识组织活动在世界的知识发展中具有典型的意义。因为在这个文明发源地域内先后出现的学校、学园、图书馆、博物馆、学派、专著及其系统化的哲学思想都带有较为明显的专业化的知识组织性质。在这片知识研究园地里，可谓是群星灿烂，争相辉映。在这些学人之间，有的是直接的师徒相承关系，有的是持相同主张而形成的学派关系，也有相同的知识门类中先后接续关系，古希腊文明中的知识之网就是通过这些纵横关系编织出来的。

在希腊，曾经出现过许许多多的学派，如伊奥尼亚（其中又分为米利都学派和爱菲斯学派）学派、毕达哥拉斯学派、斯多亚学派、伊壁鸠鲁学派、新柏拉图学派、犬儒主义学派、智人学派、斯多葛学派等，他们都提出了关于宇宙构成的基本知识体系：宇宙的本原是什么？世界从哪里来？万物构成的根据是什么？事物的本质特点是什么？通过他们所提出的这些问题和争辩，启发了我们认识自然和社会的好奇心，推动着人类不断地更新自己的知识。在这里，我们按照时间顺序，挑选几位著名的学者来看看他们在知识发展与知识组织史上的主要贡献。

在早期的哲学家中，有准确记载的著名学者是泰勒斯。他在哲学领域里被西方人奉为开山的始祖。

泰勒斯（也译为泰利斯，约公元前 624—约前 546）出生于米利都的一个奴隶主贵族家庭。米利都位于地中海东岸小亚细亚区域内，是东方人与西方人相互往来的交通枢纽。在希腊各城邦中，它是一个以经营手工业和航海业为主的商业文化中心。泰勒斯早年曾经做过商人，因此有机会游历了东方的许多国家，对古埃及、古巴比伦的文化成就十分崇尚。后来他弃商从政，并把研究数学和天文学作为自己的爱好，到了晚年，他又转向哲学，几乎涉猎了当时人类所有的知识活动领域。为了摆脱宗教的束缚，他通过观察自然现象去寻求真理。他晚年曾在希腊建立学园，招收学生，以传授知识为业，并创立了米利都学派（也被称为爱奥尼亚学派）。

泰勒斯早年在埃及经商的时候，系统地阅读了埃及人记录下来的关于尼罗河水每年涨退的文献，从中得到了许多关于水的知识。埃及的祭司曾说，大地是从海底升上来的，地球就漂浮在水上。这使泰勒斯对水的研究兴趣尤浓，就时常亲自去查看尼罗河水涨落的情况。他发现，每次洪水过后，不仅留下了肥沃的淤泥，还在淤泥中生出一些微小的胚芽与幼虫，于是他把洪水涨落的现象与埃及人关于神造宇宙的神话联系起来，由此得出了一个结论：万物由水生成，水是世界初始的基本元素。他指出，液体、固体和蒸汽都是水的存在形式，进而提出了"水生万物，万物复归于水"的系统学说。同时他还认为，"万物有灵"，整个宇宙都是有生命的，正是因为万物都有灵魂，才使宇宙间的一切生机盎然。

在数学方面，泰勒斯把逻辑命题证明的思想引入数学计算，使人们对客观事物的认识从经验上升到了理论的阶段。有人认为，将逻辑方法引入数学，这在数学史上是一次不寻常的飞跃。泰勒斯还被称为希腊几何学的先驱。他把从埃及学到的地面几何演变为平面几何学，并发现了一些几何学的基本定理，如"直径平分圆周"、"等腰三角形底角相等"、"两直线相交，其对顶角相等"、"对半圆的圆周角是直角"、"相似三角形对应边成比例"等规律性的东西。

在天文学方面，泰勒斯也做了深入的研究。比如，他利用自己的数学知识对太阳的直径进行测量和计算，得出太阳的直径约为日道的七百二十分之一。这个数值与现在人们所测得的太阳直径相差很小。他根据古埃及与巴比伦的历法知识和自己对日月星辰的观察，将一年设定为365天。他还认为，在海上航行若参照小熊星航行比参照大熊星航行更为准确。

正是由于泰勒斯在这几个方面所拥有的渊博知识，因此使他获得了极高的声誉，被尊为"希腊七贤"之首、"科学和哲学之祖"，赢得了古希腊最早的、最著名的思想家、哲学家、天文学家、数学家和科学家等多项桂冠。

在泰勒斯的学生中有两个最为杰出。一个叫阿那克西曼德（约公元前610—前546），他是绘制世界上第一张全球地图的人。他与他的老师一样，都是积极地将古代东方的知识介绍到希腊的人。他的最大贡献是将天空绘成一个完整球体，提出了天体环绕北极星运转的理念，并认为大地的表面应是倾斜的，必然呈现出曲线形。因此使球体的概念进入了天文学领域。阿那克西曼德对老师泰勒斯提出的"万物生成于水"的理论表示怀疑。他认为构成世界的基本元素不可能是水，而是某种不明确的无限物质，从此使"无限者"这个概念进入了学术界。阿那克西曼德还认为，包括人类在内，所有的陆地动物都是从类似于鱼的祖先演化而来的。他的这种思想后来为达尔文的生物演化学说奠定了理论基础。

阿那克西美尼，生卒年不详，大约是公元前585—前525年之间的人。他出生于米利都，是泰勒斯和阿那克西曼德的学生，他以"气是万物之源"的学说而闻名于世。这个理论正好与泰勒斯的"水是万物的起源"相对立。他认为，气体是一种永恒无限运动着的东西。气的凝聚按其程度的不同，依次形成风、云、水、土和石头。气体包围着整个地球，气稀释成了火，浓缩则成了风，风浓缩成了云，云浓缩成了水，水浓缩成了石头。他用这种生成的自然观来解释世上万物的生成，由风雨雷电、太阳、彩虹、地震想到羊毛压缩成毛毯以及由气体生成人的灵魂，进而由灵魂来控制人的身心活动，由此使他的气生万物学说得以成立。据说，他是世界上最早提出月亮上的光是由太阳光反射而成的学者。

上述这三位学者都是古希腊米利都学派的核心人物。米利都学派的出现，标志着西方哲学的产生。过去人们一直用神的超自然力量来解释自然，米利都学派是最早利用自然本身来说明自然，以抽象的理性思维取代神话，实现了由神话向哲学的转变。

赫拉克利特，生卒年不详，约为公元前535—前475年之间的人。他出生于伊奥尼亚地区爱菲斯城邦的王族之家，原本应该继承王位，但他跑到女神阿尔迪美斯庙附近隐居起来，将王位让给了自己的兄弟，后来他就成了一位富于传奇色彩的哲学家。赫拉克利特继承了米利都学派的传统，但他的宇宙论思想却大不同。他认为物质性的元素是万物的本原。这个本原是永恒的活火，火生成万物，万物又转化为火。列宁曾把他称为辩证法的奠基人之一，认为他是在古代希腊哲学家中第一个讲出辩证法的人。他的辩证思想主要表现在三个方面：首先，他认为万物都在不断地运动变化，提出了"人不能两次踏进同一条河流"这一命题；其次，他看到事物的运动变化是按照一定的规律进行的，第一个提出了"逻各斯"的思想；再次，他认为事物的变化是由事物自身的矛盾引发的，提出了"斗争是产生万物的根源"的观点。赫拉克利特反对偶像崇拜，但他承认有神，他所说的神指最高的智慧，指逻各斯，通常使用逻各斯（logos，即理性）这个词来代替神。他相信世界上有"普遍的理性"来指导大自然的运行。由此把宗教的神改造成为理性的神，使宗教开始向哲学转化。赫拉克利特的作品留下的不多，有一部名为《论自然》的著作已经残缺，其中有 130 多个残篇是从不同时期的著作中摘录出来的。他的文章晦涩难懂，富有隐喻，所以得到了"晦涩哲人"的称号。

古希腊知识园地中的另一个学派是以留基伯为首的原子论学派。

留基伯（约前 500—约前 440）被称为古希腊唯物主义哲学家，原子论的奠基人之一。一说他出生在米利都，另一说他出生于阿布德拉。留基伯是古希腊爱奥尼亚学派中的著名学者，他曾在阿布德拉建立了一所学校，在他的学生们中间有德谟克利特、芝诺、恩培多克勒和阿那克萨哥拉等人，后来都成为哲学史上影响力较大的著名学者。

恩培多克勒（又译作恩贝多克利，公元前 490—前 430），他出生于西西里岛的阿格里根特的贵族之家，其生平富有神话色彩。早年从事政治活动，据说他曾拒绝接受王位，自命为神。传说他为证明自己的神性，投进到埃特纳火山而死。在他的身上也贴着几个不太和谐的标签：哲学家、预言者、科学家和江湖术士。他在医学和生物学方面做过深入的研究，也是一位修辞学家和诗人，曾用诗体写作了《论自然》、《论净化》等作品，可惜只留下了一些残片。

在宇宙认识论方面，恩培多克勒提出了"四根"说。他在爱奥尼亚学派关于宇宙本原学说的基础上，把泰勒斯的"水"、赫拉克利特的"火"和阿那克西美尼的"气"这三种基本元素综合在一起，又添加了第四种元素"土"作为"万物之根"，即生成万物的本原。他认为树木、男人、女人、兽类、鸟类、鱼类和神灵都是由这四种元素中产生出来的。这四种元素本身不变，它们存在于万物之中，但宇宙万物却因为这种元素的结合和分解而不断变化。推动事物变化的东西是爱和恨这两种力量，爱使所有的元素聚合，恨使各种元素分裂，整个宇宙就是由爱与恨两种力量交互作用使四种元素不断结合和不断分裂的循环往复过程。

德谟克利特（约前 460—前 370）是留基伯的学生。留基伯首先提出了物质构成的原子学说，认为世界上最小的东西是原子，这是一种不可分割的物质粒子。德谟克利特继承并发展了留基伯的原子学说，被称为古希腊原子论的集大成者。他指出，在宇宙空间中，除了原子和虚空之外什么都没有。原子一直存在于宇宙之中，它们不能被无中创生，也不能被消灭，任何变化都是它们引起的结合和分离。物质只能分割到原子为止。

德谟克利特早年曾游学于古埃及和古巴比伦。他对天文、地质、数学、物理、生物等许多学科的知识都有浓厚的兴趣。他提出了圆锥体、棱锥体、球体等体积的计算方法。据说他的著作共有 52 种之多，涉及自然哲学、逻辑学、认识论、论理学、心理学、政治、法律、天文、地理、生物和医学等许多方面，但大多数都散失或只剩下零散的残篇了。他被马克思誉为古希腊人中"第一个百科全书式的学者"。

三 希腊三圣的教学与知识组织活动

在古希腊的文化园地里曾有一些学者被称为"七贤"和"三圣"。关于"七贤"中的人物曾经有两套提法：在第一种"七贤"的说法中有泰勒斯、梭伦、契罗、毕阿斯、庇塔库斯、佩里安德和克莱俄布卢。这七个人活动在多个领域里，有的是政治家、思想家或学识渊博的人。另一种"七贤"的说法中有泰勒斯、毕达格拉斯、苏格拉底、柏拉图、亚里士多德、欧几里得和阿基米德。这七个人主要是在知识领域里有高明的见解和渊博的知识。在这"七贤"当中，又有人把苏格拉底、柏拉图和亚里士多德三个人推举为"三圣"。

在知识的分类组织体系尚未建立起来的时候，并没有自然科学、社会科学与人文科学之分。在古希腊早期的泰勒斯时代，人们把天文、地理、数学等方面的内容都称为自然哲学。到了希腊的"三圣"时代，这种现象发生了变化，"道德哲学"这个概念开始流行。所谓"道德哲学"亦称伦理学，它是哲学中研究善恶、对错、权利与义务等概念的一个分支。道德哲学最早就是通过苏格拉底的宣讲有了较大的发展。

苏格拉底（前 469—前 399）在人类的知识发展史上被称为著名的思想家、哲学家和教育家。他在学界所获得的高位与我国的孔子有许多相同之处。苏格拉底出生于雅典一个普通公民家庭，父亲是雕刻匠，母亲是助产妇。他幼年时跟随父亲学习雕刻手艺，雕刻石像似乎是他早期谋生的一种职业。他曾经为他的国家服过三次兵役，后来以探索知识和传授知识为业，好像也属于那种自学成才的典型人物，好学并无常师。有记载的老师只有两个人，一个是文法家普罗迪科斯，另一个是女祭司狄奥提玛。但他后来却被雅典人看成最有知识的人，慕名向他求学的人络绎不绝。他也没有开设专门的学校，而在平时人们聚集的广场、庙宇、街头、作坊等场所开展教育活动。他的教育对象很广泛，也可以用"有教无类"这个概念来概括，无论是青年人还是老年人、有钱人还是穷人、手艺人还是农民都是他施教的对象。他似乎是一个义务教员，把教育看作点燃的火炬，为了能不断地驱逐黑暗，他就积极主动地去点燃他的"火炬"。他认为最有效的教育方法不是告诉人们答案，而是向他们提问。他常常和雅典当时的许多智者辩论哲学、道德、教育与政治方面的问题。他认为"知识即美德"，有知识的人能够辨别是非，远离罪恶。由于他"自知无知"，便把探索真理和智慧当作要务。"认识你自己"就是他对人们最好的劝导。苏格拉底还非常注重人的思想成长，以善于使用启发教育方法而闻名。他常常琢磨母亲做助产婆的重要意义，声称要追随母亲的脚步做个精神上的助产婆——帮助人们产生思想。

公元前399年，苏格拉底以误导青年、破坏国家民主以及否定希腊传统神祇而自创新神的罪名受到指控并被判处死刑。柏拉图的对话录《斐多篇》记录了苏格拉底就义前夕与弟子们的对话，他们讨论了生死、灵魂、智慧、快乐、正义和不朽等问题。他拒绝朋友和学生要他乞求赦免和外出逃亡的建议，平静地饮下毒酒死亡，这一年他70岁。由柏拉图的另一部对话录《辩护篇》记载可知，苏格拉底所犯下的所谓罪名，来源于嫉妒和毁谤，并没有什么损坏国家民主与亵渎神祇的事实，而是以类似于我国的"莫须有"罪名被判处死刑。在西方思想史上，苏格拉底之死影响极大，有人将他的死与受难的基督相比对。为坚守自己的信念而选择死亡在当时尚属首次。

苏格拉底身后没留下著作，其主要行为和学说是通过他的学生柏拉图和色诺芬所写的著作保留下来的。但他的思想和死亡事件在欧洲文化史上影响巨大，被看作为追求真理而献身的圣人。在西方哲学史上，人们把他树为古希腊哲学发展史的分水岭，在他之前的哲学，被称为前苏格拉底哲学。人们认为他开创了希腊哲学的新纪元，以往的自然哲学家们关注宇宙的运行和物质的本性，是苏格拉底把哲学学从天上拉到了人间，他关注人类的命运和人的思想，并通过知识的传授和交流帮助人们分辨是非善恶，因此把他的学说称为与自然哲学与对应的道德哲学。

古希腊的第二位圣哲是柏拉图（公元前 427—前 347）。柏拉图出身于雅典贵族，他是苏格拉底的学生，亚里士多德的老师。年轻时曾师从苏格拉底。在苏格拉底遇难后，他游历过许多地方，希望实现他的政治理想，然而掌权者并不采纳他的主张。公元前 387 年柏拉图回到雅典，创办了著名的阿加德米学园，也被称为柏拉图学园。欧洲人后来把这所学校看作历史上第一所集高等教育与学术研究为一体的"学院"。"阿加德米"（Academy）这个词后来就成为当今高等教育中的"学院"的由来。从此柏拉图就在这里执教，直至逝世。

自柏拉图创立学园之后，学校课程知识的组织出现了系统化、规范化和分科化的雏形。在柏拉图之前，以普罗塔哥拉和高尔吉亚为代表的智者学派为了适应当时人们对辩论和演讲的广泛需求，以传授辩论术、修辞学和文法这三门知识为业，当时被称为"三艺"。柏拉图在组织课程知识的时候认为，要塑造优秀人才，仅仅学习三艺是不够的，最重要的课目应该是算术、几何、音乐和天文学。他认为，算术能训练人的计数能力、抽象思维能力和判断能力；几何可以用于军事与生产中的测量与设计；音乐教育可以陶冶心灵，使人的性情得到调和；学习天文知识则能够帮助人们唤起探索宇宙奥秘的兴趣，去思考那些平时肉眼看不到的天体，进而发现整个宇宙中的和谐与完善。他增加的这些课目后来被称为"柏拉图四科"或"四艺"，加上以往曾有的"三艺"，从此在学校的知识教学中有了"七艺"之数。后来七艺便成了古希腊课程知识设置的主干体系，在欧洲的中等与高等教育中居于支配地位长达一千多年。

柏拉图的后半生以传授知识为业，他在教育领域里有许多建树。他最早根据人的年龄阶段来安排知识讲授的进程，从幼儿直到 30 岁思想成熟的各个阶段都有不同层级的知识科目，并且他还提出了较为系统的教学理论和方法。

他在知识的收集、组织与生产方面的成就尤其突出。他一生著述颇丰，现存的著作有二十多种，最具代表性的作品是《理想国》。近年来我国已经翻译出版了《柏拉图全集》四大卷。在他的著作中，他不仅利用对话的方式对自己的老师苏格拉底的学说进行了全方位的介绍，使苏格拉底的思想得以流传下来，并且也让后来的人们能够系统地了解他那渊博的学识和丰富的思想。他在著作中讨论的内容十分广泛，不仅有政治社会学、政治哲学、经济学、伦理学及数学方面的系统知识，并且还谈到优生学、自由恋爱、妇女解放、计划生育等方面的独到见解。他开创的学园先后培养出了一批世界级的知名学者，如百科全书式学者亚里士多德，立体几何的创始人泰阿泰德，数学天文学的奠基人欧多克索，圆锥曲线的发现者美涅克漠等。因此这个学园获得了持久的生命力，一直延续了900多年，直到公元529年，东罗马帝国皇帝查士丁尼为推行基督教下令关闭雅典所有的学校，柏拉图学园才被迫关闭。鉴于柏拉图的这些贡献，他赢得了西方哲学和西方文化奠基者的称号。

古希腊的第三位圣哲是亚里士多德（前384—前322）。亚里士多德出生于古希腊北部的斯塔基尔，父亲曾是马其顿王国的宫廷御医。在父亲的影响下，他早年学过医学，并对生物学、解剖学有着浓厚的兴趣。亚里士多德17岁那年来到雅典，进入了柏拉图学园读书。他聪明好学、涉猎广博，深受老师柏拉图的赏识，被称为"学园之灵"。亚里士多德虽然非常尊重他的老师，但是在很多问题的认识上却不肯放弃自己的见解。他曾说过这样的话："吾爱吾师，吾更爱真理"，常常和柏拉图争论问题，弄得面红耳赤。特别是在柏拉图晚年的时候，他们师生之间的分歧更大。他们尽管在认识上有重大分歧，但亚里士多德并没有离开他的老师，直到公元前347年柏拉图去世，柏拉图的侄子被指定为学园的继承人之后亚里士多德才离开了这里。这一年他已经37岁，跟随柏拉图学习的时间长达20年。

亚里士多德离开柏拉图学园之后开始游历世界各地。公元前343年，他受马其顿国王腓力二世的聘请，担任了13岁的王子亚历山大的老师。这个亚历山大就是后来征服整个希腊，并南征埃及，东征波斯帝国，一直打到印度河流域的亚历山大国王。公元前335年，在亚历山大大帝登基之后，亚里士多德离开马其顿回到雅典，第二年便在雅典郊外创办了吕克昂学园。

亚里士多德创办的吕克昂学园与柏拉图创办的阿加德米学园在形式上

虽然类似，但在办学理念上却有着许多差异。他选择的校址是原来为训练新兵而建造的游乐场，与阿波罗神庙相邻，林木茂密，还装点着喷泉和柱廊。他不仅像柏拉图一样重视人的精神教育，并且更加注重对学生进行体育训练，并且还把实验和研究与教学结合在一起，为此还给吕克昂学园配备了图书馆、博物馆和实验室，以供研究之用。他开设的课程也有自己的特色，有哲学、史学、公民学、自然科学（生物学）、修辞学、文学和诗学。亚里士多德的绝大多数著作就来自他为学生撰写的讲稿。他讲课的方式好像很随便，经常带着弟子们在林荫道上散步，边走边讲，因此有人把他所讲的哲学称为"逍遥的哲学"或是"漫步的哲学"。他给学生们安排生活说是很简单，可是每月却有一次酒会，所以人们又把他的学校称为"逍遥派学校"，他的弟子们后来就成了学派当中的逍遥派。

亚里士多德晚年就在吕克昂学园边教书边从事研究工作。亚历山大大帝对亚里士多德的研究工作非常支持，曾先后为他提供过 800 金塔兰（每塔兰合黄金 60 磅重）的研究费用。亚历山大东征时还命令部下，凡是发现有新的动植物标本和其他资料，都要送到亚里士多德那里供他研究。这种优越的研究环境使亚里士多德在众多领域建树卓越。据统计，他一生大约撰写了 170 种著作，内容涉及天文学、动物学、植物学、物理学、医学、哲学、逻辑学、历史学、政治学、教育学、文艺理论等，其中流传下来的有 47 种。影响较大的有《工具论》、《物理学》、《形而上学》、《尼各马科伦理学》、《政治学》、《修辞学》和《诗学》。我国于 1997 年将他遗留下来的全部著作翻译完毕，出版了十卷本《亚里士多德全集》，他那些有较大影响力的著作也曾有多种单行本先后在我国出版发行过。

从知识组织的这个视角来看，亚里士多德是古希腊知识的集大成者，他首次对人类的所有知识进行了系统的分类组织。他从人们的社会实际需要出发，把知识划分为三个组织系统：一是理论之学，属于纯粹的理性知识，包括数学、几何、代数、逻辑、物理学和形而上学等；二是实用之学，是关于人类行动的学问，包括伦理学、政治学、经济学、战略学、修辞学等；三是创造之学，是关于创作、艺术和演讲等方面的学问。他被称为百科全书式学者，不仅使人类的知识由混沌、模糊走向清晰有序，并且还开创了逻辑学、伦理学、政治学及生物学等学科的专门研究。他的学术思想对世界文化和科学教育的发展产生了巨大的影响，他的这种知识分类组织方式一直沿袭到 15 世纪才有所改变。

公元前 323 年，亚历山大大帝死去，雅典人趁机反抗马其顿帝国的统治。由于亚里士多德和亚历山大有着亲密的师生关系便受到了攻击。他在学生们的帮助下逃离雅典，跑到加尔西斯去避难。这时，他想起了他老师的老师苏格拉底之死，就向弟子们解释他逃亡的理由。他说使自己逃难的原因是不想让雅典人再犯第二次毁灭哲学的错误。可见他当时已将自己的处境与苏格拉底死前的处境相提并论。也就在次年（公元前 322 年），亚里士多德因病在避难地去世。他去世之后，吕克昂学园在他的弟子的经营下又在雅典延续了 860 多年。吕克昂学园的关闭与柏拉图学园相同，都是在东罗马帝国的《查士丁尼法典》颁布后于公元 529 年被迫停办的。这所学校后来曾被看作古代大学的榜样。

斯塔夫里阿诺斯认为，亚里士多德是一位百科全书式学者，并不是一位哲学家。他说："亚里士多德是一个收集者和理想主义者，而不是一个神秘主义者；是一位逻辑学家和科学家，而不是一位哲学家。他为了创立自己的学说，汲取所有各方面的知识；汲取的知识领域之广泛，可以说，前无古人，后无来者。他的卓越贡献主要在逻辑学、物理学、生物学和人文学科诸领域，他实际上是这些学科的创始人。"① 因此，我们可以说，亚里士多德也是一位优秀的知识生产者和知识组织者，人类历史上的许多知识正是通过他的广泛收集和合理组织而得到了有序化和系统化的整理及传播。

四　古希腊数学园地里的三大巨星

古希腊的数学在人类知识发展史上有着极其重要的地位。其中有三位学者算得上是当时世界上顶尖的专业化数学家。最早的一位是毕达哥拉斯，后继的有欧几里得和阿基米德，他们都为数学知识的系统化组织作出了巨大的贡献。

毕达哥拉斯（公元前 572—前 497）是古希腊的数学家和哲学家。他

---

① ［美］斯塔夫里阿诺斯：《全球通史》，吴象婴、梁赤民译，上海社会科学院出版社 1999年版，第 217 页。

出生于萨摩斯岛的贵族之家，自幼聪明好学，曾在名师门下学习几何学、自然科学和哲学。在青年时代，他游历了古埃及和古巴比伦等地，学习了一些数学知识和东方文化，大约在公元前530年回到希腊，在一个白色的山洞里教书授徒，并创建了毕达哥拉斯学派。

毕达哥拉斯认为，自然由数字统治着，自然里面存在着和谐，尽管千变万化却有着内在的统一性。这种统一性通过数字来表达，数字就是自然的语言。他证明了一个定理：直角三角形的两直角边的平方和等于斜边的平方。这个定理后来就称为毕达哥拉斯定理或毕氏定理，在我国叫作勾股定理或勾股弦定理。他的证明过程是很艰难的，因为当他验证了这个公理之后，曾宰杀了100头公牛来祭奠缪斯女神，以酬谢神灵的启示，可见是经过了苦思冥想才得到了这个结果。

毕达哥拉斯经常陶醉在数字的组合与运算中。他研究数的构成方式、数的性质，并借助几何和哲学的抽象性和神秘性来对数进行分类，由此提出了一个"万物皆数"的命题。他不仅使数字的计算达到严密化、精确化、公理化和理论化的高度，并且使数字的组合形成了一种情感化的趋向。比如，毕达哥拉斯学派的人都认为，1既是万物之母，也是数的第一原则和智慧；2是对立和否定的原则，也是构成意见的数字；3是万物的形体和形式；4是正义和宇宙创造者的象征；5是奇数和偶数，雄性与雌性的结合，也象征婚姻；6是神的生命和灵魂；7是机会；8是和谐，也可表达爱情和友谊；9是理性和强大；10包容了一切数目，意味着完满和美好。这种影响一直到今天仍然存在，可见人们对某种数字产生偏好现象是有历史渊源的。毕达哥拉斯还通过数字的组合来研究艺术，他将人们的视角和听觉都与数字的组合联系起来去寻找宇宙间的和谐。悦耳的音符就是8个数字的合理组合，和弦都是对应于整数的分弦点。他认为，在自然中所有的特性中一定有一些简单的数字表达和谐。他和弟子们还认为，声音的世界由数字统治着，自然的规律有音乐性，天体的运行就是球体的音乐。他们还在数字的组合中追求最完美的形式，并将美学引入数学计算领域。

毕达哥拉斯还是一位哲学家和宗教领袖。据说毕达哥拉斯学派的成员都是贵族，他们反对当时侵占萨摩斯岛的暴君波利克拉迪斯。毕达哥拉斯为了摆脱当时君主的暴政，带着母亲和门徒离开萨摩斯，移居西西里岛，后来定居在克罗托内。在那里，他广收门徒，建立了一个由宗教、政治和学术三合一的团体。他宣传数学可与上帝融为一体使灵魂得到升华或超度，万物都包含着数，上帝通过数来统治宇宙。他的追随者多数是奴隶，他们相信毕达哥拉斯的预言和灵魂能够超度的看法，希望能在来世过上幸福的生活。毕达哥拉斯死后，他的门徒散居到希腊其他学术中心，继续传授他的思想长达 200 年之久。

欧几里得（约公元前 325—前 265）是古希腊最负盛名的数学家之一。他的生平后人知之不多，据说他年轻时曾受业于柏拉图学园，由于学识渊博，有了较大的名气，因此被埃及的托勒密国王邀请到亚历山大城，后来就一直在那儿从事数学的教学和研究工作，成为亚历山大里亚学派中最杰出的学者。

欧几里得在数学发展史上树立起了一座里程碑。他曾将希腊自公元前 7 世纪以来 300 多年间的几何知识收集、组织起来，写出了一部结构严密的几何学巨著，叫作《几何原本》，全书共有 13 卷之多。在这本书中，他采用一种逻辑化的组织方式来论述几何知识，先提出定义、公理、公设，然后利用演绎方法由简到繁证明出一系列的定理和推论，由此建立了一个公理化的数学体系。书中还介绍了平面图形、立体图形、整数、分数、比例等概念。他的著作除《几何原本》之外，还有《已知数》和《图形的分割》被保存下来，其他的著作都已失传。《几何原本》问世后，以手抄本的方式流传了 1800 多年，直到 1482 年欧洲的印刷术出现之后才开始大量印刷发行，在世界各国中曾出现了上千种不同的版本。《几何原本》还被译为多种文字在世界上广为传播，13 世纪时也曾被翻译为中文。据研究者统计，目前在世界上除了《圣经》翻译的语言最多和印刷数量最大之外，排在第二位的就是这本《几何原本》，可见其在世界上的影响力之大。自此书问世之来，便取代了以前的各种几何教科书，在 2000 多年间常被作为中学教材使用。如今平面几何中的大多数知识就来自这本书。曾经有不少的著名学者如哥白尼、伽利略、牛顿、爱因斯坦等人都认为自己从这本书中受到较多的教益而对这部著作十分推崇。因此，不少学界都将《几何原本》的问世看作古希腊数学发展的顶峰。

阿基米德（公元前 287—前 212）是古希腊最杰出的学者之一，后来被人们称为物理学的奠基人。事实上，他的学识十分渊博，在哲学、数学、物理学、力学、静态力学和流体静力学等学科中都有建树。

阿基米德出生在古希腊西西里岛东南端的叙拉古城。他出生的时候，古希腊的辉煌文化已经逐渐衰退，意大利半岛上新兴的罗马共和国开始强大，希腊的文化中心已经转移到埃及的亚历山大城。阿基米德的父亲是一位天文学家和数学家，阿基米德在父亲的影响下十分喜爱数学。约在他11岁的时候被父亲送往埃及的亚历山大城去读书。亚历山大城是当时世界的知识中心，亚力山大图书馆收藏了从世界各国收集来的图书，慕名而来的学者很多，已经出现了哲学、史学、文学、数学、天文学、医学等知识门类的专门研究。阿基米德在这里跟随许多著名的数学家学习，其中就有几何学大师欧几里得。他在这里的学习为其日后的科学研究奠定了坚实的基础。

阿基米德在科学发展史上是一位颇有传奇色彩的学者。他在从事知识研究的过程中留下了许多有趣的故事。比如，他在埃及学习期间，因为看到农民打水浇地十分吃力，就发明了一种螺旋抽水机，至今仍在埃及等地使用。希腊国王听说阿基米德很有学问，就让他测定一顶新制作的皇冠是否是纯金的。但他当时也不知道检验黄金纯度的方法，就一直寻找解决这个问题的方法。当他在浴盆里洗澡的时候，看到水的浮力有了感悟，于是就发明了一种被后人称为"阿基米德比重"的定律来检验黄金的含量，以此证实了制作国王皇冠的是否是纯金。当时在希腊的北部新兴起了罗马和迦太基王国，他们都想征服希腊，在长期的战争中，阿基米德利用他所掌握的螺旋、滑轮和杠杆原理发明了许多用于战争防御的器械，如抛石机、起重机以及可以聚光燃烧的凹凸镜等，帮助他的国家打击敌人。

阿基米德还制作了一座水动天象仪，上面有日、月和五大行星图，这个用于测量天体的仪器不但运行精确，甚至连何时会发生月食、日食也能加以预测。晚年的阿基米德开始怀疑地球中心学说，并猜想地球有可能绕着太阳转动，这个猜想一直到1800年后的哥白尼时代才被人们研究证实。

阿基米德在数学上也有突出的成就，他提出圆球体积与面积计算的"逼近法"中蕴含着微积分的思想，虽然他没有明确提出极限概念，但这种思想却被伸展到17世纪趋于成熟的无穷小分析领域里，预告了微积分的诞生。"给我一个支点，我能撬动地球！"可见他的这句名言不是说着玩的，充分表明了他在力学方面的想象力。他一生沉醉于知识研究，当罗马士兵攻入希腊城时,他正在家里演算一道数学题,他请求罗马士兵再给他几分钟把题算出来,却不为士兵理睬而被当场杀害。

阿基米德堪称古希腊知识界最杰出的学者。他不仅在数学、物理学和天文学等方面有自己独到的见解,也善于汲取前人的知识成果,并积极地把书本知识付诸实践,除了亲自研制了一些实用的机械之外,他还留下了许多理论性著作,这些成就都充分反映了他在知识组织方面所具有的非凡能力。目前人们所知道的阿基米德留下来的作品有《论平面平衡》、《抛物线求积》、《球体和圆柱体》、《测圆术》、《论螺线》、《论浮体》、《圆锥体和椭球体》、《数沙者》、《阿基米德方法》和《十四巧板》等。这10篇作品都是从古老的羊皮书中转抄的。正因为他在数学领域里的杰出贡献,后来的数学家们甚至将阿基米德奉为"数学之神"。美国数学史学家E. T. 贝尔在其1937年出版的《数学人物》一书中列举了有史以来最伟大的三个数学家,第一位就是阿基米德,另外两位是牛顿和高斯。

五 古希腊的史学和文学

在古希腊,除了自然哲学、道德哲学和数学获得显著的发展之外,在史学和文学领域里也有不菲的成绩。

其一,古希腊的史学很发达。在古希腊的史学领域里曾经出现了三位世界历史奠基的史学家:希罗多德、修昔底德和色诺芬。现在西方的史学就起源于古希腊的史学。"history"(历史)这个词就来自古希腊文,它的意思是询问并判断事实真相。

希罗多德(公元前484—前424)出身于希腊殖民地小亚细亚西南哈利卡尔那索斯城的一个贵族家庭。他自幼就勤奋好学,酷爱史诗。成年后因其家族在政治斗争中失利受牵连而遭到放逐,被迫移居萨摩斯岛,随后就开始了他的漫游生活。据说,他的足迹北至黑海北岸,南到埃及最南端,东至两河流域下游一带,西抵意大利半岛和西西里岛。他在游历途中依靠贩卖物品维持生计。所到之处必然要游览历史古迹、考察地理环境、了解风土人情、搜集神话传说和历史故事。后来他移居于意大利南部的图里翁城,写出了一部西方史学的奠基之作——《历史》。这是一部叙述体九卷本史学巨著,内容共有两大部分。书的前半部分讲述黑海北岸的西徐亚人、希腊城邦和波斯帝国的历史、地理、民族和宗教文化，后半部分记载希波战争的经过与结果，所以这本书也叫作《希腊波斯战争史》。该书取材广泛，史料翔实，对史实的组织较为全面，特别是对希腊和波斯的政治、经济和军事的力量对比变化进行了多角度的梳理。通过叙述重大历史事件揭示出其中的因果关系，因此被誉为西方第一部"世界通史"。这部著作的重大意义在于它不仅首创叙述体史学，并且在史学实践中首次运用历史批判方法给后来的史学制定出一些基本规范，因此被看作西方史学上的第一座丰碑，为西方历史编纂学"开辟了一个新时代"，他本人也被尊为"历史之父"。

修昔底德（约公元前460—前400）出身于雅典的贵族家庭，他自幼受到了良好的教育。公元前5世纪的时候，以雅典为首的提洛同盟和以斯巴达为首的伯罗奔尼撒同盟为了争夺在希腊的霸权，在伯罗奔尼撒半岛上发起了战争。这场战争相继打了20多年，即成为世界古代史上著名的"伯罗奔尼撒战争"。战争爆发的时候，修昔底德约30岁，他投身于军旅，约在公元前424年当上雅典"十将军"之一的高官，但后来因"贻误战机"及"有通敌之嫌"而被革职流放。这样的经历使他对战争有了系统的认识，便开始收集整理与战争相关的知识和资料，由此写出了一部《伯罗奔尼撒战争史》。这部战争史共有一百多万字，似乎还没有完稿修昔底德就去世了。后来为这部著作作注释的人将它分为八卷。史家对修昔底德的这部史作评价很高，认为它能够代表希腊古典史学的最高水平，由此奠定了西方政治叙事史的基础和基本模式。特别是将战争的重要史实保留下来了，后来研究古希腊战争史的绝大部分资料就是由这部史学著作提供的。

色诺芬（约公元前444—前354）出身于雅典的平民之家。他是苏格拉底的学生。年轻的时候，他曾参加小居鲁士率领的希腊雇佣军到波斯作战。后来有人告发小居鲁士试图推翻波斯王朝，这支部队便再也得不到希腊王国的支持。在小居鲁士战死之后，其残部由色诺芬率领，因无法返回投靠了斯巴达。在公元前399年苏格拉底被判处死刑的时候，色诺芬也受到了牵连，他被判了终身放逐，由斯巴达人安排在奥林匹亚附近的斯奇卢斯居住。然后他就开始了写作的生活。他先后写下了《远征记》、《回忆苏格拉底》、《苏格拉底的辩护》、《会饮篇》、《斯巴达政体论》、《阿格西拉于斯传》、《经济论》和《希腊史》等作品。其代表作就是《希腊史》。该部著作是修昔底德《伯罗奔尼撒战争史》的接续,公元前 411 年开始写起,止于公元前 362 年。在学界,人们认为色诺芬不是哲学家,他的史学成就也略逊于希罗多德和修昔底德,但还是被尊为"古希腊三大史学家"。

其二,古希腊的文学也有许多精彩的篇章,学界称这个时期的文学为整个西方文学的源头和欧洲文学的第一个高峰。无论是从文学作品的类型还是文学作品的内容来看都非常丰富。如我们耳熟能详的作品有盲诗人荷马的"荷马史诗",教诲诗之父赫西奥德的《工作与时日》和《神谱》,寓言家伊索的《伊索寓言》等都是经典性的文学作品。

古希腊还有三大悲剧作家。悲剧之父埃斯库罗斯有《被缚的普罗米修斯》、《波斯人》、《乞援人》和《阿伽门农》等作品传世。第二位悲剧作家是索福克勒斯,他著有《埃阿斯》、《安提戈涅》、《俄狄浦斯王》、《特拉基斯妇女》、《厄勒克拉特》、《菲罗克忒忒斯》和《俄狄浦斯在克罗诺斯》等作品传世。第三位悲剧作家是欧里庇得斯,他一生共创作了90 多部作品,保留至今的仍有《独目巨人》、《阿尔刻提斯》、《美狄亚》、《大力士的女儿》、《安德洛玛刻》、《希波吕托斯》、《赫卡柏》、《特洛伊妇女》等十八部。

另外,古希腊还有喜剧之父阿里斯托芬,他的喜剧作品传世的有《宴会》、《阿卡奈人》、《骑士》、《云》、《马蜂》、《和平》、《鸟》、《吕西斯特拉塔》等,这些作品不仅在欧洲,并且在整个世界文学发展史上都有着深远的影响。

六 古罗马的文明成就

古罗马的历史通常从公元前 9 世纪初意大利半岛中部兴起文明说起,先后经历了罗马王政时代、罗马共和国时代和罗马帝国时代三个时期。长期以来,罗马人曾先后与迦太基人、腓尼基人、希腊人及其他周边的其他民族发生过无数次的混战。公元前 295 年,罗马人控制了意大利半岛的中部,开始迅速崛起。在随后的百年时间里,罗马人曾先后与腓尼基人和迦太基人进行了三次布匿战争(因为腓尼基人的拉丁语名称叫作布匿克斯,布匿战争因此得名），公元前 146 年，罗马人彻底征服了迦太基人和腓尼基人，并将他们全部沦为奴隶，然后相继攻陷了马其顿、希腊、叙利亚等国，并于公元前 31 年吞并了埃及，逐个地接管了过去由希腊人统治的所有希腊化国家，成为横跨欧洲、亚洲和非洲的庞大帝国。辉煌的希腊化时代结束了，过去由希腊人统治的地中海周边广大地区改为罗马人统治，从此开始了罗马时代。

罗马帝国在凯撒大帝和他的养子屋大维统治时期被称为黄金时代。罗马元老院曾授予屋大维"奥古斯都"和"大元帅"的称号，而屋大维则说他更喜欢成为共和国的"第一公民"（元首），其实这时的罗马共和国已经成为中央集权制的庞大帝国，"元首"本质上是大权独揽的帝王。随后罗马曾有两百多年的稳定期，到 395 年的时候分裂为东、西两个部分。西罗马帝国在 476 年灭亡。而东罗马帝国（即拜占庭帝国）一直延续到1453 年，被奥斯曼帝国所灭。

罗马人对世界文化所作出的最大贡献就是继承和发展了希腊和中东地区的文化成果。在罗马统治时期，他们不仅广泛地吸纳了被统治地区内各民族已有的优秀文化，并且在希腊人卓越的文化基础上又增添了许多新的内容。

古罗马对希腊文化的新发展，就是建立了在当时看来较为完备的法律体系。法律是政治学所有知识的完整体现和集约化组织形式。通过法律的制定，可以让所有的国家公民依据统一的准则来约束自己的行为。

古罗马人对法律的制定和运用堪称古代世界的楷模。早在公元前 5 世纪，他们就颁布了一部《十二铜表法》来管理自己的国家。随着罗马帝国的持续扩张，越来越多的外族和外国事务不断涌入，原有的法律难以适应新形势的需要，于是罗马人又制定出一系列法律条款来治理这个庞大的帝国。他们相继颁布了适用于罗马公民生活的"公民法"、适用于所有人的"自然法"、适用于调节罗马人与其他民族及其国家之间关系的"万国法"等，特别是这部"万国法"后来被人们看作"国际法"的前身。使用法律达到治国的目的，这在人类文明史上是一个巨大的进步。

在古罗马人中也出现了许多伟大的工程师和建筑师。他们建造了许多桥梁、引水管道与河渠，其中有一些建筑设施一直使用到今日。罗马人喜欢观看赛车和角斗，于是就修建了可容纳十多万人同时观赏的竞技场。他

们修建的公共浴室之大也令人惊叹。如卡拉卡拉时期的公共浴室占地 27
英亩，戴克里时期的公共浴室占地 32 英亩。他们的浴室除了能够提供热
水浴、温水浴与冷水浴之外，还设置了休息室、图书馆、花园和锻炼身体
的器械用具，为的就是能在促进身体健康的同时养成健全的头脑。古罗
马的这些大型建筑就是各种知识与技术实际运用的展现。如今我们还可
以看得到的凯旋门、教堂、圆形剧场及运动场等大型建筑，都充分展现
了古罗马人当时所掌握的数学、力学、几何乃至艺术等方面的知识和技
术能力。

　　罗马人除了在法律、政治、城市公共建筑及艺术方面有杰出成就之
外，还在许多知识领域都有成果，但他们所留下的这些成就与古希腊的那
些灿烂文化相比，似乎没有太多的超越性，在这里就不再详述了。

　　上述这些文明成就反映了古希腊、古罗马时代的知识发展及知识组织
的活动状况。我们正是通过知识生产者个人的写作、讲学与创造性活动乃
至遗迹、遗物来展现人类早期的知识组织活动内容。知识的发展就是通过
传播与交流过程逐渐地发扬光大，由一个个小的部分日益发展成规模宏大
的知识组织系统。斯塔夫里阿诺斯就把希腊文化的发展看成一个整体转化
过程。他说："希腊化时代的历史意义在于：它打破了历史上形成的东、
西方各自独立的模型，使它们合二为一。现在，人们首次想到把整个文明
世界当作一个单位——一个高度发达的核心区。起先，埃及人和马其顿人
是以征服者和统治者的身份去东方的，他们强制推行希腊化模式。但是，
在这过程中，他们自己也发生了变化，使随后产生的希腊化文明成为一个
混合物。而不是来自其他地区的移植物。"①

第三节　中世纪的知识发展与知识组织

　　"中世纪"是指欧洲历史上的一个中间时段。过去，我国学者把公元
476 年西罗马帝国的灭亡看作中世纪断代的上限，把 1640 年英国资产阶

---

① ［美］斯塔夫里阿诺斯：《全球通史》，吴象婴、梁赤民译，上海社会科学院出版社 1999
年版，第 226 页。

级革命爆发划为下限，这是一种以革命夺权为标准的划线方法。现在学界不再使用这种断代的下限标准，而出现了两种说法：一是把 15 世纪末的地理大发现作为断代的下限；二是将公元 1453 年拜占庭帝国灭亡作为下限。他们还将中世纪简单化为千年时光，公元 500—1000 年定为前半期，公元 1100—1500 年定为后半期这两个大的段落。他们认为，在第一个 500 年中，古典文化持续衰落，以柏拉图学院为首的所有学校被关闭，埃及最大的亚力山大图书馆被禁毁为标志。在第二个 500 年里，欧洲受到蛮族的入侵，教会神学占据了统治地位，只有教士和修士才能读书识字，思想和文化都受到了教会的控制和禁锢，只有希腊的古典文化在改名为拜占庭帝国的东罗马苟延残喘。

一　中世纪欧洲社会的变迁

欧洲中世纪（公元 476—1453）的历史，通常以公元 476 年西罗马帝国被日耳曼人灭亡为开端。公元 1453 年，土耳其人攻占了君士坦丁堡，东罗马帝国（即拜占庭帝国）也灭亡了。曾经统治地中海周边广大地区的强大的罗马帝国退出了历史舞台。

日耳曼人这个名称，最早在历史书中出现见于公元前 51 年恺撒的《高卢战记》，书中将欧洲中北部的那些语言与习俗相同的部落称为日耳曼人。在公元前的 2000 多年间，日耳曼人一直处于分散的氏族部落社会，被希腊和罗马人称为 "蛮族"。公元前 1 世纪的时候，日耳曼人为了抵抗罗马的征服开始结成部落联盟，从此日耳曼人与罗马人展开了数百年的战争。公元 4 世纪时，东方的匈奴人西侵，出现了民族大迁徙。民族大迁徙的结果导致了罗马古典奴隶制的灭亡，在过去西罗马人统治的版图上出现了许多由日耳曼人建立起来的封建小公国。这些小公国往往都实行封建的采邑制度，欧洲的封建社会由此就拉开了序幕。

在过去的史学著作里，人们说到欧洲的中世纪，普遍称它为 "黑暗时代"。这种看法是由 14 世纪时意大利的学者彼特拉克最先提出的。他认为，自西罗马帝国陷落之后，欧洲再没有一个强有力的政权来统治。封建割据带来频繁的战争，造成科技和生产力发展的停滞，人民生活在毫无希望的痛苦中，没有出现他值得研究的新知识。还有许多学者也很赞同他的看法，普遍认为此时的欧洲发展缓慢，科学和哲学都变成神学的婢女，因受宗教的禁锢没有大的发展。那些教父哲学、经院哲学都是为宣传宗教服务的僵化教条，提出科学新见解的学者都被当作"异端"受到了宗教的残酷迫害，黑死病席卷欧洲，禁欲主义普遍流行，古希腊时代的知识成果不仅没能得到较好的继承，并且还在被宗教权威们歪曲和庸俗化之后专门为神学服务。类似于这样的批评很多，因此使欧洲中世纪的研究十分冷落。直到 20 世纪后半期，这种认识才得到了改观。

美国学者朱迪斯·M. 本内特和霍利斯特所著的《欧洲中世纪史》一书中说，过去曾经被我们认为是在愚昧的教士主宰之下的"黑暗时代"，"半梦半醒的一千年"，由 20 世纪的史学家们终结了这一神话。在他们的书中就对欧洲中世纪提出了新的认识，让读者也看到了中世纪的光明与活力。他们认为，正是在中世纪，真正意义上的城市才开始诞生，作为一个新兴阶层和专业人员的知识分子队伍开始形成，城市商业和工业开始繁荣，并实现了劳动分工，这些专业劳动者也开始在城市里安家落户。作者还将中世纪史分为早期（500—1000）、中期（1000—1300）和晚期（1300—1500）三个阶段。在第一阶段，罗马皇帝皈依了基督教之后，古典文化与基督教文化及日耳曼文化相融合，促成了欧洲的诞生。第二阶级是中世纪的盛期，经济起飞—城市兴起—政治文教发达，300 年间精彩迭现。第三阶段两百年，教廷分裂，英法百年征战，哀鸿遍野，疫病流行，一片颓败之势。然而，在瘟疫过后，欧洲文化重新又焕发生机，宗教革新，文艺复兴，科学革命，"理性时代"的近代欧洲呼之欲出。他们还在书中把当年罗马帝国统治过的辽阔大地划分成为三种后续的文明：西欧文明、拜占庭文明和伊斯兰文明，让我们在这些文明地带里也看到了知识河流的涌动。

二　基督教的诞生与发展

基督教在中世纪之前的公元 1 世纪时就诞生了。基督教的产生是世界史上的大事，它不仅逐渐发展成世界上传播最广、信众最多的三大宗教之一，而且对欧洲乃至世界上众多国家社会的发展变化都产生了巨大的影响。

据基督教经典称，基督教的创始人是巴勒斯坦北部的希伯来人（即如今的犹太人）耶稣。他是上帝的独生子，因圣灵感孕，由童贞女玛丽娅所生。他的神灵非常大，能让瞎子复明，跛子走路，死人复活。但是，因为犹太公会不满耶稣基督自称为上帝的独生子和唯一的救世主，就把他交给罗马统治者，被钉死在十字架上。他死后的第三天却复活了，显现于门徒当中，复活第 40 天后就升天了。耶稣宣称，当世界末日时他还会降临人间，拯救人类，审判世界。初期的基督教领袖都是耶稣的"使徒"，他们自认为是奉遣差的使者。他们自行组织起来宣讲教义，这个组织就是后来的教会。基督教经典包括《旧约》和《新约》的《圣经》，其中所记述的内容都被称为"上帝的启示"和"永恒的真理"，它是基督徒信仰的总纲领和处世信条。

在基督教兴起之初的 300 多年间，罗马帝国将其作为一种异教来禁止，基督教信徒多数都受到了残酷的迫害，甚至被处死，所以信徒较少，并没有产生多大的影响力。公元 4 世纪初期，罗马帝国皇帝君士坦丁皈依了基督教，并在公元 313 年颁布了《米兰敕令》。根据这部敕令，基督教成为一种合法的、自由的宗教，因为得到了国王的保护从此强大起来。到 392 年时，罗马皇帝迪奥多西一世下令将基督教定为罗马帝国的国教，并将基督教之外的各种教派定为异端，一律取缔，由此使基督教获得了重要的地位，信徒迅猛增加，几乎成为西方人大多数的精神主宰。不过，在君士坦丁大帝迁都到东部的拜占庭（定都后改名为君士坦丁堡）之后，基督教也随着罗马帝国的分裂逐渐形成了西派和东派两大分支。西派以罗马为中心，拉丁语系信徒较多，后来演化成天主教。东派以君士坦丁堡为中心，希腊语系信徒较多。1054 年，东西两派正式分裂，东派自称正教，即东正教。西派自称公教或称天主教，并确立起天主教会与教皇制度。到 16 世纪经过宗教改革之后，在天主教中又分化出了新教，使基督教分化成东正教、天主教和新教这三大教派。以天主教为主的西派在 5—10 世纪的欧洲具有实际领导地位，成为欧洲人主要的精神支柱。梵蒂冈在拉丁语中意为"先知之地"，成为天主教的圣地，教皇是最高的权威。

1096—1291 年，罗马教皇声称，要从东部的异教徒穆斯林手中夺回圣地耶路撒冷，便组织起了以红十字为标志的十字军，在近 200 年的时间里先后发起八次东征。十字军曾经也占领了一些据点，建立起耶路撒冷王国和巴尔干半岛上的拉丁王国，但到后来又失守了。1291 年，最后的据点阿克城失守，标志着十字军东征的彻底失败。东征期间，几十万十字军死于战场，给地中海沿岸国家带来了深重的灾难，却为罗马教廷和封建主掠取了大量的财富。十字军东征的另一个副产品，就是让欧洲人在阿拉伯国家看到了东方的文明生活，从而推动了商业和手工业的发展，使欧洲人开始大量搜求古希腊、罗马与阿拉伯人的著作进行翻译和研究，由此萌发了文艺复兴运动。

基督教之所以能得到广泛发展，是因为它摒弃了过去犹太人的排外习俗，使所有教徒都秉持耶稣及其门徒的教诲，不分种族、文化、贫富、贵贱、男女，彼此以兄弟姐妹相称相待，由此形成"普世福音"。据布罗代尔在《文明史纲》中介绍，基督教会为了能够战胜其他的宗教势力，吸引更多的人加入基督教，曾经使用各种各样的武器，如教育、传教、世俗的权力、艺术、宗教戏剧、神迹以及在民间流行的对圣人的崇拜来扩大影响。特别是组织举办宗教会议来解决基督教发展过程中的各种问题。曾通过 325 年的尼西亚会议、381 年的君士坦丁堡会议、431 年的以弗所会议、451 年的卡尔西登会议等这几次大型会议来讨论教条的修订、基督教神学根基的界定乃至基督教教徒行为规则的设置等重要问题，逐渐建立起一整套教阶制度。这样，就使基督教的信徒越来越多，势力越来越大。基督教中的教父甚至能与罗马的皇帝平分秋色。他们认为皇帝们管理的是国家的事务，国家的事务属于世俗事务，而基督教的事务则属于精神事务。对这种"精神事务"的持续探索便形成了一种系统的学说，后来被称为"神学"。

三 中世纪的神学与经院哲学

在中世纪的欧洲，居于主流地位的知识是神学。神学甚至被说成是其他学科的"王冠"。所谓"神学"，通常是指以神为研究对象的各种学说。在神学中，以研究上帝这一对象的基督教知识又居于支配地位。其实，在基督教产生之前，"神学"这个概念就已经在柏拉图的著作里出现了。古代希腊是个多神教国家，许多学者都相信有神存在。但是，当时的神并不只是上帝，他们所崇拜的男人、女人或猛兽都可以成为神。基督教产生之后，主张一神论，只信仰圣父、圣子、圣灵三位一体的上帝。以《圣经》为教义，以十字架为标志，以上帝创世说、原罪救赎说和天堂地狱说作为核心理论。

有人把基督教的发展分信徒时代、教父时代、中古世纪、宗教改革之后到现代这四个大的阶段。神学就是在教父时代发展起来的。所谓的"教父"就是基督教初期的领袖，他们有的是思想家，有的是护教者，有的是殉道者。教父们的思想被称作"教父哲学"。后来天主教教会运用这些学说来训练神职人员，在他们所设置的经院中进行讲授，又发展成经院哲学。

基督教在教父哲学的引导下不仅使信徒的数量得到了快速的发展，并且在精神上征服了罗马人。基督教获取胜利的标志就是公元 313 年使罗马皇帝君士坦丁所颁布的米兰诏谕，即下令禁止迫害基督教徒，使基督教成为受到罗马帝国保护并拥有特权的宗教，基督教教徒也成了罗马社会的"模范公民"。

在教父时代里，基督教中出现了几位杰出的神学家。较早的神学家是德尔图良（也译为特图里安、特土良，公元 150—230），他也被称为著名哲学家。他是一位罗马百夫长的儿子，出生在罗马在北非的行省迦太基。他在那里接受了良好的教育，系统地学习了法律、哲学、历史和医学等方面的知识，曾到罗马当过律师。德尔图良在中年的时候皈依了基督教，便抛弃了异教徒的享乐生活回到迦太基，写出了大量的护教作品。他在书中对罪恶进行严厉的斥责，并让有罪的异教徒们死后遭受各种痛苦。他还提出了三位一体的教义。这种教义后来成了神学的理论基础。他为了传播和发展基督教，曾经写下了《护教学》、《灵魂的见证》、《驳帕克西亚》和《反马吉安论》等重要著作。因为这些著作都是用拉丁语写成的，所以，他被誉为拉丁西宗教父和神学鼻祖之一。

圣奥古斯丁（354—430）被称为欧洲中世纪基督教神学和教父哲学的重要代表。他生于北非塔加斯特城附近的一个小镇上，父亲是一名异教徒，母亲是一名虔诚的基督教徒。早年他在迦太基求学，后来在塔加斯特、迦太基、罗马、米兰等地教授语法和修辞。在青年时代，他生活极为放荡，17 岁时就与情妇生下了私生子。但他却有很强的求知欲，曾一度信奉摩尼教的深奥哲理，其中的善恶二元对立学说成为他经常思考的重要问题。后来通过阅读新柏拉图学派的著作，特别是受到了米兰大主教安布罗斯布道的影响，他在33岁时放弃了摩尼教皈依了基督教。基督教的教义中提倡人们应该过圣洁的生活，新柏拉图主义崇尚精神，蔑视肉体，主张上帝是世界万物的源泉和归宿，圣奥古斯丁在接受了这些思想的影响之后，使他对自己以前的放荡生活有所醒悟，便抛弃情人开始过清心寡欲的修道士生活。388年他辞去在罗马的教师职业返回北非，专心服务于基督教事务。391年升为神父，396年升为北非希波地区的主教，直至430年逝世。在这期间，他著书立说，写下了《忏悔录》、《论自由意志》、《独语录》、《上帝之城》、《论真宗教》、《教义手册》、《论三位一体》等阐述和传播教义的大量作品。他在著作中不仅讨论了原罪论、自由意志论、神恩论和预定论等神学和哲学问题，并且也涉及真理、知识、学习、幸福、爱诸方面的认识。他认为热爱上帝是最高的美德，要把自己赤裸裸地暴露在上帝面前，和自己作斗争，通过忏悔和反省接近上帝，从而达到至善。他还主张教权与俗权分立，宣称在精神事务方面，教会对包括国王在内的全体教徒拥有审判权。他认为国王"在教会之内，不在教会之上"，国王的权力可以支配教会的财产，但不能干涉教会的事务，"宫殿属于国王，教堂属于主教"，由此为中世纪经院哲学的神权政治论奠定了理论基础，也使基督教神学成为一种系统的思想体系。

自公元9世纪开始，亚里士多德哲学与阿拉伯哲学传入西欧，查理曼帝国的宫廷学校和基督教的教会学院中产生了一种哲学思潮，人们喜欢运用理性形式，通过抽象的、烦琐的辩证方法来论证基督教信仰。因为这些人主要是教师和学者，当时被称为经院学者（经师），所以他们的思想就被称为经院哲学。基督教会为了同当时基督教徒中出现的各种异端思想作斗争，神职人员就努力维护基督教的信仰，对历史上的流传下来的各种神学知识进行收集和整理，来充实和完善基督教的教义，由此产生了一批以辩证方法论证神学信条的著作，其中最著名的是12世纪上半叶伦巴德人彼得编纂的《四书》。不久，这部4卷本著作就被当作中世纪后期的神学教科书。

在13世纪后期，经院哲学中出现了一位最有影响力的哲学家和神学家，他就是意大利的托马斯·阿奎那，他不仅改善了经院哲学的贫乏苍白，并且在欧洲古代哲学史上也产生了一定的影响力。

托马斯·阿奎那（约 1225—1274）出生在意大利南部阿奎那城堡的一个贵族家里，他自幼就受到了良好的教育，先在那不勒斯大学学习哲学、雄辩学、逻辑学和拉丁语法。1244 年加入多明我会，随后又到巴黎大学深造，并在那里获得了博士学位。自 1257 年起他开始在巴黎大学教授神学，并被罗马教廷任命为神学顾问与讲师。阿奎那在讲学与传教的过程中，把宣教与学术研究结合起来，写下了许多的训诫、问答集和授课笔记，并开始撰写他的代表作《神学大全》。教会曾为他提供过那不勒斯大主教和卡西诺山修道院院长的职位，都被他谢绝了。由于频繁地旅行和讲学，他的健康越来越糟糕，1274 年他在赴里昂大公会议的旅途中去世，享年 50 岁。

可能阿奎那自己生前也不曾料到，他在死后竟会得到不少圣名。1323 年，他被罗马教皇若望二十二世封为圣人。这件事距他去世已经过了半个世纪。1567 年，教宗比约五世封他为圣师。这次受封距他去世已近 300 年。1879 年，教宗良十三世又封他为"天使博士"。这次受封距他去世已 600 年。他之所以能在身后得到这些殊荣，主要是通过他在著作中为天主教会的神学理论作出了巨大的贡献。阿奎那一生共写下 18 部作品，其中的《神学大全》、《哲学大全》和《论存在和本质》等被看作集基督教思想之大成的不朽之作，可见其在知识的收集、组织与创造方面的非凡能力。

《神学大全》被称为基督教的百科全书。在这本书中，他系统地阐述了哲学与宗教、理性与信仰的关系问题。他认为，理性思辨是人的智能活动，人对外界的认识来自视觉、听觉、嗅觉、味觉、触觉等感觉经验，由感觉组合成统一的记忆，由记忆组合成感官经验，对各种经验进行归纳，进入理性思辨，然后从中得到关于外部世界的知识。人虽然有罪，而人性天生向善，人能通过对世界的认识而认识上帝。他以理性的名义提出了上帝存在的五种论证。他强调，神学可凭借哲学的认识方法去认识神，但神学高于哲学，哲学是神的婢女。他的著作涉及了多个思想领域，对于当时的各种意见分歧，他不走极端，往往采取中间路线来解决。他还将亚里士多德的哲学、托勒密的天文学和基督教神学思想成功地融合在一起，使之成为适宜于教会需要的神学理论体系。所以，他的这部著作获得了深远的影响力，被定为天主教的官方哲学。他的神学思想也成为天主教长期以来进行理论研究的根据。庞大的经院哲学体系就是根据他的理论框架逐渐组织起来的。在后期的经院哲学中，人们把神学看成一种"关于神圣知识的领域"，一门思辨性的、理论性的科学，甚至有人还把它称为"实践科学"。他的哲学与神学思想直到如今仍然在神学领域里占据着重要地位。

四 中世纪的知识组织方式

在中世纪的千余年间，由于基督教会势力的强势发展，知识界和教育界几乎都被教会所垄断。教士成为主要的知识组织者和传播者。自西罗马帝国灭亡之后，古希腊和罗马经办的各种文化教育机构已经荡然无存，代之而起就是由基督教会经办的那些修道院和教会学校，其中设置的教学内容当然就以神学为主，这就是我们之所以讨论神学的原因。

在教会所办的学校中，教师通常由神职人员担任。他们有权决定学生们学习什么知识、不学习什么知识。学生被分为两种：一种是准备充当僧侣的儿童，称为内生，意味着自愿献身者；另一种是不准备充当僧侣者，称为外生，意味着是外来者。内生受到优待，学习内容除了学习神学和读写算之外，还学习拉丁文法，为学生们未来进入上层社会做准备。而外生则不受重视，只教授教义基本知识和读写算基本知识，称为外学，让学生们在以后的社会性劳动中使用。

如前所述，神学的主要内容是关于上帝和如何信奉上帝的知识，这些内容与当时多样化的社会生活并没有多少关系。到 12 世纪的时候，城市中新兴的市民阶层已经认识到教会学校讲授的神学知识没有实际用途，开始自办世俗学校。世俗学校也分为两类：一类是手工业行会经办的行会学校；另一类是商人联合会经办的商业学校。在这些世俗学校中，学生既可以选择学习读、写、算等与日常生活相关的知识，也可以学习拉丁文法为日后的商业活动和社会事务管理做准备。因为世俗学校培养出来的都是实用人才，很受民众的欢迎，同时也能得到政府的支持，所以私人办学的风气就逐渐流行开来。直到 15 世纪以后，这些世俗学校教育才逐渐摆脱了教会的控制和排挤，终于打破了由教会垄断教育、垄断知识的一统天下。

公元 7 世纪的时候，在欧洲的知识组织史上开出了一朵耀眼的奇葩，它就是由西班牙主教伊西多尔（570—636）编纂而成的《词源》（又译作《词源学》、《语源》等）。这是一部搜集、汇聚了当时拉丁西方各类知识的集成之作，被认为是早期的"百科全书"，对中世纪整个西方的历史文化都有重大影响。伊西多尔出生于西班牙长第根纳的贵族家庭。幼年时父母双亡，由其兄、姐培养成人，后来成为一名修道士。在公元600年前后，他接替了兄长林德在塞维尔地区的主教职位，在此任职36年，成为本地最有影响的主教。任职期间，他创办了一所规模较大的教会学校来培养神职人员，并在他主持召开的多次宗教会议上积极倡导在各地举办学校，对于师资培养和课程设置都做出了系统的组织。他一生著述甚丰，但多数是神学著作，对西班牙乃至西方文化教育贡献最大的著作就是这部《词源》。全书共有20卷，分为5个部分，涉及神学、文法、修辞学、辩证法、算术、几何、天文、音乐、医学、史学，文学、政治及社会生活的各个方面，并且把搜罗到的这些知识都进行了详细的分类组织，安排在20个部类中分卷编写。由于工程浩大，以至于在他的生前没能完成。《词源》问世之后，在此后的几百年间，一直是西欧各修道院学校和主教学校课程中最有权威性的教科书之一，也成为中世纪欧洲的学者了解各类知识的重要工具书。他去世后，西班牙的托力多会议决定尊他为"优秀的圣师、公教会的新光荣"。1722年又被罗马教皇英诺森十三世追封为"圣徒"，但是，由于作者是一位神学家和主教，书中必然存在着许多宗教偏见，并在编纂过程中对古代不同时期的作品按照神学需要进行特意的剪裁或切割。

中世纪的学校教育知识科目组织方式，沿袭了古希腊柏拉图的七艺之学。但受教会和神学的影响，七艺也被涂抹上了浓重的神学色彩，他们将七艺比附为智慧的七根支柱、七大行星和七项德行。基督教教义认为，人应具备"勇敢、正义、智慧、节制、信仰、希望和博爱"这七种德行；与之相应的是七项圣事：浸洗礼、坚振礼、圣餐礼、告解礼、圣职礼、婚配礼和终敷礼；还指定了七艺的七个宗师人物：文法宗师普里西安、修辞宗师西塞罗、辩证法宗师亚里士多德、算术宗师毕达哥拉斯、几何宗师欧几里得、天文学宗师托勒密、音乐宗师毕达哥拉斯或者图巴该隐。直到819年，莫鲁斯主教在《牧师教育》一书中才对七艺的学科性质作出了新的解释说，文法既是一门科学，也是一门艺术，它能使人学会解释诗人和历史学家的作品，正确地写作和说话；修辞是日常生活中有效地利用世俗谈话的艺术；辩证法是理解的科学，它使我们能很好地思考、下定义、作解释和区别真假；算术是可以用数字测定的抽象广延的科学，是数的科学；几何学可以解释我们所观察到的各种形式，也是哲学家常用的一种论证方式；音乐是关于音调中被感觉的音程的科学；天文学能说明天穹中星体的法则。但在这个知识组织体系中，神学则处于主导的地位。莫鲁斯强调，在修道院中首要的任务是学习基督教教义和《圣经》，七艺既是为学习神学做准备的，也是为神学服务的。

五　大学的诞生

大学的诞生是人类知识组织史上的大事。因为大学是人类知识组织的集散地与中转站。大学教师既是知识的搜集、组织和传播者，同时也是知识的生产者和服务者。研究大学的专家在探讨大学的渊源时往往从古代中国、古希腊和罗马大学的萌芽时代说起，而现代意义上的大学则从中世纪的中期说起。"大学"（University）这个概念源于拉丁文 Uni-versitas，意思是"总和"与"联合"，表明它是一种由教师组织与学生组织之间的联合团体，于是，大学就成了知识的汇聚之地。自有了大学这样的知识组织，我们就可以见到知识研究与传播的系统化、学术化、学科专业化、规模化和精确化的曙光。

在中世纪后期，随着封建制度在欧洲的确立，生产力得到了大的发展，为了夺回穆斯林占领的原基督教圣地耶路撒冷，欧洲教会与封建主结合起来，先后向地中海地区发动了八次"十字军东征"。这些战争并没有取得军事上的胜利，却在扩展东西方贸易往来的同时扩展了东西方之间的思想文化交流。公元 11 世纪之后，欧洲一些工商业发展较快的城市首先现出了大学。

大学在欧洲出现的时候，只是一种知识分子的相互联结的社会团体。因此，人们在讨论大学创立的时候，往往产生争议，如世界上现代意义的大学是何时形成的？哪所大学占据世界第一？类似于这样的问题，研究者的说法不一样，很难得到准确的定论。因为，"最初的大学不是由教育主管部门批准建立的，而是自发形成的。中世纪的世俗大学是市民阶级的产物，它们在城市与行会组织获得发展的条件下形成。当时大学的开放性是今天无法比拟的，因为它们没有校园，没有校舍，没有图书馆，没有固定的上课地点。学生们一般是在租赁的教室里上课，流动性很大"。[①] 这里仅选择几所出现较早的大学，来看看当时大学初创与知识科目设置的大致情况。

1088 年，意大利北部工商业最发达的博洛尼亚城最先出现了大学——博洛尼亚大学（又译波隆纳大学、博罗尼亚大学）。这是目前学界公认的欧洲历史最悠久的大学。它起源于学习罗马民法和教会法的学生组织，由法学、文学和医学三个专科学校合并组成。第一个法律学院于 11 世纪末在博洛尼亚出现了，创办者是依内里奥。这个学校以法学昌盛而著称。它汇聚了西欧各地的许多知名学者，也吸引了欧洲各地更多前来求学的学子。学校由学生自行组织管理，他们自己聘请教师授课，自己支付工资。那些学识不足、教学态度恶劣的老师便会很快遭到解雇。这种教学组织模式，后来就在欧洲流行开来，所以博洛尼亚大学被人们称为"大学之母"。

法国创办的巴黎大学，其历史最早可追溯到 9 世纪的巴黎圣母院。因为它是在 1180 年由法皇路易七世正式授予其"大学"称号而命名为大学的，所以它与意大利的博洛尼亚大学并称为世界最古老的大学，也被誉为"欧洲大学之母"。巴黎大学的办学特点与博洛尼亚大学不同，它是由以教师为主体的行会组织联结而成，在巴黎圣母院教堂学校的基础上发展起来的。教师组织不仅有权选择教学人员，并且还创建了地方性的学校法庭，负责审理有关师生之间出现的案件。巴黎大学以经院哲学和文艺学的昌盛而著称，后来发展成欧洲的神学研究中心，神学和宗教事务方面的权威人士大多都出自这里。

博洛尼亚大学和巴黎大学的创办模式，后来就成为欧洲各主要大学创建的模板。

1167 年，英国创办了牛津大学。在此之前，英国的学生都要到法国的巴黎大学去求学。后来因为英法两国出现了矛盾，英王亨利二世便在 1167 年下令，召回英国在法国求学的学生。当时亨利二世把他的一

---

① 孙铁主编：《影响世界历史 100 事件》，线装书局 2004 年版，第 146 页。

个宫殿建在牛津，学者们为取得国王的保护，回国后就聚集在牛津，将这里发展成英国经院哲学教学和研究的中心，当时的人们把这里称为"总学"。最初设置的科系有神学、法律、医学和艺术，也有自然哲学和伦理学等方面的课程。这就是初期的牛津大学。后来牛津大学逐渐发展成一所世界著名大学。英国许多著名的科学家、作家、政治家都出自这所大学。

1209 年，牛津大学的学生和牛津镇上的居民间发生了一场严重的冲突，学校一度被解散。这个事件导致了部分教师和学生离开牛津来到了剑桥镇，与在这里讲学的教士们一起创立了英国的另一所大学——剑桥大学。

到 13 世纪末叶，欧洲的大学已增加到 20 多所，这些都属于早期的大学。中世纪大学的组织方式通常按学科分设学院。主要的有文学院、法学院、医学院和神学院等。由于这些大学仍受教会控制，宗教的气氛浓厚，所以神学院的地位最高，文学院通常为预科性质。学生通常具有教士身份，学科内容仍是七艺，却在七艺的前面增加了"自由"的含义，叫作"自由七艺"。讲授的课程多是文法、修辞、逻辑、数学、几何、天文、音乐这几类知识。修业年限通常为 5 年或 7 年。前几年学习方法、修辞和逻辑，通过考试可获得学士学位。再花费几年时间学习算术、几何、天文和音乐，可获得硕士学位。早期的大学学生多数是成年的富人子弟、商人和神父等。由于在当时的大学中宗教势力大于世俗权力，大学中仍然要求学生遵守宗教教义，甚至还出现了以反对异端为主旨而建立的托钵行乞修道士的修会。但在办学理念上却有一些现代意味。如学校自治、学术自由、校内民主、教授治校及开放性办学等提法，直到如今这些也仍然是大学所追求的办学精神和办学目标。

第四节　阿拉伯文化与知识交流

阿拉伯文化是一个多元化综合体系，包括阿拉伯民族原生文化、伊斯兰文化和外来文化等多种成分，其中以伊斯兰文化为主体。无论是在古老的文明开端时代，还是在中世纪和近代，阿拉伯文化都曾在东方文化和西方文化交流中起过桥梁和纽带的重要作用。

美国著名历史学家斯塔夫里阿诺斯指出，从公元 600 年到 1000 年的这几个世纪里，伊斯兰教的出现，是亚欧及世界史上的一个重要转折点。他认为穆斯林军队的征服与千年之前的亚历山大大帝的征服很相似，它使中东地区再度获得了统一。伴随着军事征服的是阿拉伯文化的大扩展。"尽管被征服的地区曾是人类最古老的文明中心，然而，到 11 世纪时，它们语言上已阿拉伯化，文化上已伊斯兰教化。阿拉伯语成为从波斯到大西洋广大地区的日常用语，新出现的伊斯兰教文明是前犹太教文明、波斯—美索不达米亚文明和希腊—罗马文明的独创的综合体。"① 这就是说，阿拉伯文化并不只是阿拉伯民族所信仰的伊斯兰教独自创造的文明，它还包括了全世界的穆斯林文化成就，也代表着全世界中古时期及其之前东西方文化交流与会通的所有成就。

一　伊斯兰文化

伊斯兰文化是随着伊斯兰教的诞生和传播发展起来的。公元 7 世纪以前，阿拉伯半岛上的居民还处在游牧部落阶段，后来就是通过穆罕默德所创立的伊斯兰教走向了统一。伊斯兰教的神奇就在于它在不长时间内就将分散的阿拉伯人凝聚起来，让他们走出阿拉伯半岛，建立了一个横跨亚、非、欧三大洲的阿拉伯大帝国，迅速成长为"整个中世纪高举文明火炬的人物"。

伊斯兰教创立于公元 610 年，它的创始人是穆罕默德。他大约出生于公元 570 年，是一位麦加商人的遗腹子。穆罕默德 6 岁的时候，他的母亲也去世了，从此他过着漂泊无定的生活，曾经跟着经商的伯父游历过许多地方，使他增长了许多见识。苦难的生活经历使他对阿拉伯人民的痛苦有着感同身受的体验，他了解他们渴望平安和顺生活的愿望。穆罕默德曾听说过许多神话故事，又接触到了犹太教和基督教。这些神话和教义使他常常陷入苦思冥想之中，他创立新教的思想日益成熟。

---

① ［美］斯塔夫里阿诺斯：《全球通史》，吴象婴、梁赤民译，上海社会科学院出版社 1999年版，第 351 页。

据说穆罕默德在 40 岁时，有天夜间他在麦加城附近希拉山的一个山洞里熟睡，突然被真主安拉派的大天使哲布勒伊叫醒了，天使送给他"一卷盖满印迹的布书，命令他好好阅读"。就这样，穆罕默德受到了神的启示，从此成了真主安拉的使者，以"先知"的身份开始传教，伊斯兰教也就这样创立了起来。

"伊斯兰"这个词的意思是"顺从"。信奉伊斯兰教的人统称为"穆斯林"，意为"顺从者"。穆罕默德说，宇宙间只有一个神，就是"安拉"。人只有活着的时候顺从安拉，死后才能进入天堂，否则就会被打入地狱。他是安拉的第一个信徒，所以就是信徒的先知，服从先知就是服从安拉。在此后 23 年的传教过程中，他陆续宣布"安拉启示"，这些启示后来被汇集为《古兰经》。《古兰经》也就成了伊斯兰教的经典文献。

《古兰经》中有五大信仰和五项义务，构成了伊斯兰教的基本教义。伊斯兰教在传播的初期困难很多，只有少数的穷人入教。穆罕默德及其信徒在传教的过程中，给教徒们提出了为人行善、救济贫困、买卖公平、照顾孤寡老人等一系列的做人准则，对于偷盗和欺诈等犯罪行为也制定了严厉的惩罚办法，因此就吸引了越来越多的人入教，如后来周边的许多游牧部落也加入伊斯兰教，被宗教信仰说服了的穆斯林聚集在"先知"的旗帜下，于公元 630 年在阿拉伯半岛建立起了一个伊斯兰教神权国家。

穆罕默德在去世前基本上统一了阿拉伯半岛上的各个部落，他的继承人被称为哈理发。后继的哈理发们持续开展大规模的征服战争，经过长年的扩张，将阿拉伯帝国的领土扩展到亚、非、欧三个大洲，在亚洲的东方，边界已经接近中国大唐王朝的国界。后来又利用独桅三角帆船和水手，从沙漠走出海港，使他们的三角帆船穿梭于地中海、红海、波斯湾、里海和印度洋，让伊斯兰的绿色旗帜飘荡到了地中海周边的许多国家，如埃及、叙利亚、波斯和西班牙等地，使其都成了伊斯兰教的势力范围。在东边的印度和中国也有了许多伊斯兰信徒。在公元 8—12 世纪时，伊斯兰教进入鼎盛时代，发展为世界三大宗教之一。

穆罕默德崇尚知识，把知识当作伊斯兰教的生命。《古兰经》中说："愚昧是最卑贱的贫穷；智慧是最宝贵的财富；骄傲是最令人难受的孤独。"这些教义极大地鼓舞了广大穆斯林求知的兴趣，使穆斯林坚持走"求学自摇篮到坟墓"的人生道路，从此他们就将征战、贸易、旅行和求知结合在一起，沿着海陆交通线到达了世界各地。后世的许多评论家都认为穆罕默德是对人类历史发展影响最大的人之一。英国文学家萧伯纳说，穆罕默德的教训如明灯一般，照耀了 1200 多年，创始了以两亿人能以生死赴之的宗教。德国诗人歌德说，穆罕默德确实是一位智者和能言善辩者。

随着阿拉伯人的不断扩张，同时也把伊斯兰教传播到了世界各地。阿拉伯帝国在被征服的土地上大力推行阿拉伯化和伊斯兰化的各项政策，致使新征服地区的民族成分、宗教信仰和文化教育都发生了巨大的变化，以至于形成了伊斯兰文化。

伊斯兰文化的主要内容由四大部分组成：其一是由自然哲学、宗教哲学、逻辑学和伦理学相融合的哲学体系；其二是由数学、天文学、医学、化学和物理学相融合的自然科学体系；其三是由历史学、地理学、语言学、文学和艺术相融合的人文学科体系；其四是由古兰经学、经注学、圣训学、凯拉姆学、教法学和诵经学相融合的宗教学科体系。由于这些文化知识体系是使用阿拉伯语创作出来，并带着浓郁的伊斯兰教色彩，因此又被称为"阿拉伯—伊斯兰文化"。它与中国文化、印度文化、希腊—罗马文化并称为古代四大文化体系，这四大文化体系在世界文化史上都占有突出的地位。

阿拉伯文明在阿拔斯王朝时开始进入鼎盛期。阿拔斯王朝（750—1258）由艾布·阿巴斯（722—754）在公元 750 年创建，公元 762 年将都城由大马士革迁往巴格达。此时距伊斯兰教产生已逾百年，大规模的征服战争基本结束，政治安定，经济发展，对外贸易十分繁荣。国内的主要城市商旅云集，阿拉伯商人的足迹遍及亚、非、欧三大洲。随着商贸活动的广泛开展，伊斯兰文化也得到了蓬勃发展，学界称此时为穆斯林的"黄金时代"。

在这个时期里，阿拉伯帝国大力发展文化教育，在各地修建清真寺，并在清真寺内设置学校和图书馆，使知识的交流与传播出现了前所未有的繁荣景象，在数学、天文学、医学、物理学、化学、建筑学、文学、地理等领域都取得了巨大成就。穆斯林人才辈出，各个知识领域都有丰富的研究成果出现。

二 阿拉伯的翻译运动

阿拉伯的翻译运动初始于倭马亚（又译为伍麦叶，在中国古籍中被称为白衣大食）王朝时，有人从古叙利亚语翻译史学、医学和文学的典籍。但当时的翻译多是出于个人的学术喜好，未能形成大的气势。到阿拔斯王朝时，翻译受到了政府的鼓励和资助，以至于形成"运动"。

阿拔斯王朝的第七任哈里发马蒙（786—833）是一位学者式帝王，他对学问有特别浓厚的兴趣。他在位期间，大力发展文化教育，热心参与各种学术活动。公元 830 年，马蒙在被称为"智慧之城"的巴格达修建了一座"智慧宫"，其中配置了一个图书馆、一个翻译馆，还有两个天文台，作为学术研究和翻译国外文献的专门机构。他网罗各地不同信仰、不同语言的著名学者，先后翻译了古希腊、罗马、波斯和印度的哲学及自然科学等古典著作 100 多种，并在翻译的同时还做了大量考证、勘误、增补、注释和评论等项研究工作。为了鼓励翻译活动，他给翻译者支付高额的稿酬。据说，他曾为翻译家侯奈因·伊本·易司哈格支付了与译著重量相等的黄金作为酬劳。在他的推动下，阿拉伯的翻译活动得到了突飞猛进的发展，后来甚至出现了持续百年以上的"翻译运动"，极大地促进了伊斯兰文化的繁荣和发展。

阿拉伯人的图书馆建设在当时世界也居于前列。他们把传播伊斯兰教与传播知识放在同等重要的地位上。在许多清真寺的内部都设有图书馆和学校。人们把购买与收藏图书看作与财富积累那样有价值。在阿拉伯强盛时代，都城巴格达有上百家书商，富裕之家都有自己的藏书。最典型的图书收藏家是哈理发哈康二世（961—976 年在位），据说他拥有一个收藏了 40 万份手稿并带着 44 卷目录的图书馆。他曾多次派遣使者到埃及、波斯、叙利亚、希腊乃至中国等地广泛购买新问世的图书。在交通不便的时代，搜求图书的困难是难以想象的，可是，在都城巴格达竟然出现了 30 多家公共图书馆。在当时的社会条件下像这样重视知识的组织与传播，使我们如今的人也感到自愧不如。

三　阿拉伯文化的继承性与创新性

阿拉伯帝国在向世界扩张的过程中，一方面将伊斯兰文化传播到世界各地，另一方面又广泛吸纳各地的优秀文化，特别是古埃及、两河流域、古希腊—罗马文化，并且还在整理、传承这些古老文化的基础上加以创新和发展。特别是在阿拉伯帝国的强盛时代，知识领域里人才辈出，著作纷呈，使阿拉伯文化在多个学科领域里都呈现出奇异的色彩。

阿拉伯人有突出的数学成就，在阿拉伯帝国的强盛时代，数学已经发展为独立学科。阿拉伯人不仅将印度人发明的 10 个数字和十进位制加以运用和推广，使之成为人类知识领域最常用的计算方法，并且还创造了诸如代数、已知数、未知数、根、有理数、无理数等新的数学专用概念，提出了用圆锥曲线图解求根的理论，建立了平面三角形和球面三角形知识体系，设计出了精确和完整的三角函数表。自公元 9 世纪开始，阿拉伯数学成为世界数学先进代表。著名数学家花拉子密的名著《还原与对象的科学》、穆罕默德·伊本·穆萨的著作《积分和方程计算法》、奥玛尔·海亚姆的《代数问题的论证》等数学专著都代表着当时世界在数学领域内的最高水平。法国数学家蒙塔尼在《数学史》中称，在 15 世纪以前，西欧人所著的数学书籍主要是抄阿拉伯人的，至多是在阿拉伯人成就的基础上略加发挥而已。

阿拉伯医学在世界医学史有着极其突出的地位。相传先知曾说，学问有两种：一是教义学，二是医学。由此可知阿拉伯人对医学的重视程度。自阿拔斯王朝开始，帝国境内建有 30 多家医院。医院内部已经出现了外科、内科、骨科、眼科、神经科和妇科等专门的分工组织。医生们在临床上已经懂得使用酒精消毒，使用鸦片麻醉来进行外科手术。那些名医们不仅注意积累自己的行医经验，并且还注重收集、整理社会上过去已有的医学知识。名医宰克里雅·拉齐撰写的《医学集成》有 24 卷之多，伊本·西纳撰写的《医典》有 5 卷之多，而宰赫拉维撰写的《医学宝鉴》也是一部有着 30 章内容的大作，他对当时内科和外科中的病理分析、治疗方法、手术方法等基本知识进行了系统综合，并且还在书中绘制了医用器械插图，因此成为非常实用的医学指导书。他们的这些医学著作已将当时世界所拥有的医学知识进行了汇聚，成为医学知识的集成总汇。后来这些著作被翻译成多种文字在世界各国流传，为人类的医药保健起到了巨大的作用。

阿拉伯文学的内容十分丰富。研究者曾将其划分为五个阶段，在每个阶段里都有精彩的篇章出现。文学作品的题材非常广泛，包括谚语、诗歌、散文、寓言和故事等多种形式。有许多作品富于哲理，趣味横生，有很强的可读性。如人们熟悉的《一千零一夜》（又译为《天方夜谭》）、《卡里莱和笛木乃》、《安塔拉传奇》等文学作品都是脍炙人口的稀世佳作，堪称世界文学的瑰宝。除此之外，还有很多我们不熟悉的古代阿拉伯文学珍品，此处不再赘述。

阿拉伯建筑别具一格，带着鲜明的伊斯兰教特色。因为伊斯兰教反对偶像崇拜，排斥具象，所以在他们的建筑设计中多用巧妙别致的几何图案来装饰。阿拉伯人的建筑风格一致。如清真寺、伊斯兰学府、哈里发宫殿、陵墓等大型建筑常采用巍峨的穹顶、高耸的尖塔、拱形的构架、连环的拱廊、和谐的造型及其庄严肃穆的装饰来构建。特别是清真寺的群体建筑，能够代表伊斯兰建筑艺术的最高水平，并反映出穆斯林在绘画、雕刻、镶嵌等方面的高超技艺与独特风格。由此阿拉伯建筑与印度建筑、中国建筑并称为东方的三大建筑体系。

此外，阿拉伯人在史学、天文学、化学、物理学和炼金术等方面也有许多杰出的成就，它们在知识发展史上起着承上启下、继往开来的重要作用。

四 阿拉伯的知识交流活动

阿拉伯帝国在公元 9 世纪中叶开始走向衰落，当时帝国境内不断发生教派斗争和人民起义，波斯人和突厥人也不断地向阿拉伯帝国发起进攻，使庞大的阿拉伯帝国逐渐解体。后来分裂为布哈拉、撒马尔罕、伊斯法罕、设拉子、图斯等 20 多个与巴格达相抗衡的伊斯兰文化中心，统一的阿拉伯帝国从此分崩离析。1258 年，蒙古人攻陷巴格达，杀死了阿拔斯王朝最后一个哈里发穆斯台耳绥木，这个曾经庞大的阿拉伯帝国就彻底灭亡了。

阿拉伯帝国自建立到灭亡，历时 600 多年。它不仅为中世纪的世界史留下了许多灿烂的文化成果，并且还通过阿拉伯人对伊斯兰教的传播、对阿拉伯帝国的扩张、对航海与贸易的大力发展等活动，把阿拉伯人的思想观念和文化传统以及社会管理方式也传播到他们所到的地区，在客观上也为人类知识的交流起到了穿线搭桥的作用。

平时我们在阅读历史文献时，所看到的常常是民族战争、宗教战争、政权更迭或者社会大变革等血腥、残酷的历史画面，而科学与技术的发生与发展似乎没有多少激动人心的事件可言。其实，人类社会的历史变化除了狂风暴雨式的大变动之外，知识与技术则如和风细雨，润物无声，它们悄悄地改变着人们的心灵，提升着人们的智力，慢慢地改变着人们的思维方式和生活方式。因为学习知识和先进技术往往是人们主动自觉的活动，一旦当人们发现哪种东西好，哪种东西对什么有用，就会积极地去学习和采用，它似乎比利用宗教去改变人们的信仰要容易得多。在中世纪，阿拉伯人曾自觉、积极地把古印度的数学、古埃及的天文，特别是将中国的造纸术、印刷术、指南针和火药等知识和技术方法学到了自己的手中，又经辗转传到了欧洲，成为欧洲人发展科学技术的重要理论资源。

由穆罕默德开创的阿拉伯帝国自建立伊始，就把学习知识当作要务。穆罕默德曾说，"学问虽远在中国，亦当求之"。几百年间，阿拉伯人使用刀和剑开拓疆土，但对于学问却使用谦卑的态度去"求"之。在阿拉伯帝国的强盛时代，西方的近邻拜占庭帝国是阿拉伯帝国的劲敌，两国曾经打过多年战争。可是，阿拔斯王朝的哈里发马蒙为了支持翻译活动，曾以谦恭的语言给拜占庭帝国的皇帝写信，希望能派使者到君士坦丁堡购求希腊古籍。拜占庭的皇帝便很慷慨，就多次向哈里发马蒙赠送了大批的书籍。因此，使许多当时已很难得的古希腊罗马珍贵文献被翻译成了阿拉伯文。

因此，我们可以说，除了在军事、宗教、政治与贸易活动过程中使知识得到广泛交流之外，而大规模的知识交流活动应归功于阿拉伯人组织发起的两次翻译运动。

上文我们已经介绍过由马蒙支持的翻译运动在伊斯兰文化中心巴格达持续了 100 多年，这次翻译运动主要是把希腊语和拉丁语翻译为阿拉伯语。而第二次翻译运动发生在公元 11—13 世纪，以阿拉伯帝国占领区的西班牙托莱多城为中心。在公元 8 世纪初，阿拉伯人就占据了西班牙，在此后的几百年间，有大量用阿拉伯语写成的著作陆续流入西班牙，由此使托莱多城有条件成为欧洲翻译阿拉伯各学科作品的"翻译院"。自公元 11 世纪起，托莱多就聚集了一大批伊斯兰教和基督教教徒翻译家，他们用希伯来语、西班牙语和拉丁语翻译过大量的科学、哲学等学术著作。除了托莱多城这个翻译中心之外，还有巴塞罗那、塔拉松、塞戈维亚等城市也有大量的学者从事阿拉伯文献的翻译工作。在第二次翻译运动中，学者们将以前由希腊文与拉丁文翻译为阿拉伯文的各类文献以及阿拉伯人自己生产出来的新文献又翻译为希伯来文、拉丁文及西班牙文，然后传播到欧洲各国。

通过这两次持久的翻译运动，对古希腊的哲学、数学、天文学和几何学，拜占庭的制度和基督教经典、罗马法典，古叙利亚和埃及亚历山大学派的炼金术，波斯的文学和艺术，印度的数学、天文学和医学以及中国的造纸、火药、指南针和印刷术等经典文献与技术方法都进行了整理、翻译、介绍和注释，从此使亚洲、欧洲和非洲的各科文化知识可互通互融，并得到广泛的传播和交流。

当人们了解到中世纪的阿拉伯人在知识组织与传播方面所取得的伟大成就时，就不能不为之肃然起敬。所以，有许多学者从各个方面对阿拉伯文化进行了高度的评价。若从知识的组织和交流这个角度来说，美国历史学家斯塔夫里阿诺斯对此有系统的认识，他曾把阿拉伯语和伊斯兰教看成世界各民族连接的纽带。他说："阿拉伯语的传播，比阿拉伯人的征服成绩更为显著。到 11 世纪时，它已替代古希腊语、拉丁语、科普特语和阿拉米语，在从摩洛哥到波斯的广大地区盛行，并一直持续到今天。……伊斯兰教文明在征服后几个世纪中，逐渐发展成为一种带有基督教、犹太教、索罗亚斯德教和阿拉伯宗教的成分，带有希腊—罗马、波斯—美索不达米亚的行政、文化和科学各成分的综合体。因此，它不仅仅是古代各种文化的拼凑，而是原有文明的新的综合。它虽然来源不一，但却明显带有阿拉伯伊斯兰教的特征。"① 因此，我们可以说，阿拉伯人正是在对世界

_____

① ［美］斯塔夫里阿诺斯：《全球通史》，吴象婴、梁赤民译，上海社会科学院出版社 1999 年版，第 367 页。

各地古代文化的整理和翻译过程中使阿拉伯文化得到了创新和升华，从而发展为当时世界的文化中心。

　　知识与思想是人类进行社会联系和组织的最佳黏合剂。在漫长的中世纪，人们通过知识交流、宗教信仰和图书的翻译与引进等方式达成文化共识，由此使人类历史的发展得以形成整体性的进步。这种由知识分子穿针引线式的知识交流活动来推动社会的进步方式也许是缓慢的，但这种水滴石穿的力量却远远胜过了强大的武力征服。布罗代尔在《文明史纲》中明确地提出了这个观点。他列举了欧洲史上曾经出现的几位豪强，如西班牙的查理五世大帝、法国的传奇英雄拿破仑、德国的希特勒等人都曾怀着征服世界的远大野心，组织了最强悍的武装力量去征服世界，他们也曾获得过短暂的胜利，但是无法利用武力维持其依靠暴力夺得的"丰功伟绩"。布罗代尔说："以暴力实现统一总是以失败告终：这一单调历史的唯一教训就是，无论是谁，暴力永远不足以从整体上掌控欧洲。"[①] 因此，布罗代尔等人还得出了一个结论，建立在武力上的统一"只会引起爆炸"。而最有魅力的能够取得久远性的东西则是哲学、科学、建筑艺术、绘画艺术、舞蹈、歌剧和"欧洲交响乐"。唯有这样的和谐之音才能够越过国家的边界使欧洲乃至整个世界产生共鸣。

---

　　① ［法］费尔南·布罗代尔：《文明史纲》，肖昶等译，广西师范大学出版社2003年版，第386页。

第 五 章

世界近现代史上的思想解放与知识繁荣

历史学家在研究历史的时候，常常要在人类发展过程中找出一些有重大影响的事件作为标志来划分社会的阶段，然后给这些阶段贴上"游牧时代"、"农耕时代"、"工业时代"等标签，以便于确立研究的大致框架。但是，人类知识的进展并不像改朝换代那样变化迅速，观念的改变与知识的获得常常需要水滴石穿的慢功夫才能显现绩效。因此，史学家的这种时段切割方法对于知识研究来说不太适宜。然而，我们不能不遵循人类已有的这些时段坐标及其习惯性说话方式，以便于使我们能将人类知识演化的进程与社会政治经济所发生的变化相联系。

这里选择使用"近现代"这个概念就是一个较为模糊的时段。世界史学者在选择近现代史断代标志的时候出现了多种标准，如 14—16 世纪欧洲文艺复兴运动、1640 年的英国资产阶级革命和 15 世纪末期的地理大发现都曾作为近现代史的上限起点，而下限则一直延续至今并无大的分歧。我们在讨论知识组织的时候，则选择以文艺复兴为起点。

第一节　欧洲近代史上的三大思想
解放运动与知识繁荣

知识是人类思想的产物。知识的产生需要由活跃的思想来激发。欧洲自近代开始，相继出现了文艺复兴、宗教改革和启蒙运动这一系列的思想解放运动，从此使欧洲人走出黑暗，迎来了人类知识大发展的春天，并在知识组织史上谱写出了精彩的新篇章。他们点燃的知识之光，不仅照亮了欧洲，也在人类的知识交流活动中逐渐照耀到了世界各地。

所谓"思想解放"，主要是指打破笼罩在人们心灵上的各种旧观念，特别是宗教势力的禁锢和束缚而能够自由地探讨和思考人类世界的各种问题。近代伊始，出现在欧洲的文艺复兴、宗教发展和启蒙运动都属于思想解放运动。通过广大知识分子和人文主义者对宗教神学的质疑与批判，对蒙昧状态的揭露与解蔽，对理性、知识、个性及世俗化的推崇与讴歌，形成了思想解放时代的主旋律。因此，这一时期被学界称为"理性的时代"、"哲学的世纪"和"科学的福祉"。

一 文艺复兴运动

文艺复兴运动是公元 14—17 世纪由意大利兴起并发展至整个欧洲的一场思想文化运动。由于这场运动是以恢复古典文化艺术的面目展现出来的，所以被称为"文艺复兴"运动。当时倡导复兴古代文化的学者有很多，因为这场运动最先出现在意大利，学界就将意大利看作文艺复兴运动的核心，并从这里推举出了文艺复兴运动中最著名的六位代表人物。根据人物出场时间的先后，人们将前期出场的三个重要人物称为"前三杰"，将后期出场的三个重要人物称为"后三杰"。

在"前三杰"中，有但丁、彼特拉克和薄伽丘。

但丁（1265—1321）是意大利著名诗人。他出生在意大利佛罗伦萨的一个没落贵族之家，父母早亡，历尽困苦，依靠自学成才。他年轻时当过骑士，参加过战争，后来又投身于佛罗伦萨新兴市民阶级反对封建贵族的斗争，曾当选为佛罗伦萨共和国的六名执政官之一，但为时仅两个月，便在白党与黑党的两党倾轧中被驱逐出境，并以多种罪名判处终身流放。此后，但丁流落他乡，以讲学和作诗谋生，却拒绝以宣誓忏悔为条件换取赦免。因此在 1315 年他又被佛罗伦萨的统治者缺席判处为死刑。后来他受到拉文纳统治者的保护，在那里度过余年，客死于此地，时年 57 岁。

但丁一生好学，在诗歌、哲学、伦理学、神学、天文学、地理、历史与音乐绘画艺术等方面都有研究。他写下了《神曲》、《新生》、《论俗语》、《飨宴》和《诗集》等大量著作。其中以《神曲》反响最高，全书分为《地狱》、《炼狱》和《天堂》三个部分，共 100 章。他在书中通过

梦游地狱、炼狱及天国的过程中与各种人物的对话方式来反映当时社会的
主要成就和重大矛盾，抨击和揭露教会的腐败、堕落和虚伪，表达自己的
悲哀、希望以及执着追求真理的信念。这部诗作不仅内涵丰富，并且是使
用意大利的俗语写成，质朴清丽，优美动人，被评为"百科全书"式诗
作，对欧洲乃至世界后世的诗歌创作产生了深远的影响。恩格斯说："意
大利的中世纪的终结和现代资本主义纪元的开端，是以一位大人物为标志
的。这位人物就是意大利人但丁，他是中世纪的最后一位诗人，同时又是
新时代的最初一位诗人。"[①]

　　弗朗西斯科·彼特拉克（1304—1374）是意大利文艺复兴早期的著
名诗人和人文主义的奠基者。他生于佛罗伦萨的一个律师之家，自幼随父
亲流亡法国，曾在法国的蒙特波利大学和意大利的波伦那大学学习法律。
他在大学毕业后做了神甫，一生大部分的时间是在红衣主教万尼·科伦那
手下当秘书。由于他经常出入教会和宫廷，亲眼目睹了教会的黑暗、贪婪
和虚伪，开始萌生人文主义思想。彼特拉克自幼酷爱文学，工作之余，他
醉心于诗歌创作，写下了叙事史诗《阿非利加》和被称为代表作的《歌
集》，由此赢得了"桂冠诗人"和"诗圣"的称誉。《歌集》运用十四行
诗体写成，以歌颂爱情为主旋律，对世俗生活的欢乐和痛苦进行了细致的
描述。这样的作品首次出现在中世纪，犹如春雷响动一般，给人们以强大
的震撼力，一下子就打破了基督教会长期以来奉行的禁欲主义。在这部作
品的影响下，抒情诗和十四行诗从此成为诗体上一种重要的表现形式。

　　彼特拉克在世界文化的传承方面也作出了重要贡献。他曾下功夫搜集
世界古代的文化典籍，并对搜集到的古希腊和古罗马的典籍进行了诠释和
阐述，使这些古代文献以崭新见解而获得了新的生命。他还在系统搜集古
代文化典籍的基础上，写出了一部历史文学著作《名人列传》，书中列出
21位古罗马的历史名人，来颂扬他们英雄事迹和深奥思想。他把自己的
学说称为"人学"或"人文学"，以此和"神学"相对抗。他呼唤"一
个古代学术——它的语言、文学风格和道德思想的复兴"，要用"人的思
想"来代替"神的思想"。因此，彼特拉克被视为文艺复兴的发起人，有
"人文主义之父"和"文艺复兴之父"之称。

---

① 　参见［德］恩格斯《共产党宣言》，1893年意大利版"序言"。

乔万尼·薄伽丘（1313—1375）是意大利作家和文艺复兴运动的杰出代表。他出生于何处，这是一个谜，也许只有他的生母能准确地说出来，可是他在幼年时母亲已经逝去了。他的父亲是个佛罗伦萨商人，他是父亲在法国经商时与情人生下的私生子。他只能在孤苦和歧视中慢慢长大成熟。早年他按父亲的意志学习过经商、法律和宗教法规，后来也从事了一些商业活动，但他最大的志趣是创作诗歌和小说，随后成了勤勉的多产作家。薄伽丘才华横溢，不仅以短篇小说和诗歌蜚声文坛，同时也是个常有桃色绯闻的文化名人，因而使他成为一个擅长描写浪漫与情爱的高手。他的作品有传奇、史诗、叙事诗、十四行诗、短篇故事集和论文等。他的小说《菲洛柯洛》、《十日谈》，叙事长诗《菲洛斯特拉托》和《苔塞伊达》以及牧歌式传奇《亚美托的女神们》等作品，都得到过世人较高的评价。他还翻译了荷马的作品，为但丁的《神曲》作了诠释，继而又写出了《但丁传》和《异教诸神谱系》。在这些作品中，以《十日谈》最为著名。书中借助描写青年男女为爱情而蔑视金钱和权势的故事来批判宗教神学和教会。通过描述出身卑贱的人最终以聪明才智战胜权贵的故事，以贬斥封建特权，颂扬社会平等和恋爱自由。他在许多故事里嘲讽教会的黑暗，描述传教士的贪财好色，嘲讽罗马教廷为"容纳一切罪恶的大洪炉"，揭露教规是僧侣们奸诈伪善的恶因，认为禁欲主义违背自然规律、违背人性，主张人有权享受爱情和现世幸福。因此，学界有人将《十日谈》称为"人曲"，使之与但丁的《神曲》相媲美，也被认为是《神曲》的姊妹篇。因此，他被称为文艺复兴运动的先驱。

上述被称为"前三杰"的三个人，都是14世纪文艺复兴初期欧洲文坛上的翘楚。

到15世纪末至16世纪上半期，文艺复兴进入高潮，"后三杰"又相继出场。他们是达·芬奇、米开朗琪罗和拉斐尔。他们代表着欧洲文艺复兴时期在文化艺术方面的最高成就。

达·芬奇（1452—1519）是意大利著名的艺术家、科学家和思想家。他出生于佛罗伦萨芬奇镇一个名门望族，是个私生子。他自幼爱好广泛，天赋极高，很受父亲的喜爱。15岁时被父亲送往名师门下学习绘画，后来在绘画领域里取得了杰出的成就。他最著名的画作是为米兰圣玛利亚修道院作的壁画《最后的晚餐》和肖像画《蒙娜丽莎》及《岩间圣母》，著作有《绘画论》。晚年受法国国王法兰西斯一世的邀请侨居法国，最后在法国的克劳城堡去世。达·芬奇以思想深邃、博学多才著称于世。他在数学、力学、天文学、光学、植物学、动物学、人体生理学、地质学、气象学以及机械设计、土木建筑、水利工程等方面都有不少的创见或发明，因此被称为全才。他曾设计过直升机、飞行器、热气球、攻城器、城市防御体系、排水系统等实用器械。不过在有些方面，他只是表现出一种富于探索的精神而获得了"虚名"。后代的学者们在他的头上戴上了多种学科之"家"的桂冠，称赞他是"文艺复兴时代最完美的代表"、"科学巨匠"、"第一流的学者"、"旷世奇才"等，可见其杰出的艺术成就和科学探索精神对后代所产生的影响之大。

米开朗琪罗（1475—1564）是意大利著名的雕塑家、建筑师、画家和诗人。他出生在意大利卡森蒂诺的一个法官之家，6 岁丧母，被寄养在一个石匠家里由石匠的妻子照料。他的童年便在石匠敲打石头的声音中度过，这为他后来从事雕刻活动带来了机缘。他长到 13 岁时，被送到一个名家的画室学习绘画，随后又转入一家有名的"自由美术学校"学习雕塑。在这里，他受到了人文主义的熏染，不仅学会了雕塑艺术，并且还学会了诗歌创作。此后，他便把创作的热情投入到冰凉的石头上，让一块块生硬的石头绽放出了强大的生命力。他在 25 岁时完成了成名之作《哀悼基督》。而那件在美术史中最为人们称道的雕塑《大卫》，是 26 岁开始创作、30 岁之前就完成了的杰作，他也随着《大卫》的壮美形象而盛名远播。不久，他的杰出才华就被罗马教皇知道了，从此罗马教廷便把他紧紧地抓在手里，让他为教皇建造教堂和陵墓。其间曾因发生革命，米开朗琪罗一度隐居，但最后还是被找回来继续工作，直到 89 岁逝世为止，他一直都在为罗马教廷工作。有许多举世闻名的雕塑都是在罗马陆续完成的。由于他的高龄，获得了长达 70 余年的创作时间，因此为世人留下了大量的名雕。除《大卫》和《哀悼基督》之外，还有《摩西》、《垂死的奴隶》、《被缚的奴隶》、《创世纪》、《末日的审判》、《昼》、《夜》、《晨》和《暮》等作品都被称为不朽之作。他让人们从他雕刻的石头上读出了人的"不屈"、"悲壮"、"刚勇"和"无穷的力量"。因为这些成就，使他的艺术创作成为西方美术史上一座难以逾越的高峰。

拉斐尔（1483—1520）是意大利文艺复兴时期最杰出的画家。他出生在意大利乌尔宾诺小公国的一个宫廷画师之家。他自幼就随父学画。可是他很不幸，7岁丧母，11岁丧父。父亲去世之后，他给一位画家当助手，逐渐开辟出自己的创作之路。拉斐尔是一位天才画家，他以一系列圣母画像享誉画坛。拉斐尔的成名之作是《圣母的婚礼》，创作出这幅大型祭坛画时他还不满21岁。随后又相继创作出了《带金莺的圣母》、《草地上的圣母》、《花园中的圣母》、《大公爵的圣母》、《西斯廷圣母》、《福利尼奥的圣母》、《椅中圣母》和《阿尔巴圣母》等一系列圣母像，都以母性的温情和青春健美而体现其艺术风格。这些画作虽然以宗教中的圣母为题材，却表现出人世间的美好生活，让她们像人们的母亲一样慈祥、端庄、温柔、恬静而又完美。拉斐尔最著名的壁画，是他为梵蒂冈宫创作的巨型壁画《雅典学院》。他在这幅壁画中，让古希腊以来相继出现的50多位著名的哲学家和思想家们汇聚一堂，如柏拉图、苏格拉底、毕达哥拉斯和亚里士多德等人个个形象生动，各自演说着自己的观点，以此颂扬人类对智慧和真理的追求，赞美人类所具有的卓越创造力。拉斐尔一生只活了37岁，却在短暂的人生里留下了300多幅精美作品。他的作品以独有的"秀美"风格使观赏者为之倾倒，在世界艺术史上产生了深远的影响，被后人尊为"古典主义艺术"和"不可企及的创作典范"。

在意大利，文艺复兴时期出现的著名人物，并不限于"前三杰"与"后三杰"这六个文学文艺方面的天才，还有许多著名的人物也有很大的影响力。比如，哲学家伊拉斯谟；资产阶级政治学的奠基者马基雅维利；画家乔托、提香；建筑师伯鲁涅列斯基；音乐家帕莱斯特里那、拉索等人都在世界思想文化史上占有重要的位置。

自文艺复兴运动在意大利兴起之后，很快就发展到了欧洲的许多国家，在不同的国家和不同的领域里涌现出了许许多多的著名代表。比如，当时英国的著名代表人物有作家莎士比亚、哲学家和空想社会主义者托马斯·莫尔等；法国的著名代表人物有政治思想家让·博丹、散文作家和哲学家蒙田、小说家拉伯雷等；德国的著名代表人物有作家胡登、画家丢勒等；西班牙的著名代表人物有作家塞万提斯、戏剧家洛卜·德·维加和画家埃尔·格列柯；等等。这些人物不仅名重当时，而且在世界思想文化史上都成为各自领域的开路先驱。尽管他们来自不同的学科领域，却有着共同的目标，就是要扫除当时控制人们心灵的宗教势力和控制人身自由的封建等级制度，为人的生存和人的地位呐喊斗争。其共同特点就是以文学艺术作品来彰显人的精神，反对以"神"为中心，要求把人从对上帝的绝对信仰和盲目服从中解放出来；提倡人道，肯定人的价值、地位和尊严，把人作为衡量万物的尺度；宣扬人的思想解放、个性自由；倡导学术，推崇理性，反对愚昧和无知等落后的思想文化，所以他们被称为人文主义者。

文艺复兴运动在欧洲乃至整个世界所产生的影响难以估量。它从发现人、重视人、关爱人，发展到将"神"在宇宙间的中心位置让给了"人"，唤醒了人的心灵意识和创造力。那些杰出的人文主义者对人的呼唤，犹如春雷和春雨一般，洗去了由宗教神学笼罩于人们心灵上的浓厚迷雾，使人的精神面貌焕然一新。从此，各学科领域里的知识研究者如雨后春笋般迅速崛起，出现了广义的人文学科（包括语言、文学、艺术、伦理和哲学）与自然科学。这些学科知识成为与神学相对立的世俗文化，使人类知识图谱变得日益灿烂夺目。"大众的启蒙开化是数世纪艰苦准备的结果。不过，探险家、航海家和旅行家的朴实坦率的讲述对于所有人来说都是可以理解的，这极大地促进了怀疑论精神的兴起。怀疑论精神是文艺复兴后期的典型特征，它允许人们说和写那些仅在几年前会使他们落入'宗教法庭'暗探监视中的东西。"①

文艺复兴对于促进人类的思想解放和知识普及都发挥了巨大作用。美国学者房龙这样说："这场空前的知识分子的求知欲，使弗劳本、阿尔杜斯、侯蒂安纳和其他新印刷公司发了大财，他们也正是从曾使古登堡倾家荡产的印刷术发明中大捞油水。……贡献新思想的功绩应只限于为数不多的几个鹅毛笔英雄，与我们开大炮的朋友很相似，他们生前几乎看不到自己取得的成果，作品实际造成多大的破坏。但是，他们彻底扫除了前进道路上的许多障碍。他们扫除如此之多的垃圾的彻底性令我们永远感激不尽，否则这些垃圾还胡乱地堆在我们的思想的庭院里。"②

以文艺复兴为序幕，欧洲人又相继上演了宗教改革、启蒙运动、科学革命、工业革命，正像多米诺骨牌的连锁反应一样，由思想解放、知识革

---

① ［美］房龙：《人类的解放》，刘成勇译，河北教育出版社 2002 年版，第 115 页。
② 同上书，第 112 页。

命导致了整个社会的大运动，以至于后来使欧洲各国相继爆发了一系列的大革命，资本主义崛起了，昔日里耀武扬威的宗教势力与封建君主从此风光不再。

二　宗教改革运动

宗教改革在欧洲也是一场重大的思想解放运动。在中世纪的晚期，随着教廷和教士阶级势力的日益强大，教会占有土地，出售赎罪券，与世俗政权相互勾结又彼此争斗，对人民的控制和压榨日益严重。教会中的上层教士也变得越来越腐败堕落，他们不仅残酷地迫害异教徒，并且利用宗教特权在社会上恣意妄为，使社会矛盾和教会矛盾日益激化。正如孔多塞在《人类精神进步史表纲要》一书中对当时教会出现的各种丑行所进行的揭发那样：教皇拥有赦免罪行和销售免罪券的权力；僧侣们在各种公共场合中兜售赎罪券；教皇长期以来对与他平等的主教们旅行了肆无忌惮的专制主义，早期基督徒的兄弟式的最后晚餐，已经在弥撒的名义之下变成了一种巫术活动和一种商品；教士们已沦于无法挽救的独身状态的腐化之中；这种野蛮而丑恶的法律扩及那些僧侣和修女，他们的教权野心已经淹没并且玷污了教会；俗人的种种秘密都通过忏悔而贡献给了教士们的阴谋和情欲；最后，在那些对面包、对人、对圣骨或对圣像的奢靡无度的崇拜中，就连上帝自身也得不到多少崇拜了。[①] 正是因为这些问题的大量存在，到了 16 世纪初期终于引发了一场席卷欧洲的宗教改革运动。最初发动宗教改革的领袖人物是德国的马丁·路德，随之便形成一种规模宏大的宗教改革运动，由德国迅速蔓延到欧洲多个国家，瑞士的慈运理、法国的加尔文、英国的亨利八世等都投入到了这场旷日持久的宗教改革运动中。

马丁·路德（1483—1546）是德国著名的宗教改革家和文艺复兴的杰出代表。他出生于罗马帝国（今德国境内）艾斯莱本的一个小矿主之家。他自幼受到了良好的教育，在大学阶段曾系统地学习了哲学、法学和神学等科目，后来就在德国威登堡大学教授圣经。宗教改革运动就是路德

---

① ［法］孔多塞：《人类精神进步史表纲要》，何兆武、何冰译，江苏教育出版社 2006 年版，第 91 页。

在大学教学期间发起的。起因是他反对教会兜售的赎罪券。1517 年 10 月31 日，路德将他所写的对赎罪券的《九十五条论纲》张贴在威登堡大学的教堂门口，向罗马教皇发动了公开的挑战。他将罗马教会称为"打着神圣教会与圣彼得旗帜的人间最大的巨贼和强盗"，抨击基督教会制度颠倒黑白，是基督教的堕落和耻辱。他宣布，要忠诚耶稣基督的宗教，就必须从根本上改革这种罪恶的宗教制度。那天正是万圣节，人们都要到教堂里去朝拜，观看的人非常多，加之当时已经有了印刷术，使得路德的宗教改革学说一瞬间就在整个欧洲的信徒中间广泛传播开来，欧洲的多个国家都相继掀起了宗教改革的热潮。

路德相继发表了一系列的论文，提出了"因信称义"的理论，认为每个人只要自己信仰上帝即可得救，否定罗马教会和教皇的权威。他声称自己信仰的唯一根据是《圣经》，否定天主教会的神学垄断地位。他提出"信徒皆为祭司"，否定教会和教皇作为上帝代言人的特殊地位。教皇下令革除路德的教籍，路德便成立了以"廉俭教会"而著称的新教派与之对抗。他成立的教会后来被称为"路德会"或"信义宗"，他所代表的教派被称为"更正教"或"新教"，而以前的天主教，则成为旧教。

由德国掀起的这次宗教改革运动掘开了教会分裂的洪流。在此后的一百多年间欧洲相继出现了路德宗、加尔文宗、安立甘宗、再洗礼宗、卫理会等多种新教宗派，新教与旧教相互的斗争导致宗教战争经常发生。在德国、英国、法国、荷兰等地，宗教战争的硝烟经久不息。历史上称它为"三十年战争"。学界通常认为，宗教改革肇始于 1517 年马丁·路德提出的《九十五条论纲》，1648 年，代表天主教势力的哈布斯堡王室与法国、瑞士及诸侯国联军签订了《威斯特法伦和约》，确立了新教与天主教的平等地位，并在法律上承认了荷兰和瑞士两个新教国家的独立。这个和约的签订标志着宗教改革和宗教战争的结束。

经过这场持续了一百多年的宗教改革运动，人们普遍接受了"因信称义"和"教随国定"的主张，不仅使各个教派之间剑拔弩张的局面得到了缓解，在一定程度上带来了宗教宽容和思想自由，并且给世俗社会生活也带来了许多新的变化。

通过宗教改革和宗教战争，还使欧洲出现了一批独立的国家，有人甚至把美国的创立也算在宗教改革的成果里。总之，宗教改革影响巨大，它不仅改变了基督教，也改变了整个西方的文明，将自由的知识与思想都从宗教和神学的禁锢中释放了出来。

三　启蒙运动

美国学者彼得·赖尔在他们编纂的工具书《启蒙运动百科全书》中说："启蒙运动是西方历史的转折点之一。尽管人们对启蒙运动毁誉不一，但都把它视为现代的开端，因为启蒙运动揭示了我们这个世界所面临的基本问题，尽管没有给出圆满的答案。"[1] 他所说的"基本问题"，就是来自传统生活的各个方面，如宗教、政治组织、社会结构、科学知识、人际关系、人性、经济学以及人类理解力等方面的东西，他认为这些基本问题都在启蒙运动中得到了认真的研究和考察。有人将启蒙运动归结为"理性"的思考活动，那是一种误解，因为启蒙运动的领导者更加关注现实问题，有着明显的政治诉求，即迫切希望推动国家的政治改革、经济改革和司法改革。这场运动最初发生在 18 世纪的英国，随之就发展到法国、德国、俄国、荷兰、比利时等国，因此有人就将其称为"欧洲的启蒙运动"说明它涉及的范围之广大。"启蒙"这个概念后来也在世界其他的地区和国家流行开来。

所谓"启蒙"，尽管在欧洲各国的理解上有所差异，但都包含光明、阐明、澄清、照亮等含义，表示以光明驱逐黑暗的历史时代，即在于引导人们从黑暗走向光明，从遮蔽走向揭示，从愚昧走向智慧。

那么，在启蒙运动中谁是能秉烛引导人们走向光明的"启蒙"者呢？他不是一个人，而是一个前仆后继的优秀知识分子群体。在英国、法国、德国、瑞士、意大利、俄国、美国等国家都有杰出的代表人物。如英国有霍布斯、洛克、亚当·斯密、贝克莱、休谟等；法国有伏尔泰、孟德斯鸠和卢梭等；德国有莱布尼兹、康德、门德尔松等，他们分布在哲学、政治学、经济学、法学、数学、文学等领域内，都是当时大名鼎鼎的知识分子，在这里我们从英、法、德三个国家中各选三个代表，来看看他们的思

---

[1]　［美］彼得·赖尔、艾伦·威尔逊：《启蒙运动百科全书》，刘北成、王皖强编译，上海人民出版社 2004 年版，前言。

想和事迹，便可大致了解启蒙运动的主旨与重要意义。

首先，我们来看英国启蒙运动先锋的事迹和他们思想的影响力。

霍布斯（1588—1679），英国哲学家，早期著名的启蒙思想家。他出生在英国维尔特郡的一个乡村牧师家庭。他的父亲性格粗鲁，因为参加教区的斗殴弃家逃亡，他由叔父资助养大，并受到了良好的教育。霍布斯15岁进入牛津大学，毕业后曾先后在两个伯爵家做过多年家庭教师，获得了研究学问的各种条件。后来游历了欧洲多个国家，结识了许多著名学者。1636年专程前往意大利拜访了伽利略。这次拜访使霍布斯看到了伽利略打开的"宇宙哲学的大门"。霍布斯曾经对欧几里得的几何学着迷，继而又为伽利略的运动学原理所感动，借助几何学方法和运动学原理，他构筑出了自己的三个哲学理论体系：未来的哲学体系将包括三部分，一是论物体，二是论人，三是论国家，经过前两部分的论证，推演出人类社会组织产生和存在的原则。他认为，国家不是根据神的意志而是人们通过社会契约创造的，军权也不是神授的，而是人民授予的。他把罗马教皇比作魔王，把僧侣比作群鬼，认为宗教不过是人类无知和恐惧的产物。他相继写出了《论物体》、《论人》、《利维坦》、《论社会》、《法的原理》、《对笛卡儿形而上学的沉思的第三组诘难》等著作。其中以讨论国家学说的《利维坦》为代表作。他的这些学说对启蒙运动产生了深远的影响。

洛克（1632—1704）被称为英国伟大的思想家、哲学家和著述家。他出生于英国灵顿一个律师之家，自幼受到良好的教育，后来就读于牛津大学，毕业后在牛津做过两年管理工作，任道德哲学学监。后来因与伯里伯爵相识成为至交，就做了伯爵的秘书和家庭医生。他36岁时被选入英国皇家学会。洛克的成名之作是《人类理解论》，最重要的著作是《论政府》，在该书中他提出了自由宪政民主的基本思想。他认为，人人皆有与生俱来的权力，这些权力不仅包括人生，并且还包括个人自由和拥有财产的权力。洛克认为，政治的主要目的就是保护臣民的财产，他曾说："我的茅屋子，风能进、雨能进，国王不能进。"洛克甚至把私有财产看成人权的基础，没有私有财产无人权可谈。在政权形式上，他主张君主立宪制，把国家的立法权、行政权和外交权分属议会和君主。这种分权思想后来为孟德斯鸠所继承和发展，逐渐形成了立法、行政、司法的现代三权分立模式。

亚当·斯密（1723—1790）被称为经济学鼻祖，但在政治哲学和伦理学领域里也有建树。他出生在苏格兰法夫郡，父亲是一位律师，但在他出生前就已经去世了，斯密自幼与母亲相依为命，终身不娶。斯密曾就读于牛津大学，后来在格拉斯哥大学担任过逻辑学和道德哲学教授，并兼任学校行政事务。他先出版了《道德情操论》，在学界获得好评。继而又写出《国民财富的性质和原因的研究》（简称《国富论》）。这部著作属于那个时代经济学的集成之作，他吸纳了当时的重农学派和重商主义中的精华，第一次将经济学说组织成一种完整的系统理论，其中最精彩的见解，就是他将市场的运行规律称为"看不见的手"，进而提出自由市场理论。《国富论》出版后，引起很大反响，世人称他为"现代经济学之父"和"自由企业的守护神"。这部著作后来被当作经济学的开山之作，使经济学从此成为一门独立的学科。直到如今仍被经济学界奉为经典著作和奠基性理论。

其次，我们来看法国启蒙运动先锋的事迹和他们思想的影响力。

卢梭（1712—1778）被称为18世纪法国伟大的启蒙思想家、哲学家、教育家、文学家和法国大革命的思想先驱。他出生在现今瑞士日内瓦的一个钟表匠家里。他刚出生，母亲因产后患病就去世了。卢梭长到10岁，他的父亲因与当地的一个权势人物发生矛盾被逐出日内瓦。此后卢梭就过着漂泊无着的流浪生活。他当过学徒、杂役、家庭书记、教师、流浪音乐家等。由于家境贫寒，他没有受过系统教育。但卢梭早慧，嗜书如命，通过自学成名成家。据说他是因参加了一次征文活动得了头奖而成为名人的。他写的歌剧《乡村卜师》大受欢迎，他的论文《论人类不平等的起源和基础》再度获奖，于是成了巴黎的著名人物。他在该篇论文里将对社会的批判扩展到政治和文化领域，揭示出私有财产和奢侈是政治不平等和腐败的根源。随后他曾一度隐居，相继写出了几部重要著作：《社会契约论》、《爱弥儿》、《新爱洛漪丝》、《植物学通信》等。法国当局认为他在《爱弥儿》一书中鼓吹的自然神论和自由教育对社会有害，就对他下了通缉令。他先逃回日内瓦，也遭到了通缉，便开始了流亡生活。他曾经得到过英国的休谟、法国的狄德罗和伏尔泰等学者的帮助，却与这些朋友反目成仇。为了自我反思和为自己辩护，他在晚年写出了一部被学界称为"不朽之作"的《忏悔录》。随后患了"迫害性心理分裂症"，加之穷困潦倒，便凄然离世。由于他生前主张"天赋人权"，希望一切权力属于人民，这种民权思想使他死后受到殊荣。法国大革命期间卢梭的遗体被迁葬于巴黎先贤祠中，又在他死后的十多年后，国民公会于 1791 年 12 月投票通过决议，给大革命的象征卢梭树立雕像，以金字题词——"自由的奠基人"。

孟德斯鸠（1689—1755）被称为法国政治理论家、历史学家、讽刺作家和伟大的启蒙思想家。他出生于法国西南部的波尔多市附近的"穿袍贵族"之家。自幼受到良好的教育，后来毕业于波尔多大学获得法学学士学位，出任律师，逐渐升任到波尔多法院院长的高位。孟德斯鸠博学多才，对法学、史学、哲学和自然科学都有浓厚的兴趣和较深的造诣。他后来卖掉官爵迁居巴黎，专心从事理论研究，成为法兰西学院院士。他漫游了欧洲多个国家，广泛收集资料，为考察英国的政治制度，在英国停留两年多时间，后来相继写出了两部富于哲理的史学著作《罗马盛衰原因论》和《论法的精神》。此前他化名出版的文学著作《波斯人信札》曾经获得广泛的影响。而《论法的精神》则是一部综合性的政治学著作却比前者影响更大，两年之间就印行了 22 版。他在书中揭露了封建君主制度的不合理性，认为法律应体现出人的理性，明确提出"三权分立"学说，要求把国家权力分为立法、行政和司法三个体系，分别由议会、君主、法院三家掌管，各自独立，相互牵制。这种三权分立的政治学说，后来成为制定资产阶级国家政治制度的基本原则，奠定了近代西方政治与法律理论发展的基础。

伏尔泰（1694—1778）是法国启蒙时代的思想家、哲学家、文学家，启蒙运动的领袖。他出生在巴黎一个富庶的官宦之家，自幼受到了良好的教育。据说伏尔泰是一个奇才，他 3 岁能读书，12 岁能作诗，虽然没有读过大学，后来却成为高产作家。他在读完中学之后，曾在使馆当过秘书，做过见习律师，但在工作上并不出色而醉心于文学创作。当他 20 岁刚出头的时候便以"伏尔泰"这个笔名写出了悲剧《俄狄浦斯》并获得巨大成功，不仅得到摄政王奖励的丰厚年金，也得到了一个宫廷诗人的称号，从此圆熟地周旋于巴黎的各个沙龙。他一生活了 84 岁，曾创作出《恺撒之死》、《穆罕默德》、《放荡的儿子》、《海罗普》等 50 多部剧本；还写出了《老实人》、《天真汉》、《布巴克的幻觉》、《门农》、《巴比伦公主》和《白色的公牛》等小说；写出了《彼得大帝治下的俄罗斯》、《议会史》、《路易十四时代》和《风俗论》等历史著作；写出了《哲学书简》、《形而上学》、《牛顿哲学原理》、《无知的哲学家》、《一切归于上帝》等哲学著作。除此之外，他还用化名写作和印发了大量的小册子，抨击宗教对人民的迫害与专制政府的罪行。他支持年轻的启蒙思想家特别是百科全书派的斗争，积极地为他们撰写条目，《哲学辞典》就是他为《百科全书》撰写哲学条目的汇编。他还当选过英国皇家学会会员和法兰西学院院士。但是，伏尔泰的一生也并非风平浪静，自青年时代起，就因为其作品讽刺时政与教会成为被打击的主要对象。他在自己的作品中把教皇比作"两足禽兽"，把教士称作"文明恶棍"，说天主教是"一些狡猾的人布置的一个最可耻的骗人罗网"，认为教会统治是人类理性的主要敌人，一切社会罪恶都源于教会散布的蒙昧主义，教会史就是充满迫害、抢劫、谋杀的罪恶史。他号召人们与这些黑暗的势力做斗争。他提倡天赋人权，认为人生来就是自由和平等的，所有人都具有追求生存、追求幸福的权利，这种权利是天赋的，不能被剥夺。因此，他一生多次遭到通缉，经历过长时间的国外流亡生活，还有过两次坐牢的经历。他去世时，法国当局还下令禁止为他举行葬礼。然而，伏尔泰在戏剧、诗歌、小说、政论、历史和哲学诸多领域所作出的卓越贡献，却也让他赢得了多项桂冠，他被人们誉为法国 18 世纪资产阶级启蒙运动的"旗手"、"法兰西思想之父"、"思想之王"、"精神王子"，获得"法兰西最优秀的诗人"、"欧洲的良心"等称号。在法国大革命期间，人民没有忘记他，又将他的遗体移入法国先贤祠，以示永久的纪念。

再次，我们来看德国启蒙运动先锋的事迹和他们思想的影响力。

莱布尼茨（1646—1716）是德国思想家、哲学家、数学家、科学家和外交家，被称为举世罕见的天才。他出生在神圣罗马帝国莱比锡的一个书香世家，他的父亲是莱比锡大学教授，他自幼就泡在父亲的书房里博览群书，涉猎百科。大学毕业后他遇到了一个政治外交家，经其推荐了担任莱茵地区大主教的法律研究员和文书，因而获得了经常参与外交活动的机会。他借出访英国、法国和意大利等国的机会认识了当地的许多著名学者，随着知名度的不断提高，他还担任过哈布斯堡皇帝查理六世的私人顾问和俄罗斯彼得大帝的私人顾问。曾当选为巴黎科学院院士，创立了柏林科学院并担任首任院长。莱布尼茨是一位名副其实的饱学之士，在数学、政治学、法学、伦理学、神学、哲学、历史学、语言学等领域都取得了非凡的成就。比如，在数学上，他和牛顿先后独立发明了微积分，还对二进制的发展作出了贡献，研究计算机发明史的人往往都从莱布尼茨的二进制说起。在哲学上，莱布尼茨以乐观主义而闻名，人们把他和笛卡儿与斯宾诺莎三人并列为 17 世纪最伟大的理性主义哲学家。莱布尼茨是最早研究中国文化和中国哲学的德国人。他对中国的科学、文化、哲学思想包括养蚕纺织、造纸印染、冶金矿产、天文地理、数学文字等内容都很关注，曾将他收集到这些资料编辑成册出版。他认为中西相互之间应建立一种交流认识的新型关系。

莱布尼兹被称为一位百科全书式作家，他不仅著作很多，而且涉及范围很广。但有大量著作在生前都未能编辑出版，直到近年德国成立了专门的研究机构对此进行系统整理，迄今已出版 28 卷，其中 20 卷为信件，8 卷为著作，还有大量的作品正在整理中，若是全部整理出来约为 50 卷。由于莱布尼茨曾在德国汉诺威生活和工作了近 40 年，最后也在那里去世，当地人为了纪念他，2006 年 7 月 1 日，在莱布尼茨 360 周年诞辰时，汉诺威大学正式改名为汉诺威莱布尼茨大学。他的手稿藏品在 2007 年被收入联合国教科文组织编写的世界记忆项目。

伊曼努尔·康德（1724—1804）是德国著名的哲学家、天文学家和启蒙运动的思想家。他出生于东普鲁士首府哥尼斯堡（今属俄罗斯加里宁格勒）的一个马鞍匠之家，曾在哥尼斯堡大学攻读哲学，随后在做过 9 年家庭教师，重返哥尼斯堡大学后，由攻读硕士到编外讲师、讲师、教授，最终坐到了大学校长的位置，直至晚年退休。由于他在哲学、天文学和教育学方面都有突出的研究成果，先后获得了柏林科学院、彼得堡科学院、科恩科学院和意大利托斯卡那科学院院士称号。康德的主要成就可以归纳为三个方面：其一是他相继出版的《纯粹理性批判》、《实践理性批判》和《判断力批判》，由这三大批判在知识论方面构筑出了一个哲学体系；其二是他在《自然通史和天体论》一书中提出了太阳系起源的星云假说；其三是他在政治上主张自由主义，支持法国大革命以及共和政体。他在晚年出版的《论永久和平》一书中提出了世界公民、世界联邦、不干涉内政的主权国家原则。由于康德身体素质较差，一生不曾远行，并且深居简出，终身未娶，生活像时钟一样规律、单调、缺乏变化。因此，人们认为他的人生平淡无奇。德国诗人海涅就觉得，康德的生平没有什么可说。但是，海涅对他的哲学影响力却有深刻的认识。他说德国人被康德引入了哲学道路，使哲学变成了一件民族的事业。一群出色的思想家突然出现在德国国土上，就像用魔法呼唤出来的一样。康德本人也在自己的著作里说出这样的话："有两样东西，越是经常而持久地对它们进行反复思考，它们就越是使心灵充满常新而日益增长的惊赞和敬畏：我头上的星空和我心中的道德法则。"① 这些话后来被刻在康德的墓碑上。由此可见，他虽然生活平淡，而精神生活是非常丰富的，他的哲学思想赢得的影响就像他深沉的思考一样也是持久的。康德晚年十分瘦弱，人们说他只是自己的一个影子。康德去世后，却很快将自己的影子变成了人类思想天空里的一颗巨星。德国当代著名哲学家卡尔·雅斯贝斯将康德与柏拉图和奥古斯丁并列称为三大"永不休止的哲学奠基人"。

摩西·门德尔松（1729—1786）是德国犹太哲学家，文艺评论家、翻译家和启蒙思想家。他出生在德国东部德绍市的一个犹太人家庭。父亲是一位犹太学校的抄写员，由于家庭贫困无力支付学费，门德尔松是通过自学成才的。他自幼聪明好学，不但学会了德语、法语、英语和拉丁语，还学会了希腊语，为后来的翻译活动打下了基础。早年他跟随一位研究《塔木德经》的老师做助手，过着清贫的生活。后来为一位丝绸商做家庭老师、记账员，又升任到总管的位置，便彻底脱离了生计之忧。门德尔松能够成为 18 世纪德国启蒙运动的领头人，源于两次在征文大赛上的出彩。1763 年，柏林科学院举办征文比赛，以"形而上学是否具备数学上的规定性"为题。当时德国学界的名流都呈交了征文，结果由门德尔松拔得头筹，康德排列第二。他精确地区分出了形而上学与数学的不同与联系，从此成为学界名人。1783 年，《柏林月刊》上提出了"何谓启蒙"的大讨论，他发表的论文被评为最好的文章之一。门德尔松将"教化、文化和启蒙"联系起来，提出了启蒙是对社会生活修正的洞见。他还将启蒙与集体生活联系在一起，认为所谓启蒙，主要就是大众启蒙或民族启蒙，即大众教化。教化的目的就是人的规定性在社会中的实现，使个体的本性

---

① ［德］康德：《实践理性批判、批判力批判》，《康德著作全集》第 5 卷，李秋零译，中国人民大学出版社 2007 年版，第 169 页。

在共同体中得到满足。他的精彩见解为启蒙运动的宣传与传播起到了明确的指导作用。不久他与德国的启蒙运动领导者尼柯莱和莱辛共同创办了《科学与美术文库》、《关于当代文学的通信》和《德意志万有文库》这三种重要的评论性杂志，他本人还为这些杂志撰写了大量的文章来推动启蒙运动的发展。他在自己的专著《耶路撒冷》中，批评传统犹太教中的蒙昧主义成分，主张以理性主义及自然神论的思想重新解释犹太教，力图协调宗教文化与世俗文化之间的冲突。他支持宗教信仰自由、政治宽容，倡导公民平等而不必遵循教条。他还主张政教分离，提倡世俗文化和普及世俗教育。因此，他被人们称为"德国的苏格拉底"、"德国的柏拉图"和"犹太教改革的路德"。犹太学研究者还称，门德尔松是犹太近代史上最早突破犹太教樊篱并且被非犹太世界所接受的第一位犹太思想家，被誉为"从隔都走向现代社会的第一人"，他掀开了犹太历史上新的一页——启蒙运动及追求解放的时代。

　　除了上述我们列举的这些杰出代表之外，还有许多著名的学者都积极地投入到了启蒙运动中。如英国哲学家、经济学家和历史学家休谟；英国哲学家和自由思想家柯林斯；英国政治家博林布罗克；法国自由思想家、作家和文学评论家培尔；法国科普作家和思想家丰特内尔；法国启蒙哲学和社会科学家孔多塞；法国心理学家和语言理论家孔狄亚克，以及我们将在下面介绍的那些创立自然科学各个体系的著名人物。他们组成了不同的学派，举办各种讨论和宣传活动，冒着杀头、监禁和流放等危险，为传播真理、自由、平等、民主和法制的思想，写出了各种学术的、哲理的、文学的和思想认识方法的大量作品，极大地激发了人类的思考能力，推动了人类知识生产、知识传播和知识组织活动的快速发展。"他们以永不疲倦的精力投身于反抗宗教狂热与暴政的种种罪行；他们在宗教中、政府中、风尚中和法律中追踪着一切带有压迫、残忍和野蛮的特征的东西；他们以自然界的名义告诫国王们、战士们、官吏们和教士们要尊重人性；他们还以一种激昂的严厉在谴责这些人在战斗中或在酷刑中滥用政策或冷酷无情；最后，他们采用了理性、宽容、人道作为战斗口号。"①

---

　　① ［法］孔多塞：《人类精神进步史表纲要》，何兆武、何冰译，江苏教育出版社2006年版，第122页。

启蒙运动使人们懂得了一个重要的道理，人类的幸福并不是神的恩赐，而是由人们自己创造出来的，而理性思维和科学知识的运用则是获取幸福的有效途径。于是就有众多的知识分子把弘扬理性和宣传科学当作神圣的事业，自觉地投身到这场声势浩大的科学普及运动中。他们通过举办的各种读书俱乐部、咖啡馆、沙龙、中等和高等学校等各种组织方式来宣传新思想和新知识，并出版了大量图书、编写百科全书、发行刊物、建造展览馆、实验室、举办讲座来普及知识教育。尤其是上述这些杰出代表所撰写的这些不朽著作，以智慧之光驱除着笼罩在人们心头上的愚昧和无知。随着启蒙运动深入持久的开展，在人类的知识领域里开拓出多种新园地，如自然科学、哲学、伦理学、政治学、经济学、历史学、文学、教育学等都在这场运动中得到成长或萌生。

四　《百科全书》的知识收割运动

"收割"这个词语，通常是指割断、收藏成熟的农作物，这里将其引申为对社会上所产生的各类知识进行全面的搜集与聚合。上述我们曾介绍了近代以来欧洲相继出现的文艺复兴、宗教改革和启蒙运动，这三大运动有一个共同的特点，就是要以知识之光驱除人们心灵中的愚昧和黑暗。这三大运动相继展开，经过300多年的运作极大地提升了人类的知识生产和组织能力。到18世纪时，欧洲人便进入了知识的丰收季节，出现了"百科全书"这样的知识组织与收割运动。

按照美国学者房龙的看法，"像其他许多证明巨大智慧和极度耐心的东西一样，百科全书的习惯源于中国。中国的康熙皇帝试图用5020卷的百科全书让他的臣民高兴"。① 在西方，百科全书的出现也很早，公元1世纪的古罗马学者普林尼搜集了当时出现的各类自然知识，用3万多个条目37卷的篇幅写成的《博物志》，曾被称为"百科全书式"的著作，后来这种说法常被人们用来指称那些搜集知识门类较多的图书。但是，以往人们所编纂的百科全书所产生的影响却都被18世纪中叶出现的百科全书给盖压了。为什么呢？其原因就在于此时出现的百科全书与当时欧洲出现

① ［美］房龙：《人类的解放》，刘成勇译，河北教育出版社1992年版，第238页。

的启蒙运动紧密联系在一起，使求知成为一个全民参与的热潮，因而产生了巨大而又深远的影响力。如今，世界上许多国家都有自己的"百科全书"式工具书，它已经成为一种通用的传播与普及知识的方式。这种方式就是把人类所有的知识或某个大的知识领域内的知识全部搜集起来，然后进行有序化的组织排列，汇聚为供人们日常查询和学习之用的备用工具——工具书。百科全书以规模巨大、内容丰富和集知识之大成等特点而凌驾于其他类型的工具书之上，被誉为"工具书之王"和"没有围墙的大学"，甚至被看成衡量一个时代或国家科学文化发展水平的重要标志之一。

如若我们要想详细了解这种全方位组织收割知识的工具书是怎样生产出来的，就不能不知道以狄德罗为首的"百科全书派"和他们的巨著《百科全书》。

狄德罗（1713—1784）是法国唯物主义哲学家、美学家、文学家和启蒙教育思想家。他出生在法国东部小城朗格勒的一个作坊主之家。童年时他曾在耶稣会学校受过教育，中学毕业后，因为他不肯遵照父亲的意愿去学医或学习法律，从此就失去了家里的资助独自去闯天下。他从乡下小城来到繁华的巴黎，依靠做家庭教师和替别人翻译文稿生活。但他凭着顽强的意志自学成才，很快成为巴黎知识界的知名人士。

1745 年，巴黎有个叫普鲁东（又译为勒布雷东或雷伯莱顿）的出版商，想把英国人在 1727 年出版的《科技百科全书》翻译成法文出版谋利，就聘请文学家狄德罗为主编、数学家达朗贝尔为副主编主持其事。但是，狄德罗在翻译过程中发现英国的那本《科技百科全书》知识较为陈旧，内容也很简略，在市场上缺乏吸引力，于是向书商提出了一个新的宏大编撰计划，要把各个科学部门中"一切时代人类理智的努力的总图景"展现出来。他的编纂计划得到了书商的赞许。狄德罗在《发刊词》中说：要建立一切科学和一切技术的谱系之树，这个谱系之树表明我们知识的每一分支的起源和它们彼此之间以及它们与共同的主干之间的联系。为了能够真正实现这个宏大的目标，把由古至今人类思想发展的全过程和所有知识成果展现出来，特别是要把自文艺复兴以来的最新知识成就反映出来，他们就约请了法国、英国、德国等欧洲多个国家的优秀学者参与《百科全书》的撰写工作。当时欧洲的启蒙运动正发展得如火如荼，有许多优秀的学者都认为编纂这样的工具书对于传播知识、开启民智意义巨大，便积极参与词条的撰写工作。如伏尔泰、卢梭、爱尔维修、魁奈、杜尔哥、霍尔巴哈、摩莱里、马布利等人，他们都是启蒙运动的旗手和著名的思想家和社会改革家，像孟德斯鸠与布丰这样的人虽然没有直接参与编写工作，但是他们的思想和作品却常常被作者们引入书中。当时法国各个知识领域内具有先进思想的杰出人物几乎都参与过词条的撰写。这些人视迷信、成见、愚昧无知为人类的大敌，主张继承培根科学与工艺为人类造福的思想，把为社会提供新知识当作自己的义务，积极支持《百科全书》的编纂活动，以至于形成了"百科全书派"，而狄德罗就成了这个学派的代表。

《百科全书》就是"百科全书派"的主要成果。他们通过这部共同编纂的巨著宣传启蒙教育思想，宣传政治平等和思想自由，宣传唯物主义和无神论等科学文化。他们根据培根的知识分类方法，把科学、技术和艺术并列为人类知识的三大门类，让各个领域内最优秀的学者分别撰写词条。根据狄德罗制作的写作计划，他们对各部分做了详细而又合理的分工。数学分给数学家，城堡建筑分给工程师，化学分给化学家，古代史和近代史分给精通这两部分历史的人，文法分给以其著作饶有哲学精神而知名的作家，音乐、航海、建筑、绘画、医学、自然历史、外科医学、园艺、文艺、机械原理等都分给在这方面确有专长的人。通过主编的积极组织，使当时许多的著名学者都将自己所属的知识部门中最前沿的知识汇集到了这部辞典中。正是由于约请到这些行家里手和饱学大家来编纂辞书，他们在撰写词条时并不仅仅像其他工具书那样简单地解释词汇，而是使用大量的篇幅系统阐述某种自然事物或社会事物发生、发展的前因后果，从而使这方面的知识显得更为系统和全面，能够充分反映出各行业中独到的知识发现。书中对科学、技术的介绍尤为详细，不仅详细论述了科学产生、发展的各个过程及其结论，并且还配用插图对技术工艺过程进行细致的说明。通过对科学文化理论的述说来消除封建特权制度和天主教会给人民带来的宗教迷信和愚昧无知。

这部工具书由于工程浩大，只能分卷出版。1757年，当《百科全书》出版到第七卷时，影响越来越大，引起了法国当局的恐慌，曾一度勒令禁止出版。撰稿人中有的被关进监狱，有的被迫流亡。特别是主编狄德罗也被逮捕入狱，关押了 3 个月。副主编达朗贝尔迫于压力宣布退出编写班子，后来就由狄德罗独任主编。狄德罗出狱后，克服各种困难，重新召集了一批志同道合的人，持续进行编写工作。到 1772 年，这部以《百科全书》（全名为《百科全书，科学、艺术和手工艺分类字典》）命名的巨型工具书终于完成了，正文 17 卷，图版 11 卷，共有 28 卷之多。自 1751 年正式开始撰写，到 1772 年全书问世，历时 20 余年。随后又在 1776—1780 年对其进行了修订与增补，追加出 5 卷，最终于 1880 年告终。若从知识搜集与知识组织这个层面上来看，《百科全书》仿佛是一部收割知识的机器，它通过全书编纂者们的知识收割运动，把人类历史上出现的所有知识成果统统地吸纳、收藏于其中。

自狄德罗主持编纂的这部巨型工具书问世之后，接踵而来的百科全书就相继被编纂。法国又出现了以出版商庞库克重新修编的《方法百科全书》和布列顿版《伊韦尔东版百科全书》。就在狄德罗编纂的《百科全书》刚出版前几卷的时候，英国的《不列颠百科全书》（又称《大英百科全书》，简称 EB）就开始运作了，第一个版本的"大英百科"在 1768 年开始编撰，1771 年完成。当时有许多英国人对这套工具书推崇备至，认为该书的权威性"仅次于上帝"。如今这部工具书已经出版到第十版本，共出版了 700 万套，近年来又开始出版数字化版本。

学界通常认为法国的《百科全书，科学、艺术和工艺详解词典》是《大英百科全书》的榜样。而《大英百科全书》又与《美国百科全书》、《苏联大百科全书》和《世界图书百科全书》等被认为是当今世界上最知名也最具权威的百科全书。如今，百科全书已经成为知识收集、知识组织与知识传播最为成功的范型。全世界已有半数以上的国家都编辑出版过各种各样的百科全书，如综合性百科全书、专业性百科全书、行业性百科全书、国家与地域性的百科全书等，这些不同类型的百科全书都为知识的搜集汇聚、组织整理、有序化保存以及传播运用发挥了无比重要的作用。

第二节 哲学勃兴与科学革命

经过三大思想解放运动和"百科全书派"对各类知识的广泛传播，

神学在欧洲的地位逐渐衰落，哲学和科学就在欧洲迅速发展起来。

哲学在欧洲一直有着无比强大的生命力。先后出现了一大批著名的哲学家和科学家。他们大多数都把哲学作为其他知识产生的基础来思考人类的命运，思考人与神的关系，思考人与自然的关系，思考人与人及其人与社会的关系。比如，英国哲学家休谟就把哲学看成一切知识的核心与基础。他强调，哲学应把人性作为研究对象，才能成为其他科学的基础。因为，人性中最主要的成分是"知性"，哲学首先要考察的就是知性的性质、范围和能力。像休谟这样，将哲学作为一种认识世界的思维方式的著名学者有许多，如哥白尼、伽利略、笛卡儿、牛顿、培根、莱布尼茨、康德、皮亚诺、密尔乃至后来的怀特海和罗素等人。他们既是杰出的哲学家，也是著名的科学家，除了在哲学上有重大建树之外，还在天文、数学、物理学等多个领域富于创见。其主要原因是他们都能够娴熟地运用哲学这个思维工具去打开一扇扇自然科学之门。由此可知，科学和哲学联系密切。在近代之前，科学就包含在自然哲学之中。到了近代之后，科学虽然成为一种以自然为研究对象的独立系统，但是，哲学观念仍然影响着科学对自然观、认识论和方法论的选择和思考。所以，我们探讨近代知识发展与组织的时候要把哲学放在首位。

一　欧洲近代哲学的勃兴

欧洲近代哲学的特点，是将过去经院哲学的研究对象由天上的神改变为自然和人类自身，使哲学由上帝的婢女变为一门为人服务的学问。近代以来，欧洲各国相继出现了许多著名的哲学家。如英国的霍布斯、培根、洛克、贝克莱、休谟，法国的笛卡儿，荷兰的斯宾诺莎，德国的莱布尼茨、沃尔夫等人，都在世界哲学史上产生了重大的影响。在欧洲，有两个人物的哲学思想被看作近代哲学产生的标志。他们是笛卡儿和培根。

勒内·笛卡儿（1596—1650）是法国17世纪著名的哲学家和自然科学家。他出生于法国安德尔卢瓦尔省的一个贵族之家，由于家境富裕，他自幼受到良好的教育，除了早年以游历为目的而服过几年兵役之外，他一生中的大多数时间都投入到了哲学和科学的研究。

笛卡儿是一个怀疑主义者。他怀疑上帝是个骗子，认为上帝有意让我们上当，又怀疑上帝也许根本不存在。他把天文学、医学、物理学，包括他心爱的数学和几何学都看成可疑的东西。他的名言就是"我思故我在"。我们似乎可以这样理解，他天性好疑，经常疑神疑鬼，甚至连他自身的存在也产生了怀疑，当他在思考的时候，才确定自己是以思想的方式存在的。这种怀疑一切的精神对于我们勤于思考，破除迷信很有启发意义。他一生都在寻找他思想中的东西，比如自由思想就是他的最大追求。经过多年在欧洲各国的游历，他觉得荷兰的政治生活较为宽松，便在中年时变卖了家产移居荷兰。后来他应瑞典女王克丽斯蒂娜之聘到斯德哥尔摩讲学，不久染病去世，时年54岁。

笛卡儿学识渊博，在多个知识领域中都有建树。从他写下的《形而上学的沉思》、《哲学原理》、《正确思维和发现科学真理的方法论》（简称《方法论》)、《论灵魂的激情》、《论世界》及《音乐提要》等著作中，我们可以看到，他除了在哲学上的重大影响之外，还有许多重要的知识发现。比如，在数学领域，他创立了解析几何，并在几何中引入了坐标系与线段的运算概念，著有数学专著《几何》；在物理领域，笛卡儿首次提出了光的折射定律，发现了动量守恒原理，他还发展了宇宙演化论和旋涡学说等理论；他在《屈光学》一文中解释了人的视力失常的原因，并设计了矫正视力的透镜；他还用光的折射定律解释了彩虹现象，并且通过元素微粒的旋转速度来分析颜色；在天文学方面，他将机械论观点应用到天体研究，形成他的宇宙发生与构造学说。笛卡儿认为，要建立稳固的知识大厦，就必须把经院哲学推倒重组，才能为人类的新知识找到坚实的地基。他把知识体系比作一棵大树，形而上学是它的根，物理学是它的干，其他各门具体科学则是主干上生出的枝叶，以此表明哲学在整体知识体系中的基础地位。

布罗代尔对笛卡儿的哲学评价很高，说他能够反映一个时代的需求。"在整个西方，在任一特定的时刻，都有一个单一的占统治地位的经济和社会结构。不论笛卡儿的哲学是否属于上升的市民阶层的或缓慢形成的资本主义世界的哲学，它都肯定地主导着、充斥着古典的欧洲。无论马克思主义哲学是或不是（但怎么可能不是呢？）上升的工人阶级的和社会主义的哲学，或者说工业社会的哲学，它明显先是主导着西方，然后是世界。直至最近，欧洲和世界还都根据支持它还是反对它的立场而找到自己的位置。这种哲学的统一以国家与国家之间无限的联系为前提。"① 笛卡儿不仅对欧洲哲学的发展产生了重大影响，并且对整个人类知识的进步也作出了重要贡献。他被誉为近代哲学的奠基者、唯物论的创始人、"近代哲学之父"和"解析几何之父"。

弗兰西斯·培根（1561—1626）是英国著名的哲学家、近代唯物主义哲学的创始者。他出生于英国伦敦一个新贵之家，父亲是伊丽莎白女王的掌玺大臣，母亲是语言学家与神学家。他在 13 岁时到剑桥大学三一学院读书，但他对学校讲授的知识不感兴趣，读了三年便离开了学校改学法律。后来培根在父亲的安排下做了一个驻法国公使的随从到法国任职。三年后，他因父亲去世回国，此后做了律师。因为培根博闻强识，能言善辩，又相继发表过多篇关于法律的论文，很快成为名人，23 岁时就当了国会议员，随后又成为律师公会的首席委员和女王的法律特别顾问。英王詹姆士一世即位后，培根更受赏识，先后被封男爵、子爵、首席检察官、枢密院顾问，一直提升到掌玺大臣的高位。树大招风，培根在这些重要的岗位上也得罪了不少人，于是就受到了政敌贪污受贿的指控，被高级法庭判处罚金 4 万英镑，并一度受到监禁。后来虽然罚金和监禁皆被豁免，但培根却从此身败名裂，离开了政坛。在生命的最后 5 年里，培根埋头学术研究，完成了不少重要著作。1626 年初春，伦敦下了一场大雪，培根正在外出途中，寒冷的天气让他想到利用冰雪防腐的问题，便立即去做实验准备，因此着凉病倒而去世，享年 65 岁。

培根的一生，虽然在人格方面曾经受到过不少指责，但他对人类知识的进步所作出的巨大贡献却得到世人的充分肯定。他不仅最早提出了"知识就是力量"这个口号，并且在知识研究方面身体力行，勤奋著述，写出了大量具有独到见解的著作，因此，他受到了高度的赞扬，被尊为文艺复兴时期的巨人、哲学史和科学史上划时代的人物。在欧洲哲学史上，学界就将培根的哲学理论形成看作近代哲学产生的标志。

在知识组织史上，培根是近代建构科学知识体系的第一人。他生前拟订了庞大的写作计划，准备写出一套叫《伟大的复兴》的系列著作，对

---

① ［法］费尔南·布罗代尔：《文明史纲》，肖昶等译，广西师范大学出版社 2003 年版，第 375 页。

当时各方面的知识成就与未来发展进行系统的整理和论述。因为突然病逝，他只完成了其中的"序言"、《新工具》、《自然史和实验史概论》和《科学推进论》这几个部分。在《科学推进论》一书中，他按照学科研究对象对人类的知识进行了大致的分类组织，他先是设置了三个领域：将记忆得到的学问划分为历史；将想象得到的学问划分为诗歌；将理性得到的学问划分为哲学。在《新工具》一书中，他又把人类知识的体系结构设想成一座金字塔：自然史是它的根基，物理学是它的中间部分，形而上学是它的顶端，从而使形而上学在整个知识研究中起到统率作用。

培根对认识论和方法论进行了长期的研究，并创立了科学的归纳方法。他把这种方法称为科学发现的新工具，为了与亚里士多德的《工具篇》相区别，他将这部论方法的理论著作命名为《新工具》。在这本书中，他对归纳法进行了系统而又详尽的阐述，反复强调观察、实验与收集材料的重要意义，并将揭示自然隐秘的方法归纳为三种基本方法：观察、实验和计算。因此他被称为"归纳法"的发明者、"近代经验哲学的始祖"和"现代科学之父"。

培根去世后，人们为他修建了一座纪念碑，在亨利·沃登爵士为他题写的墓志铭中，称他为"科学之光"和"法律之舌"。《简明大不列颠百科全书》在介绍培根时这样说："他的著作是科学和哲学发展的指针，保护着人类的经验领域。"他朴素的话语"知识就是力量"，已经成为现代人众所周知的不朽名言。

二 科学革命

科学与技术在现代知识分类体系中是两种知识形态，即科学知识和技术知识。科学的表现形态往往是通过概念、范畴、定律、原理、公设、假说等方式表达。技术则有两种主要的表现方式，一种是人的经验技能，现在人们将其称为默会知识或非明言知识；另一种是以生产工具、仪器设备、工艺流程、设计方案、技术装置等形态来表达。但是，由于科学与技术之间有着天然的内在关系，它们互为表里，相互支撑，相互促进，所以又常常被看成一个体系，合称为"科技"。因此，人们也将近代已发生的科学革命合称为"科技革命"。

所谓"科学革命"，是指人们认识领域里的变化，以新知识、新概念、新理论的产生来更替旧知识、旧概念和旧理论。由此使人类知识体系得到重新调整和组织，从而建立起全新的知识体系。比如，近代被欧洲人称为三大发现中的第一个发现是"地理大发现"（又称"世界的发现"），这个发现就是 15 世纪末与 16 世纪初期由哥伦布与麦哲伦等人的海洋远航所看到的"新大陆"。其实，他们所发现的"新大陆"，就是拉丁美洲，它过去就一直存在着，并不是地球上突然冒出了个新大陆，只是欧洲人过去不知道罢了，而这个发现就让欧洲人有了关于新大陆的知识。

第二个大发现是文艺复兴运动对"人的发现"。众所周知，人类的历史十分悠久，并不是突然冒出来的一个新物种。只是在欧洲人看来，过去的人由神主宰着，后来才知道人可以自己主宰自己。

第三个发现是"科学的发现"，而所谓"科学"就是人们对精确化和系统化的知识体系的称谓，它就是通过人类知识观的变化逐渐形成的。科学革命就是对传统知识体系的颠覆，随着新观念和新知识的产生，它引导着人们重新审视我们这个世界，重建自己新的知识体系。

近代以来世界究竟发生过几次科技革命，学界的看法多有分歧。有人认为是两次，有人认为是三次，还有人认为是四次。这些分歧，主要是他们使用了不同的"标志"性事件来划界所产生的。其实，不管学界如何划分科学的次数，只要是我们能够清楚的看到人类的知识在何处获得了新的进展就行了。

在世界近代史上，首次科学革命发生于 16—17 世纪的天文学领域。引发这次知识革命的重要人物是哥白尼。学界通常将哥白尼提出的"日心说"作为科学革命发生的标志。

尼古拉·哥白尼（1473—1543）是波兰著名的天文学家。他出生于波兰托伦城一个富商之家，幼年时由任大主教的舅父领养，受到了良好的教育。他曾在波兰的克莱考大学毕业，又到意大利游学，先后在博洛尼亚大学和帕多瓦大学攻读法律、医学和神学，在费拉拉大学获取了宗教学博士学位。虽然他的职业是教士，又有着"名医"的称号，但因对天文学有特别的爱好，他便把大量的业余时间投入其中。为了观测天象，他建造了一个天文台，后来被称为"哥白尼塔"。经过自己的长期观测，又对前人的研究进行哲学思考和数学计算，逐渐形成了自己的天文学理论体系，并写出了一部被称为科学革命标志的天文学巨著《天体运行论》。

《天体运行论》是一部运用数学理论写成的天文学巨著。经过对天体的长期观测和数据运算，哥白尼一扫千百年来人们坚信的"地心说"宇宙观，提出了地球围绕太阳旋转的"日心说"。他认为，宇宙是球形，大地也是球形，天体是均匀永恒的圆圈运动或复合运动，没有起点，也没有终点，旋转时不能将各部分相区别。而且球体形状也正是旋转作用本身造成的。与以往的宇宙静止理论相反，哥白尼觉得，上至天空，下至海洋，没有什么东西是静止的，一切东西都在生长、变化、消失，千秋万代继续不停。运动存在于万物之中，运动才是生命的真谛。因此，他将自己的著作命名为《天体运行论》，通过这部著作来揭示大自然的秘密。

由于哥白尼长期活跃于教会的上层，他对教会迫害科学家的历史非常了解。所以，他经常小心翼翼地与教会周旋，直到去世之前才把这部书稿付梓。据说他在弥留之际，有人把这部新出版的样书送到病榻上，他的手摸着这部新书溘然长逝了。他的"日心说"理论因为受到教会的阻挠在几十年之后才传播开来，逐渐被更多的人接受，成为欧洲宗教改革和启蒙运动的思想引擎。1830 年，波兰人为了纪念这位伟大的科学家，在华沙斯塔锡茨广场前竖立起哥白尼的纪念像。波兰著名诗人涅姆柴维基在揭幕典礼上致辞说："这个喜庆的日子终于来临了！哥白尼曾以半个世纪的工夫凝眸注视太阳，今天太阳终于把它仁慈的光芒倾注在他的身上……"

《天体运行论》在出版了半个多世纪的时光里，人们并未完全接受哥白尼的"日心说"。有的人怀疑他的学说，有的人抵制他的学说。这时，天文学界走出了一个重要人物，他对哥白尼的学说进行了验证、解释和新的发展，这个人就是开普勒。

约翰尼斯·开普勒（1571—1630）是德国杰出的天文学家和数学家。他出生在德国南部瓦尔城一个平民之家。青年时代他曾在杜宾根大学攻读神学，本想将来当个神职人员，后来却对数学和天文学产生了浓厚兴趣和爱好。大学毕业后，在奥地利路德教会学校当数学教师。因为信奉新教，1598 年遭到天主教势力的驱逐逃亡到匈牙利，做了天文学家第谷的助手。不久第谷去世，他得到了第谷的皇家数学家的职务，对第谷研究天文学的资料进行了系统整理，并将其与哥白尼的天文学理论进行了对比研究。先后撰写了《神秘的宇宙》、《新天文学》、《光学》、《哥白尼天文学概要》和《宇宙和谐论》等著作。他不仅对哥白尼的天文学理论进行了详尽的解释和宣传，并系统地阐述了自己在天文学与光学方面的新发现。

开普勒最重大的发现是行星运动的三大定律：轨道定律、面积定律和周期定律。这三大定律可分别简单描述为：所有行星分别是在大小不同的椭圆轨道上运行；在同样的时间里行星向径在轨道平面上所扫过的面积相等；行星公转周期的平方与它同太阳距离的立方成正比。这是自然科学史上第一次利用数学语言表述物理定律，不但为经典天文学奠定了理论基础，同时也提出了行星运动的动力学问题。他的三大定律为牛顿日后研究万有引力提供了思维的引擎。

开普勒一生虽然过着漂泊贫困的生活，但他发现的三大定律被后世学者称为开普勒定律，他本人也因此赢得了"天空立法者"的美名。由于他提出了光度随距离减弱的平方反比定律，也被称为光学理论的奠基者。

开普勒去世之后，科学领域里又走出第三个重要人物，他就是世界知名的科学家伽利略。

伽利略·伽利雷（1564—1642）是意大利的物理学家、天文学家和哲学家。他出生在意大利西海岸比萨城一个破落的贵族之家。按照父亲的意愿，他在大学时选择了医学，为了未来能以医学谋生。但是伽利略对医学没有多少兴趣，更喜欢数学和物理学。由于家境日益困难，他被迫中断学业帮助父亲经营店铺，利用业余时间读书和制作实验仪器。他的勤奋好学给他带来了好运，先是得到了宫廷数学家玛窦·利奇的指导，在 25 岁时又得到了贵族盖特保图侯爵的推荐而先后获得了比萨大学及帕多瓦大学教授的职位，为他日后的科学研究准备了较好的环境条件。他在教书之余，不断地进行着各种实验和观察。他发现了自由落体、抛物体和振摆三大定律，使人们对宇宙有了新的认识。他发明了天文望远镜，使人类对天空有了惊异的新发现。

伽利略是世界上第一个使用望远镜观测天空的人。1610 年，伽利略出版了天文学著作《星际使者》，向世人公布了他的观测结果和天文学理论。该书出版后，立即在欧洲引起轰动，却也给他带来了厄运。因为伽利略在书中公开支持哥白尼的太阳中心说，由此让他的名字上了罗马宗教裁判所的黑名单，受到了宗教裁判所的审讯，要求他放弃宣传哥白尼的学说，无论是讲课或写作，都不得再把哥白尼的学说说成真理。但是，1632年，伽利略又出版了《关于托勒密和哥白尼两大世界体系的对话》一书。该书中将托勒密的地心说与哥白尼的日心说作了系统的论证。他运用自制的天文望远镜所得到的观测数据批驳了亚里士多德和托勒密的错误理论，证明了哥白尼日心说的正确性。可是，该书刚出版就遭到了罗马宗教裁判所禁止出售的命令，并将他判处终身监禁。他所撰写的全部著作也遭到了查封。后来裁判所虽然放宽了对他的监管，但他已经双目失明，唯一的亲人小女儿也去世了，他在孤苦黑暗的生活中熬到 78 岁，悲惨离世。

伽利略去世后，他所留下的丰富思想和科学理论逐渐受到了人们的重视。有人对他的全部著作进行了系统的整理和研究，将他的贡献归纳为物理学、力学、天文学、哲学、光学、热学、相对性研究七个部分。学界称他为"启蒙运动的先驱"、"近代科学之父"、"现代观测天文学之父"和"现代物理学之父"。人们认为哥伦布发现了新大陆，伽利略发现了新宇宙。当代天文学家史蒂芬·霍金曾这样说：自然科学的诞生要归功于伽利略，他这方面的功劳大概无人能及。

在 17、18 世纪交替之际，欧洲的科学史上是又出现了一颗巨星，他就是被视为近代科学体系形成的标志性人物牛顿。在知识发展史的线段划分中，牛顿属于第一次科学革命的压轴者。

牛顿（1642—1727）是英国著名的物理学家、天文学家和数学家。牛顿出生于英国林肯郡一个乡村庄园，他是一个遗腹子，3 岁时母亲改嫁，他由外祖母养大。他的幼年就在乡村的中小学里接受教育，后来母亲再度成为寡妇，希望牛顿做个农夫能经营她的庄园。牛顿按照母亲的要求曾一度辍学务农，后来在舅父的支持下才得以复学。中学毕业后，牛顿进了牛津大学三一学院。在这里他阅读了笛卡儿、哥白尼、开普勒和伽利略等天文学家的大量著作，对天文学和数学产生了深厚的兴趣。大学还没有毕业，牛顿就发现了二项式定理，这项成就为牛顿日后的发展打下了良好的基础。牛顿毕业后便成为该学院的研究员，26 岁就成为英国最年轻的教授，30 岁当选为英国皇家学会会员，47 岁被任命为皇家造币厂厂长，61 岁选为英国皇家学会会员，63 岁被安妮女王封为爵士，他是第一位获此殊荣的科学家。牛顿 84 岁逝世，享受国葬礼仪，被安葬在英国最神圣的墓区西敏寺。

牛顿在知识发展和知识组织史上是一位集大成者。他系统地总结了伽利略、开普勒和惠更斯等人的知识成果，经过融会贯通，他得到了著名的万有引力定律、微积分和牛顿运动三定律（惯性定律、加速度定律、作用与反作用定律），由此奠定了经典物理学的理论基础，导致了世界史上的一次科学革命。牛顿还在代数和数论、计算方法、概率论等方面有创造性的成就和贡献。他还发现了太阳光的颜色构成，亲自制作了世界上第一架反射望远镜。著有《自然哲学的数学原理》、《光学》、《二项式定理》和《微积分》。他的万有引力定律，将天上的运动和地上的运动密切地联系在一起。以数字为表达形式的牛顿力学体系，后来被称为经典力学体系。这个体系对解释和预见物理现象具有重要意义，同时也为哥白尼的日心说提供了有力的理论支持，使得自然科学的研究最终挣脱了宗教的枷锁，在人类认识史上实现了科学知识的综合汇通。在知识发展史上，西方自然哲学向自然科学转变是以牛顿力学的出现为界限的。牛顿所发现的物体运行三大规律，被认为是人类知识发展史上的一个里程碑。他解开了开普勒没有解决的天体如何由不动到动的谜团，也解开了伽利略没能解决的物体如何落向地球的谜团，因此，西方学者普遍认为，自牛顿开始，人类对自然的研究已经走上科学的道路。此后，不少新学科相继出现，逐渐形成了近代自然科学体系。

牛顿被誉为人类历史上最伟大的科学家之一。在美国学者麦克·哈特所著的《影响人类历史进程的 100 位名人排行榜》中，牛顿名列第二。2003 年，英国广播公司在一次全球性的评选最伟大的英国人活动当中，牛顿在最伟大的英国人中占据首位。

三　技术革命开辟的新时代

技术与人类生活息息相关，属于人类社会实践的范畴。有人将其与宇宙、自然和社会并称为构筑人类生活的四大要素。过去，我们对技术的理解往往偏重于它在各种工艺操作方法与技能方面的表现力，认为技术是人类为实现社会需要而创造和发展起来的手段、方法和技能的总和。如今，我们已将其看作人类知识的另类一种表现形态，它通过创造、发明与解决现实生活中各类具体问题来实现我们理想的生活愿望。

　　所谓"技术革命"，就是指人类在改造客观世界时在技术上出现的新变化。技术革命，就是通过为社会提供新的生产工具和工艺过程而使整个社会的物质文明建设发生重大转变。

　　我们在浏览关于近代各类"革命"的文献时，常常会遇到许多前面附加了限定词的概念，如科学革命、技术革命、科技革命、工业革命、产业革命、社会革命等，这些词汇除了在专业论著中或许有准确的界定之外，通常人们在使用它们时大多都很含混。其实，"革命"是个古老的概念。在古代，人们把朝代更替、君主易姓称为革命。到了近代之后，人们把发生在知识界、社会界或思想界等领域内能够使事物改变性质的发展变化也叫作革命。在有的语境下，革命还带有专指性，即专指社会革命和政治革命。这里所说的限定语，就是指革命发生在所指定的领域之内。不过，这些革命也并非都是疾风暴雨式的一扫而过，特别是在思想和知识领域内发生的革命更像是春天的和风，使万物慢慢地苏醒和成长。它们之间既有区别，也有联系。有些革命甚至是一种连带性运动，其中存在着直接或间接的因果关系。

　　科学与技术关系密切，科技常常并称。科学革命和技术革命有时也并称为科技革命。科学革命主要是指人类对自然界及其发展规律的认识上所发生的大变化；技术革命主要是指人类在改造自然过程中有关制造和操作方面的大变化；工业革命与产业革命的内涵无大差异，主要是指由技术革命引起的，使国民经济生产的支柱产业结构发生的重大变革；社会革命的含义更为复杂，主要是指社会制度是社会形态乃至政治、经济和思想文化教育等方面的大变革。

　　科学革命与技术革命相伴而生，互为表里，相互支撑，相辅相成。科学革命是技术革命的基础，它为技术革命的实现提供系统的理论知识和思维方法，而技术革命反过来又为科学研究提供观察和实验的新工具与新工艺。世界近代以来所出现的那些科技革命基本上都表现出科学与技术的亲密合作关系。通过科学与技术双方的相互促进，为人类社会的全面发展打开了一个又一个新局面。

　　近代究竟发生了几次技术革命？人们的看法各不相同，有人认为是两次，有人认为是三次，也有人认为是四次。这些技术革命多是与科学革命相伴而行的。第一次技术革命就发生在第一次科学革命期间，其标志是英国人瓦特在 1769 年改良出一台现代意义上的蒸汽机（蒸汽机古已有之，瓦特不是发明者），把人类社会带入了"蒸汽时代"，从此掀起了发明和使用机器的热潮。1807 年，美国人富尔顿制成第一艘汽船，揭开了水路交通的新篇章。1814 年，英国人史蒂芬孙发明了第一台蒸汽机车，由于在运行时不时从烟囱里冒出火来而被称为火车。火车的发明使陆路交通也发生了重大变化。

随着大功率蒸汽机的出现和广泛使用，首先改善了水上交通和陆路交通的条件，又带动了其他工业部门的机械化，纺织机、鼓风机、磨粉机等一系列新机器都被制了出来。由于机器生产代替手工生产，使纺织、印染、冶金、采矿等行业都得到了迅猛的发展，于是就出现了工业化趋势。因此，人们就把这个时代称为"工业革命"。

工业革命又引发了人类社会的大变革。随着生产力的巨大提高，经济得到快速发展，占有资产的人越来越富，失去资产的人就越来越穷，社会日益分裂为两大相互对立的阶级，即工业资产阶级和工业无产阶级，随着两大阶级斗争的白热化，社会革命也就随之而来。

第二次技术革命发生于 19 世纪中叶。它以电机的发明为起点，以电力的广泛应用为标志。1831 年，英国人法拉第发明了第一台发电机，人类开始学会了使用电力能源。此后，美国人爱迪生发明出电灯泡，改善了人类的照明条件。德国人西门子制造出第一辆有轨电车，改善了陆路交通条件。德国人卡尔本茨设计出内燃机。内燃机以煤气、汽油、柴油为燃料，后来就有了内燃机驱动的火车、轮船、汽车和飞机等新型机械用具。同时人们还从煤和石油等原材料中提炼出多种化学物质，制造出染料、塑料、药品、炸药和人造纤维等多种化学合成材料。从此人类社会进入"电气时代"。有人把这次技术革命称为"电力革命"或"第二次工业革命"。因为随着电力与燃气的广泛应用，带动了电力、电子、化学、汽车、航空等一大批技术密集型产业的蓬勃兴起，使社会的产业结构再次发生了深刻变化，国家政体开始和垄断组织相结合，导致了垄断资本主义的形成。垄断资本主义又称帝国主义。自帝国主义出现之后，西方发达国家就掀起了扩张、侵略与瓜分殖民地的狂潮。在 19 世纪与 20 世纪之交，世界上有三分之二的国家沦为殖民地。由于大国在争夺利益上的矛盾加剧，又导致了两次世界大战的爆发。

人类历史上的第三次技术革命出现的特征，首先就表现在军工业方面。为了赢得战争的胜利，许多国家都为研发先进武器投入了大量的人力和财力，使军工业得到了巨大的进步。"二战"结束后，能与美国展开军备竞赛的强国是苏联。1945年，美国研制的一种新型武器原子弹爆炸试验成功，1949年，苏联继美国之后也制造出了原子弹。1957年，苏联发射了世界上第一颗人造地球卫星，在空间技术发展上走在了前面。这件事极大地刺激了美国人。1958年，美国也发射了一颗人造地球卫星。1952年，美国又试制另一种武器氢弹。此外，在1953—1964年这10年间，英国、法国和中国也相继试制出了核武器。

除了核技术与空间技术之外，象征着第三次技术革命的标志性技术——信息技术也获得了突破性进展。1946年，美国研制出世界上第一台计算机，奠定了现代信息技术的基础。1969年，美国国防部为了能在战争基部保持信息畅通，他们建成了阿帕网，将不同地点的四个站点连接在一起，于是就产生了互联网。因此，学界认为，人类历史上的第三次技术革命自19世纪晚期开始，到20世纪中期成熟。在这个时期里，相继形成了许多新技术，如核技术、航空航天技术、计算机与网络信息技术、微电子技术、生物技术、环境保护技术、激光技术、新材料技术、新能源技术乃至海洋技术等，人类开始跨入信息社会。特别是计算机与信息网络技术的大发展，将世界变成了一个"地球村"，不仅彻底改变了人们的生活与生产方式，并且也对世界政治、经济的格局又进行了一次新的大调整。

四 科学技术的社会建制

所谓"社会建制"，是指以满足某些基本社会需要而形成的相关社会组织系统。当今的学者们把这个组织系统当作一种社会组织制度来研究，认为每种社会组织制度都包含着价值观念、行为规范、组织系统和物质支撑这四大要素。其中，价值观念是一个组织得以建构的思想基础，它是对一个组织及其制度终极目标与社会功能的理论说明，以便使组织成员得以明了组织建设的意义，在精神上获得组织归属感。行为规范是对组织成员特定社会活动行为模式的规定，作为社会建制的一种体制，它反映出对所有成员行为的制约性。组织系统既是社会建制的实体部分，也是制度及其规范的载体。其中包括组织的首脑、职能部门和组织成员等。如学会、研究院、实验室、大学、图书馆等，都是社会建制的实体部分。物资支撑是社会建制得以运行的基础性保障，如科研所需的资金投入、仪器设备的添置等都是组织运动必须使用的消耗品。只要满足了上述这些必备条件的社会活动，就可视为社会建制化成功的标志。

　　科学与技术建制，是社会各种建制系统中的一个分支体系。近代科学革命不仅给人类带来了大量的新知识、新观念和新理论，更重要的是它也为人类带来了新的知识生产方式和组织机构大建设。近代之前的知识研究类似于过去农业与小手工业作坊，多是个体的、松散的、自发的进行着一些自我感兴趣的研究课题。在科学革命爆发之后，知识生产领域出现了新的变化，学者们为了实现共同的目标、任务或利益，开始建立起有目标、有计划、有秩序、有成效的知识组织机构。正像培根所设想的那样，社会上逐渐出现了一大批专门为知识分子的科学研究提供联络和交流的组织机构，如学派、学会、协会、学院、学科以及科学共同体等组织，都是指以从事科学研究，以推动科学技术发展为目的的知识组织。这些知识组织的大量涌现，使知识生产领域出现了组织化、规模化、系统化和结构化的发展趋向。因此，我们可以这样理解科学技术的社会建制，即通过不同的知识组织方式，将分散的各类知识和知识分子进行有序的编制，纳入社会管理系统中以便于有效地控制和利用。它使科学研究成为一个行业或部门，在这个行业从业的人获得一种职业化的身份，比如让专家、教授、科学家等称谓成为社会认同的一种角色，他们也因此而获得一定的社会地位。

　　科学技术的社会建制是科学技术发展到一定阶段的必然产物。近代以来，随着科学技术与社会的互动不断加强，拥有知识的人越来越多，他们在社会经济生产和文化建设等方面所发挥的作用也越来越大，由此催生了社会的生产体系发生结构性变化，即出现产业革命。科学技术的社会建制就是在产业革命之后开始的。资本主义社会制度产生之后，西方国家中首先出现了职业化的科学家和工程师，出现了独立的科学研究机构和教育机构，于是就开始了科学技术的社会建制进程。科学技术的社会组织就是由科学家和技术专家组成的群体。每个群体内部的个体成员通过互动形成有机的联系，随着联系的加强便形成了社会组织。

科学技术社会建制化的具体标志，在产业界就体现在科学技术的职业化和体制化方面，出现了大量的工业研究实验室和研发人员。德国是世界上最早出现的工业实验室的国度，19世纪晚期，在德国的合成染料工业、德国电气工业、钢铁工业中都创建了实验室，并创立了德国"国立物理研究所"、"国立化学研究所"、"国立机械研究所"等。这些实验室和研究所都是带有集体或国有性质的研究机构。它表明了科学研究和技术开发开始走出个体的小作坊进入大生产时代。随着科研绩效的快速增高，这些研究机构很快就得到了政府的大力支持并被纳入管理系统中作为一种重要的资源来管理，并制定出鼓励和支持科技活动的资助政策，使科技工作者依靠政府的津贴从事科学研究和技术开发。政府和企业从此成为科技投入主体，改变了以前科技活动主要依赖社会捐助和科学家个人资产的状况。

第三节　自然科学的学科分支化组织

所谓"自然科学"，是以自然界为认识对象的一个大的知识部类。其中包括了数理化等诸多的分支学科。自然科学或可解释为"关于自然的科学"。当"自然"用作名词的时候，可指一切天然的存在物，其中的认识对象大至宇宙间的各个星系，小至亚原子粒子，凡是自然界所有的事物包括人在内都是自然科学研究的范围。因此有人说，自然科学是对一切事物及其运动过程的总概述。而"科学"这个概念的内涵也很丰富，既可指代那些经过系统化组织的知识体系，也可指代科学研究过程中的科学精神、科学方法和科学建制等内容。

科学是何时产生的？据说在18世纪之前人们并不使用"科学"这个概念，而把以研究自然为对象的学问称为"自然哲学"。达尔文是第一个给科学下定义的人，他说："科学就是整理事实，以便从中得出普遍的规律和结论。"[①] 恩格斯也说："十八世纪以前根本没有科学；对自然的认识

---

① 转引自［英］贝弗里奇《科学研究的艺术》，陈捷译，科学出版社1979年版，第96页。

只是在十八世纪（某些部门或者早几年）才取得了科学的形式"，"十八世纪综合了过去历史上一直是零散地、偶然地出现的成果，并且揭示了它们的必然性和它们的内部联系。无数杂乱的认识资料得到清理，它们有了头绪，有了分类，彼此间有了因果联系；知识变成了科学，各部门科学都接近于完成，即一方面和哲学，另一方面和实践结合了起来"。① 这就是说，任何认识资料只有经过了系统化的整理和分类组织之后才可成为"科学知识"。

到了 20 世纪之后，现代科学的发展使人们对科学本质有了更深的认识，学界开始使用"知识体系"来定义科学。我国的《辞海》就把科学定义为"关于自然、社会和思维的知识体系"。由此可见，科学就是在人们对庞杂的知识进行分类整理与合理组织的基础上产生出来的。任何零散的知识只有得到了系统化和精密化组织之后才能称为成熟的科学。近代以来，学界将人类的全部知识划分为自然科学、社会科学和人文学科这样三个大的领域。每个领域之内，再逐级细分成为不同的学科。有了各种各样的学科，人类就进入了科学的时代。

自科学革命开始之后，在各种知识系统中自然科学首先成熟，从中诞生了具有现代意义上的学科。在各类自然科学中又以数学、物理学、化学和生物学的组织体系分科化为先导。

一　数学的学科分支化组织

自人类进入文明社会以来，数学作为人类普遍使用的计算与设计工具很早就受到了广泛的重视。在古代初期和中世纪里已有大量的数学知识成果出现。进入近代之后，数学得到了突飞猛进的发展，远远超越了古希腊和阿拉伯数学的辉煌。

近代西方数学的进展有一个由慢到快加速度发展的过程。16 世纪的时候，研究数学的人较少，他们把数学作为一种研究兴趣而不是一种职业来钻研。数学知识的推广也很缓慢，就像我们如今最常用的加减乘除号、等号和小数点这样简单的运算符号的发明和推广也都经过了很长的时间，

---

① 《马克思恩格斯全集》第 1 卷，人民出版社 1979 年版，第 656—657 页。

直到 16 世纪后期才在社会上广泛使用。到了 17 世纪前期，初等数学的主要科目如算术、代数、几何、三角学已基本形成，随后又开辟了解析几何、微积分、概率论、射影几何等新领域。

到 18 世纪时，数学的发展提速了。特别是法国的数学研究成绩最为突出。巴黎科学院成为欧洲最重要的学术中心，出现了许多如克莱罗、达朗贝尔、孔多塞、拉普拉斯、蒙日以及勒让德等卓越的数学家。

在当时欧洲的数学领域里以欧拉和拉格朗日名气最大。瑞士著名数学家欧拉是第一个使用"函数"一词来描述包含各种参数表达式的人。法国数学家拉格朗日通过数学分析，使数学、几何与力学成为独立的分支学科。他们都曾先后受聘于德国的柏林科学院。在德国有一位被称为"数学王子"的数学家高斯，他不仅在数论、非欧几何、微分几何、超几何及复变函数论与椭圆函数论等方面都作出了开创性的贡献，并且还将数学运用于大地测量，成为大地测量学的奠基者。

在上述这些数学家的努力之下，数学在 18 世纪里走向了成熟。孔多塞这样说："代数学的语言已经普及了，简单化了、完善了，或者不如说，就只有在这个时候，它才真正地形成了。方程式的普遍理论的最初基础已经被提了出来，它们所做出的解答的性质被深化了；三次方程和四次方程的解答已经被人解决了。对数的巧妙发明简化了算学的运算，便利了所有对具体事物计算的应用，从而扩展了各个科学的领域。"①

到了 19 世纪，数学研究人才辈出，著名的数学家举不胜举。他们成立了研究机构，创办了专业性刊物，组织成为专业性学术团体（学会或学院）。数学的学科化组织建设基本完成，在许多高院校或研究机构中从事教学和研究的人，并将数学变成了一种谋生的职业。当然，他们也可能都是对数学怀有兴趣的人，否则就难以在这个领域里获得硕果。也正是通过人们的兴趣使数学没有停留在简单的应用计算方面，而是不断地向高深细密方向发展，又从中逐渐分化出了算术、代数、初等函数、平面几何、立体几何、平面解析几何、空间解析几何、微积分、高维空间函数、线性代数、概率论、数理统计、拓扑学与数论等学科，并使这些学科成为现代

---

① ［法］孔多塞：《人类精神进步史表纲要》，何兆武、何冰译，江苏教育出版社 2006 年版，第 100—101 页。

科学组织化建设中不可或缺的组成部分。

二　物理学的学科分支化组织

近代物理学肇始于经典力学的产生。拉开近代科学序幕的人是伽利略。关于伽利略在科学上的贡献，我们在前面已经作了介绍，他在物理学中的成就是创立了自由落体定律、钟摆的等时性定律，研究了物体的距离、速度和加速度之间的关系，提出了无穷集合的概念。他通过物体运动来研究力的作用，提出了物体运动的基本原理，由此形成了古典力学。

古典力学正是近代物理学的基础理论。在伽利略之后，就出现了牛顿的力学和光学理论。关于牛顿在科学上的杰出贡献我们在上面也作了介绍。由于他在力学和光润学方面的创建成为后来物理学发展的引线，我们不得不屡屡提及他。1687 年，牛顿出版了《自然哲学的数学原理》一书，提出了运动三定律和万有引力定律，并对自然界的力学现象作出了系统、合理的说明，从而完成了人类对自然界认识史上的第一次理论大综合，标志着经典力学体系的建立和近代科学的形成，从此使科学摆脱了神学的束缚迅速发展起来。1704 年，牛顿出版了《光学》一书，阐明了颜色的本性，提出了光的"微粒说"。这在这个时候，荷兰物理学家惠更斯提出了与他相反的光学理论，称为光的"波动说"。

惠更斯（1629—1695）是荷兰物理学家、天文学家、数学家和钟表学家。在物理学发展史上，他是一位介于伽利略与牛顿之间的重要人物。他对力学和光学都有杰出的贡献。在力学上，他提出了动量守恒原理和向心力定律，并改进了计时器，制造出了世界上第一架计时摆钟。在光学方面，惠更斯在 1690 年出版了《光论》一书，提出了光的"波动说"，建立了著名的惠更斯原理。他的"波动说"理论与牛顿的"微粒说"在当时形成两种相互对立的见解。同时，他在天文学及数学的研究方面也有显著的成就。因此，英国皇家学会在 1663 年聘请他为第一个外国会员。1666 年，法国皇家科学院刚成立也将他选为院士。

到了 19 世纪以后，法国物理学家菲涅耳以惠更斯的波动原理和干涉原理为基础，对光进行了深入细致的研究，建立起光的衍射理论。并用新的定量形式建立了惠更斯—菲涅耳原理，由此奠定了晶体光学的基础。

在物理学中，电磁学是理论大厦中的一个重要支柱。关于电磁的研究早在古希腊时代的德谟克利特和亚里士多德就已经开始了。只是到了近代，经过伽利略和牛顿对之进行了首次知识大综合之后才进入科学研究的轨道。然后又经过了迈尔、焦耳、克劳修斯、玻尔兹曼、法拉第、麦克韦斯、爱因斯坦、玻尔、普朗克、德布罗意、薛定锷、海森堡等人在理论上的多次综合组织和持续发展，终于形成了系统而又完整的学科体系。

放射线和原子论研究在物理学中也是一个重要的支点。英国物理学家汤姆逊自 1891 年开始研究原子核结构，他在磁场和电场中发现了阴极射线，又对原子内部的阳极射线进行了测定，证明了电子和原子的存在及其关系。

1895 年，德国物理学家伦琴发现了 X 射线。自伦琴发现 X 射线之后，有不少学者都开始研究放射性射线的性质、发射机制及其在社会上的各种应用。1896 年，法国物理学家贝克勒尔在铀盐中发现了放射性。波兰女物理学家玛丽·居里在 1903 年和丈夫皮埃尔·居里发现了放射性元素镭，随后她又独自发现了另一种放射性元素钋。为此，她曾两度荣获诺贝尔奖，被誉为 20 世纪最杰出的女科学家。放射性研究的集大成者是世界著名科学家卢瑟福。

卢瑟福（1871—1937）是英籍新西兰物理学家。他出生于新西兰，1895 年在大学毕业时获得了大英博览会奖学金，远渡重洋来到英国最有名的卡文迪许实验室学习。在时任卡文迪许实验室主任汤姆逊的引导下，卢瑟福把研究方向由无线电转移到放射性上。1902 年，他首先发现了放射性元素的半衰期，又通过放射性和光谱实验描述出原子的结构。1905年，他使用放射性元素的含量及其半衰期计算出矿石、古物和太阳的寿命，开创了用放射性元素半衰期计算天体纪年的先河。1908 年，卢瑟福获得了该年度的诺贝尔化学奖。后来他接替汤姆逊任实验室主任，在他的助手和学生中，先后荣获诺贝尔奖的多达 12 人。因此有人把他称为杰出的学科带头人。由于他在放射性和原子结构等方面所作出的重大贡献，被称为"原子核物理学之父"和"量子力学先驱"。

核物理学的产生就是由这些科学家们在放射线与放射性理论研究中逐渐形成的。有了核物理，人类就制造出了两种杀伤性巨大的可怕武器，它们就是原子弹和氢弹。原子弹与氢弹的理论基础是以爱因斯坦的质能方程为理论依据的。这两种武器的出现也证明了爱因斯坦质能方程的正确性。核物理除了在战争中制造出了两大武器之外，人们还利用核电站发电，并被广泛运用于医学临床，使其在疾病的透视、扫描检查以及放射治疗中发挥重大作用。

19 世纪晚期，在物理学科中，关于力、热、声、光、电等各个学科都出现了较为成熟的理论体系。英国物理学家汤姆逊在一次国际会议上说："物理学大厦已经建成，以后的工作仅仅是内部的装修和粉刷。"但他又说："大厦上空还漂浮着两朵乌云"。这两朵乌云是什么呢？一朵是"以太"学说，另一朵是"紫外灾难"。

"以太"是根据牛顿经典力学所设想的用以传播光的介质。牛顿认为以太充满宇宙空间，是静止不动的。1880 年，美国物理学家迈克尔逊和化学家莫雷利用光学干涉仪进行了一项搜索"以太风"的著名实验来测量所谓的"以太漂移"假想。但是，经过多次努力，也没有找到"以太风"或"以太漂移"的运动迹象。1887 年，他们宣布"以太漂移"速度实验测得结果为零。这个失败的结论便成为物理学上空的一朵乌云。

另一朵乌云与绝对黑体辐射的实验有关。有许多物理学家对热辐射现象提出了种种假说，但经多次实验，数据的结果都趋于零。这个结果被称为"紫外灾难"。经典物理学的理论在这里陷入了困境和危机。

进入 20 世纪之后，物理学中正是因为这两朵乌云引发了一场大变革。"以太"学说这朵乌云引发了相对论的诞生，"紫外灾难"引发了量子力学的诞生。现代物理学就是随着这两朵乌云的扫除而形成的。

扫除第一朵乌云的科学英雄是爱因斯坦。

爱因斯坦（1879—1955）是德国犹太裔理论物理学家、思想家、哲学家和相对论的创立者。他出生于德国乌尔姆一个经营电器作坊的小业主之家。大学期间，爱因斯坦在苏黎世工业大学学习物理学，毕业后在伯尔尼瑞士专利局当技术员，从事发明专利申请的技术鉴定工作，利用业余时间开展科学研究。

爱因斯坦相对论的形成，是在普朗克提出能量子假说的第五个年头。1905 年，爱因斯坦完成了一篇著名论文，叫作《论动体的电动力学》。这篇论文针对经典物理学与现代实验之间的矛盾展开讨论，其中指出了牛顿力学的局限性，提出了同时性的相对性、时缓效应、尺缩效应、光速不可逾越以及物体的质速关系式和质能关系式等一系列重要结论。这些理论在当时被称为"狭义相对论"。在狭义相对论中，光的传播不需要以太这个介质，也就从根本上解决了"以太漂移"实验为零的难题。

1915 年，爱因斯坦又发表了广义相对论。他把空间、时间和物质的运动联系在一起，从此使单独的时间和空间不复存在，而以时间和空间的四维统一体取而代之。1921 年，爱因斯坦以光电子理论获诺贝尔物理奖。

在现代物理学中，最有影响的理论就是爱因斯坦的相对论。他的相对论引起了人类时空观的革命和整个物理学的革命，因此学界将他称为"现代物理学奠基人"。继爱因斯坦之后，英国物理学家霍金提出的宇宙大爆炸及其时空论也占有重要的地位。霍金对宇宙的产生和时空逆转问题进行了系统的说明，因此被誉为"宇宙理论家"和"宇宙之王"。

扫除另一朵乌云的科学英雄是以普朗克、爱因斯坦为首的一个物理学家群体。他们前仆后继，通过一系列量子力学理论的论证，才使物理学逐渐摆脱了"紫外灾难"所带来的困境。

量子力学最早开始于奥地利物理学家斯蒂芬的黑体研究。1900 年，德国物理学家普朗克发表了《关于正常光谱能量分布定律的理论》的论文，文中他将光的能量叫作能量子，简称"量子"，量子的概念由此而生。普朗克还在文中提出了辐射量子假说，因此使他成为量子力学的创始人。这个重要贡献还使其在 1918 年获得了诺贝尔物理学奖。

量子力学是以研究微观物质为对象的一种基础理论知识。在这个学科里，普朗克、尼尔斯·玻尔、沃纳·海森堡、薛定锷、沃尔夫冈·泡利、德布罗意、马克斯·玻恩、恩里科·费米和保罗狄拉克等人都为这个理论大厦的建设作出了重要贡献。到 20 世纪 30 年代，形成了量子力学的完整体系。量子力学的出现，是对经典物理学理论的重大突破，它揭示了连续与间断统一的自然观，揭示了自然规律的客观统一性，从此使人们对物质的结构及其相互关系的见解发生了革命性的重大转变。它不仅为各门科学的量子化奠定了理论基础，并且还从这里衍生了原子物理学、固体物理学、核物理学和粒子物理学等新学科。

人们把现代物理学分为七个分支体系：化学物理学、地球物理学、经济物理学、物理化学、生物物理学、医学物理学、天文物理学，在每个分支体系之下，还可分出更多的学科专业。每个分支学科都有大量的新知识和新理论涌现出来。这里介绍的核物理与量子力学不过是其中的典型例证罢了。

三　化学的学科分支化组织

化学与我们的日常生活关系密切。自人类学会了钻木取火，就已经将化学与我们的生活联系起来了。因为许多物质都在火中发生重大变化。我们的祖先从很古老的时代里就学会了利用火来煮熟食物，制造陶器、瓷器、铁器，酿酒，印染织物，包括冶炼矿物、提取黄金等。所以说，在社会生活的每个进步都有化学伴随其中。虽然在古代的埃及、中国、古希腊和阿拉伯帝国都很流行炼丹术和炼金术，记载这方面知识的书籍也很多，但当时并没有形成稳定的化学知识体系。

近代化学是从17世纪才开始产生的。从这时起，化学领域里出现了几个重要的开山者，如波义耳提出了元素的概念，把化学变成了科学；拉瓦锡创立了燃烧的氧化学说；道尔顿创立了科学原子论；维勒创立了有机化学；门捷列夫排列出了最为精密的元素周期表。他们都为化学知识体系的形成作出了重要贡献，而化学学科的繁荣和大发展则是更多学者共同努力的结果。

波义耳（1627—1691）是英国化学家。他出生于爱尔兰西南部利兹莫城的一个贵族之家，从小体弱多病，酷爱读书，素有神童之称。1646年，他用父亲留给他的遗产在自己的家里建起了实验室，在化学上有了许多发现。如他发现了空气的压力与体积成反比，被称为波义耳气体定律；他还发现了指示剂，并设计出来了石蕊试纸，一直沿用至今；他做的银盐实验，为后来的照相技术奠定了基础。1654年，他结识了著名学者胡克，便将家由伦敦迁入牛津，做了胡克的助手。1661年，他出版了专著《怀疑派化学家》。这一年该书被化学史家视为近代化学的开始，可见其对化学界所产生的影响之大。1666年，他出版了另一部著作《形式和质料的起源，根据微粒哲学》，该书中用机械论哲学解释化学现象，把"化学确立为科学"，因此被人们称为"近代化学之父"。

拉瓦锡（1743—1794）是法国著名化学家。他出生于巴黎一个富裕的律师之家。大学时代他按照父亲的旨意学习法律，并取得了律师资格。

但他对化学更有兴趣，用大量的时间来研究它。1775 年拉瓦锡担任了皇家火药局局长，火药局里有一座实验室，使他有机会在这里进行化学实验。他创造出许多化学实验方法，后来成为化学研究的传统。他提出的氧化反应理论推翻了以往的燃素说。他还证明了化学反应中的质量守恒定律，他主张使用统一的术语给化学元素命名。1789 年，他在出版的《化学概要》中，列出了第一张元素表，将元素分为简单物质、金属物质、非金属物质和成盐土质四个大类，由此促进了现代化学知识体系的形成。有人将他的《化学概要》作为现代化学诞生的标志。因此，他被尊为"现代化学之父"。1789 年法国大革命爆发，拉瓦锡由于曾经担任过包税官而入狱，并在 1794 年被处以绞刑，时年 51 岁。他的死让当时的许多学者感到惋惜。著名的法籍意大利数学家拉格朗日痛心地说，他们可以一瞬间把他的头割下，而他那样的头脑一百年也许长不出一个来。

道尔顿（1766—1844）是英国化学家。他出生在英国坎伯兰的伊格尔斯菲尔德村一个纺织工人家庭，幼年家贫只受过启蒙教育。依靠自学，他曾在多所学校担任中学教师，后来又升任为大学的哲学教授。1816 年，他当选为法国科学院通信院士。1822 年，当选为英国皇家学会会员。道尔顿一生发表过一百多篇论文和两部著作，对哲学、气象和医学等都有研究。他在化学方面的贡献是创立了新的原子学说。他认为原子是组成物质的最小单位，还将原子划分为简单原子和复合原子两大类。为了确定各种元素的原子量，他多次测定原子量，不断地改进着原子量表，从各种物质的结构中揭示出化学运动的本质和规律性，为人类认识微观世界开辟了新的道路。

在道尔顿的带领下，欧洲出现了一批研究原子学说与化学合成物的人。如法国化学家吕萨克在 1808 年发现了气体化合体积定律；1811 年意大利物理学家阿伏伽德罗提出了分子学说；1819 年法国化学家杜隆和珀替发现了原子热容定律；1826 年，瑞典化学家贝采利乌斯提出了较为精确的原子量表；1855 年，意大利化学家坎尼扎罗提出了更为精确的原子计量方法，并把原子与分子的学说统一了起来，形成了原子与分子结构一体理论。

19 世纪中期元素周期表的发现是近代化学史上的一个伟大创举。元素表从制作到完善，经历了多个世纪的发展。早在 1789 年拉瓦锡在他的专著《化学大纲》中就列出了第一张元素表，他把当时已经知道的 33 种元素划分为四个大类，分别排列出来。到 1829 年，人们发现的元素增加到 54 种，德国化学家德贝莱纳按照三元素分组规则将其重新排列出来。1850 年，德国化学家培顿科弗认为三元素分组的方法与元素的实际性质并不吻合，提出了以原子量的 8 倍数排列。1862 年，法国化学家尚古多创建了元素排列的《螺旋图》。1863 年，英国化学家欧德林制作出了《原子量和元素符号表》。1865 年，英国化学家纽兰兹按原子量递增的顺序排列元素。他发现，每隔 8 个元素，元素的性质就会重复出现。由此他将自己的元素表称为"八音律"。此外，还有英国的迈尔和拉姆齐等人也曾制作出自己的元素表，而最终得到学界认同的最完美的元素表是由门捷列夫制作出来的《化学元素周期表》。

门捷列夫（1834—1907）是俄国著名的化学家。他生于西伯利亚托博尔斯克一个中学教师之家，由于父亲患病早逝，他在贫困中度过了中学和大学时代。大学毕业后，他先是在中学任教，不久被彼得堡大学破格任命为化学讲师。那时，他也一直关注着化学元素研究的新变化，并收集资料对其进行了深入系统的研究。经过他的分析和综合，总结出这样一条规律：元素的性质随着原子量的递增而呈周期性的变化，因而他发现了元素的周期律。然后根据元素周期律编制了第一个元素周期表，把已经发现的 63 种元素全部列入表里，同时还在表中留下空位，预言必有新的元素会继续被发现出来。他在 1869 年出版的《化学原理》一书，就是对这个理论的系统阐述。他的排列方法在国际化学界得到公认，被译成多种文字出版，成为世界化学领域内共同奉行的标准。

有机化学在近代化学中是一个较大的分支学科。其实，人类对于有机化学的运用早就开始了，当人们学会造酒、酿醋，使用酵母发面，利用植物染色和治病的时候，就已经能够使用有机物了。但使有机化学成为一门学科，是在 17 世纪开始萌发的。那时候人们已经知道从葡萄酒中提取酒石酸，从柠檬汁中提取柠檬酸，从酸牛奶中提取乳酸，从鸦片中取得吗啡，但还没有出现"有机化学"这样的知识体系。经过 18—19 世纪的长期酝酿，有机化学开始成熟，进入 20 世纪之后，便发展为一门内容丰富、涵盖广阔、充满活力的大学科。

19 世纪初期，瑞典化学家贝采利乌斯最先提出了"有机物"和"有机化学"这两个重要的概念，将有机物与无机物分为两个部分。但他却认为有机物只能在生命力的作用下才会产生，人工合成是不可能的。这种见解曾一度阻碍了有机化学的发展。

1815 年，法国化学家盖·吕萨克把拉瓦锡进行氧化实验中发现的"基"发展为"基团理论"，后来又经过几个人的实验和论证，他们把基分为单基与复基，认为单基与氧化合可形成无机物，复基与碳、氢、氧化合可形成有机物，最终实现了有机物合成的人是维勒。他通过人工合成制造出了有机化合物尿素。推翻了贝采利乌斯关于"有机物只能是有生命力的动植物合成"的结论。

维勒（1800—1882）是德国化学家。他出生于德国法兰克福的埃希海姆村。他的父亲是个医生，经常喜欢在家调配各种药物，这让维勒也产生了浓厚的兴趣。维勒在大学时选择了医学并获得了医学博士学位。经人推荐，他到瑞典跟随当时的化学权威贝采利乌斯学习，逐渐掌握了分析化学和制取元素的方法。他先在实验中提取出了金属铝，随后又制作出合成尿素。1828 年，他发表了论文《论尿素的人工合成》，这篇论文后来就被称为有机化学诞生的标志。人工合成尿素给有机化学带来了春天的信息，此后人们就合成出了乙酸、酒石酸、脂肪、糖类物质等，有机物就如雨后春笋般相继被提取出来，有机化学的历史就从这里开始了。

自 1862 年起，德国化学家肖莱马从煤焦油和石油中分离出戊烷、己烷、庚烷和辛烷，此后又对甲烷、乙烷、丙烷、丁烷直到辛烷都做了深入系统的研究，并将当时出现的有关有机化学的知识进行了全面综合，在1874 年出版了他的专著《碳化合物的化学教程》，书中将含有碳元素的化合物称为有机物。指出碳、氢、氧、氮、硫、磷、卤素等都是有机化合物，并给有机化学作出了更为确切的定义："有机化学是研究碳氢化合物及其衍生物的化学"。该书的出版标志着有机化学的理论结构基本形成。1887 年，肖莱马和罗斯科合作编写了《化学教程大全》。该部著作共有 9卷之多，几乎网罗了当时所有的化学知识，使化学得到了广泛的普及。因此，肖莱马也赢得了"有机化学奠基者"的称号。

在近代的化学领域里，除了原子学说获得了重大进展之外，电化学的研究由于用途广泛，也曾引起许多学者的兴趣。自 18 世纪以来就有一些化学家与物理学家相互结合，对各种电流中产生的化学反应进行实验研究，相继提出了正电、负电、电解、电容、电极、电解质、电导体、电当量、电解作用、正负离子等一系列的新概念和新知识。这些知识后来就成为发明各类电器服务器的实用知识。

到了 19 世纪晚期，随着工业的迅速发展，化学在矿物勘查和性质分析中得到了广泛的应用，新发现的元素不断增多，人们更加注重对物料中的微量成分进行分析，化学领域内出现了定量、定性分析方法，于是产生了分析化学。化学分析方法为当时的冶金、采矿、机械、漂染、玻璃、化工等工业部门提供了可靠的数据，使许多复杂的问题得到了有效的解决。

进入 20 世纪之后，随着化学在社会生产和生活中的广泛应用，新的化学分支学科越来越多。人们根据研究对象和方法的差异，把化学分为 5 个分支领域，即无机化学、有机化学、分析化学、物理化学和高分子化学。在每个分支领域内可再划分更多的学科专业。

四　生物学的学科分支化组织

自近代以来，在生物学领域里知识的结构化组织发展较为迅速，相继出现的一系列新知识和新理论颠覆了传统的医学知识体系，因此被人们称为"生物学革命"。这场革命最先是由医学的进步为肇始。

1543 年，比利时医生维萨里发表的《人体的结构》，证明男人与女人身上的肋骨数量相同，便否认了上帝用男人的肋骨创造出女人的谎话，更正了古罗马医学家盖仑关于人体认识的许多错误。他奠定了近代解剖学的基础，被后人称为"解剖学之父"。

1553 年，西班牙医生塞尔维特出版了《基督教的复兴》一书，提出了关于肺循环的看法，认为人体的血液是通过肺部由左心室流向右心室，是左右心室相互交流的，否决了古罗马医学权威盖仑关于心室"间隙"的见解。

1628 年，英国医生威廉·哈维出版了《心血运动论》一书，系统阐释了血液运动的规律和心脏的工作原理，指出心脏是血液运动的中心和动力的来源，提出了血液循环理论，这一重大发现使他成为近代生理学的鼻祖，由此奠定了古典医学的基础。他的这些发现在医学界产生了重大影响，认为他引发了医学的"革命"。

在 18—19 世纪的生物学领域里，除了医学之外，植物学、动物学和生物进化学说也有大量的新知识产生。如法国生物学家拉马克在 1808 年出版了《动物的哲学》，首次使用了"生物学"和"进化论"这两个概念，提出了"用进废退"和"获得性遗传"等生物进化规律。

1828 年，德裔俄国生物学家冯·贝尔出版了《动物发展史》，他发现了人类的卵子，提出了比较胚胎学理论。

在生物学领域里，当时还有两个影响最大的生物学家，他们是林奈和达尔文。

林奈（1707—1778）是瑞典博物学家和植物学家。他出生于瑞典斯科讷地区的罗斯胡尔特拉一个乡村牧师之家。自幼年开始，林奈就对花草树木怀有特别的爱好。中小学阶段，由于总是想着野外的趣事，课堂上不能专心学习，所以功课很差。在大学阶段，他先后在隆德大学和乌普萨拉大学学习医学，并在荷兰取得了医学博士学位。但是，他对植物学的爱好反而得到了较好的发展，他把课余时间都用在动植物的研究上。他利用图书馆的资料系统学习了博物学及采制生物标本的知识和方法。1732 年，林奈随一个探险队到瑞典北部拉帕兰地区进行野外考察。在荒无人烟的旷野里，林奈发现了 100 多种新植物。他根据搜集到的标本和调查资料撰写了《拉帕兰植物志》一书。此后他周游欧洲各国，拜访了许多著名的植物学家，又搜集到了许多国内没有的植物标本。1738 年，林奈回到母校乌普萨拉大学担任医学和植物学教授，并潜心研究动植物分类学。在此后的 20 多年间，他相继发表了 180 多种关于动植物的论文和著作。尤其是 1753 年出版的专著《植物种志》，对以往的植物知识进行了系的搜集和组织，书中共收录 5938 种植物，并以他新创立的"双名命名法"对它们进行了统一的命名。林奈曾有名言说："在最平凡处寻找奇妙事"。正是他所寻找到的这些千奇百怪的植物以及给它们取名的方法，使他成为生物学界的名人，为他赢得了许多荣誉。1775 年，瑞典国王将林奈封为骑士。在他逝世之后，瑞典政府为了纪念他，曾建立林奈博物馆和林奈植物园，他的肖像还一度被印在瑞典货币的版面上。1888 年，伦敦林奈学会开始以林奈的名誉向动植物学界成就杰出的学者颁发"林奈奖"，学界还将林奈尊为现代生物学分类的奠基人和"现代生态学之父"。

达尔文（1809—1882）是英国杰出的生物学家和生物进化论的奠基

人。他出生在英国施鲁斯伯里的一个医生世家。达尔文在剑桥大学毕业后，原本有资格做一名地位较高的牧师，当他听说英国政府组织了"贝格尔号"军舰准备进行环球考察时，便在 1831 年以"博物学家"的身份自费随船考察，经历了长达 5 年的环球航行。达尔文在这次环球考察中，收集到大量的动植物研究资料和标本。

1859 年，达尔文出版了《物种起源》这部被称为"划时代"的著作。在该书中他将自然界进化的规律总结为：物竞天择，适者生存。并且明确指出，自然界的各种生物是由低向高不断进化形成的，而非由上帝所创造，这就是著名的生物进化论学说。这个学说不仅揭示了自然界优胜劣汰的自然法则，彻底颠覆了教会的神创论，并且在自然科学领域里实现了生物学领域里的知识大综合，开创了生物科学发展的新时代。他的理论对人类学、心理学及哲学的发展都产生了重大的影响。恩格斯将"进化论"列举为 19 世纪的三大发现之一。在他逝世之后，人们把他的遗体安葬在牛顿的墓旁，以表达对这位科学家的尊崇。

1838 年，德国植物学教授施莱登发表了《植物发生论》一文，认为在任何植物体中，细胞是结构的基本成分，低等植物由单个细胞构成，高等植物则由许多细胞组成，并对细胞的生命特征、生理过程以及生理地位进行了系统的论述，由此形成了一个较为系统的植物细胞学说。德国解剖学教授施旺，又把施莱登的细胞学说从植物学扩展到动物学，1839 年他发表了《动物和植物的结构与生长的一致性的显微研究》一文，从而得出了所有的植物和动物均由细胞构成的结论。这一结论后来被称为"细胞学说"，学界把他们两人称为"细胞学说"的共同创立者。恩格斯将"细胞学说"誉为 19 世纪自然科学三大发现之一，认为它对生物科学的发展起了巨大的促进作用。

随着医学、植物学、动物学和进化论等知识水平的不断提高，如今已经使这门富有生命力的学科发展成一个拥有众多分支学科的庞大知识体系，如分子生物学、细胞生物学、个体生物学、形态学、生理学、生物化学、生物物理学、微生物学、植物学、动物学、人类学、遗传学、胚胎学、医学、药学、进化论等都是它的分支学科。近年来人们把这种研究生命及其活动规律的知识体系称为"生命科学"。

第四节　社会科学体系的形成与分支化

"社会科学"是以人类社会的各种现象和活动方式为研究对象的一个大的知识部类。社会科学有广义和狭义之分。广义的社会科学，是人文学科和社会科学的统称，除自然科学与数学之外的其他一切科学门类都被囊括其中。包括哲学部类：辩证法、历史观、价值论等学科；也包括思维科学的逻辑学、语言学、心理学等学科。近年来，随着科学学研究的深入，学界把哲学与思维科学从社会科学中独立出来，成为另一个大的知识部类。而狭义的社会科学仅以"社会活动"为研究对象，包括经济学、政治学、教育学、法律学、军事学和文艺学等，以分别揭示各种社会现象和历史过程的机制和规律为研究目标。

社会科学发育的时间十分漫长，若是按中国春秋晚期的老子和古希腊的泰勒斯开始萌发，直到马克思主义诞生后看作成熟来计算的话，大约经历了 3000 年的时光。社会科学研究者为了揭示出社会科学在不同时期的演变形态，将其划分为六个大的阶段：古代人类文明发祥期为社会科学萌发的阶段；中世纪为社会科学缓慢发展的阶段；近代初期为社会科学重新崛起的阶段；近代后期为社会科学高涨的阶段；现代为社会科学飞跃的阶段；当代为社会科学繁荣的阶段。在每一个阶段里各有不同的社会思想和社会科学知识表现方式。前面的一些章节里，特别是在近代以来的各种运动中，已经包含着大量的社会科学内容。我们在这里要说的，主要是社会科学作为各类分支学科而出现的系统化组织模式。

一　社会科学中的问题

在知识发展史上，现代意义上的社会科学的成熟要比自然科学晚一百多年。"成熟"这个说法，包含了许多内容，如是否符合"科学"性的标准要求、是否形成规范的学科模式、是否形成具有影响力的研究组织等。在"科学知识"的领地里，社会科学不仅成熟得较晚，并且因其本质属性中所存在的问题难以改变而一直受到质疑。

（一）社会科学的科学性问题

自自然科学产生之后，"科学开始被界定为对于超越时空、永远正确的普遍自然法则的追寻"。① 人们总是自觉或不自觉地将其与自然科学的各种条件相比较。特别是在科学哲学与科学学兴起之后，学者们为了区别科学与非科学的分界经常争吵不已，人们列出了许多的划界标准，各方都有自己的道理。后来逐渐达成一种共识，即要求科学知识应有客观性、精确性、实证性、可检验性与规范性等条件要求，特别是"可检验性"这个标准，成为判定某类知识是否是科学的不可缺少的基本条件。由于社会科学与自然科学在研究对象与研究方法上所存在的诸多差异，社会科学中的一些部类，尤其是研究人的精神世界的那部分知识根本无法满足其"科学性"的标准要求，于是人们便把这些知识体系称为"非科学"与"伪科学"。就像英国的艾伦教授所说的那样："如果我们把科学界定为开发诸多特殊性中的共性，以及关于结构和不变性的知识，而且以'客观'的度量和观点为基础，那么大部分社会科学显然不可冠以科学的称号。"② 这样一来，社会科学体系常常处于分合不定的动荡状态。人们把社会科学部类中那些不能满足准确性和可检验性的知识从中剥离出来。如把研究人类语言、文学、哲学、宗教、信仰、情感、道德、美感、音乐及表演艺术等知识门类冠名为"人文科学"。但是，许多人又觉得，既然它们不是科学就不能称为"人文科学"，而将其称为"人文学科"。

（二）社会科学功能的评价问题

科学与非科学并无对错与好坏之分，只是为了表明知识的不同性质和不同功能而已。在人类的认识方面，自然科学的认识目标在于揭示自然规律和解释各种自然现象；社会科学的认识目标在于揭示人类社会的运动规律和解释各种社会现象；人文学科的认识目标在于揭示人的精神世界并提

---

① ［美］华勒斯坦等：《开放社会科学：重建社会科学报告书》，刘峰译，三联书店1997年版，第4页。

② ［英］彼得·M. 艾伦：《建立新的人文系统科学》，《国际社会科学杂志》1989年第4期。

升人的精神文化素质。但是，人们更容易看到自然科学在社会发展过程中所起到的直接作用而给予它更多的重视，而人文社科知识部类主要是通过精神力量作用于社会的，所以具有间接性，在其发展过程中受到冷落，其价值评估就有了许多问题。"围绕着何谓有效知识这一问题而展开的认识论较量，其焦点不再是谁有权来操纵有关自然界的知识（迄至十八世纪，自然科学家显然已经赢得了对这个领域的独占权），而是谁有权来操纵有关人类世界的知识。"①

（三）关于社会科学的阶级性问题

有不少人认为，在自然科学领域里科学工作者的研究对象是物与物之间的关系，只关心事实，研究成果与感情无关，无善恶之分，因此有"价值中立"之说。但是，科学能保持价值中立吗？人们并没有给出肯定性回答。而社会科学作为对社会各种问题的解释与解决的知识表达，就不能不带着明显的意识形态特色，就更是谈不上价值中立了。所谓"意识形态"，就是与一定社会的经济和政治直接相联系的观念、观点和概念的集合，它涵盖了政治思想、法律、道德、宗教、哲学、文学艺术等方面的内容。在近代世界中，意识形态按其阶级内容和它所反映的生产关系，大致可分为资产阶级意识形态和无产阶级意识形态两个部分。不同阶级的社会科学研究者，在认识社会问题和评价社会事物时，就难以摆脱与对象之间的阶级立场、观点或利益关系的影响。如若要求社会科学工作者在对社会现象的观察、探索和解释过程中只陈述事实，而摒弃价值判断和个人的好恶，采取"不偏不倚"的态度而保持"价值中立"，那是根本不可能的。特别是自马克思主义的诞生以来，世界社会科学的理论体系就被看成两个部分："由于历史上第一个代表被剥削被压迫阶级的社会科学思想的出现，使得社会科学的研究明显划分为两大派别。一方面无产阶级的社会思想家们为争取自身的解放与发展的需要而大声疾呼；另一方面资产阶级的社会思想家们为保卫资本主义的存在而大造舆论。"② 因此，有人把社

---

① ［美］华勒斯坦等：《开放社会科学：重建社会科学报告书》，刘峰译，三联书店1997年版，第8页。

② 许志峰等主编：《社会科学史》，中国展望出版社1989年版，第477页。

会科学归入意识形态和上层建筑的范畴，认为在有阶级存在的社会中，社会科学一般都具有阶级性。

二　马克思主义的诞生及其学科化

马克思主义是 19 世纪中期由马克思和恩格斯在工人运动实践基础上创立起来的理论体系。这个理论体系是对全世界无产阶级和全人类怎样争得彻底解放的系统说明。

卡尔·马克思（1818—1883）是德国著名的政治家、哲学家、经济学家、革命理论家。他出生在德国莱茵省特里尔城一个犹太人律师之家。早年曾在波恩大学和柏林大学学习法律和哲学，1841 年获得了耶拿大学哲学博士学位。大学毕业后，他曾在《莱茵报》担任主编。1843 年，因为马克思在报上发表了一篇批评俄国沙皇的文章。在沙皇的抗议下，普鲁士国王下令查禁《莱茵报》并撤销了该报的发行许可权。马克思因此而失业，从此走上了职业革命家的道路。就在这时候，他认识了德国莱茵省巴门市的工厂主之子弗里德里希·恩格斯，相同的思想使他们很快结为好友。

自开始从事革命活动并宣传无产阶级革命理论时起，马克思就成了资产阶级政府重点打击的对象。1845 年，《莱茵报》查禁之后，马克思被当局驱逐出境。马克思流亡到法国巴黎后，宣布脱离普鲁士国籍，从此成了"世界公民"。在这期间，恩格斯专程来看望他，他们在一起相处了 10 天。经过倾心交谈，两人对人生理想、政治主张以及当时社会重大问题的看法竟然完全相同，这次会见为他们日后的友谊和合作奠定了稳固的思想基础。不久，他们就完成了首次合作的重要著作《德意志意识形态》。该书中除了阐述他们的哲学思想外，还明确地提出了无产阶级夺取政权的主张。

1946 年初，马克思和恩格斯在布鲁塞尔建立了"共产主义通信委员会"。1847 年，他们两人又应邀参加了"正义者同盟"。1847 年 6 月，这个同盟更名为"共产主义者同盟"，他们又共同起草了同盟的纲领《共产党宣言》。在他们的宣传和领导下，1848 年爆发了一场席卷欧洲的大革命。比利时政府认为马克思是个危险人物，就将其驱逐出境，马克思再次流亡到巴黎。不久，为了更好地宣传无产阶级革命理论，他与恩格斯回到普鲁士的科隆，创办了《新莱茵报》。这份报纸仅仅经营了一年时间又遭到查封，报社的编辑们或是遭到逮捕，或是被驱逐出境。1849 年 5 月，马克思再次遭到普鲁士当局的驱逐，先后流亡到法国和英国的多个地方。其后，他就过着漂泊的生活，直到 1883 年客死伦敦，被安葬于伦敦北郊的海格特公墓。恩格斯在马克思的葬礼上对他的一生进行了简短地概括。他说："正像达尔文发现有机界的发展规律一样，马克思发现了人类历史的发展规律，即历来为纷繁芜杂的意识形态所掩盖着的一个简单事实：人们首先必须吃、喝、住、穿，然后才能从事政治、科学、艺术、宗教等等……不仅如此。马克思还发现了现代资本主义生产方式和它所产生的资产阶级社会的特殊的运动规律。由于剩余价值的发现，这里就豁然开朗了，而先前无论资产阶级经济学家或社会主义批评家所做的一切都只是在黑暗中摸索。一生中能有这样两个发现，该是很够了，即使只要能作出一个这样的发现，也已经是幸福的了。但是马克思在他所研究的每一个领域，甚至在数学领域，都有独到的发现，这样的领域是很多的，而且其中任何一个领域他都不是浅尝辄止。"① 据记载，马克思学识渊博，能够熟练使用德、法、英三种文字写作，并能阅读欧洲许多国家的文字。恩格斯在讲话中说马克思所研究的"每一个领域"指的是哲学、经济学、法学、宗教学、逻辑学、美学、政治学、文学、史学、语言学、翻译以及数学等，这些不同领域的知识都曾在马克思的著作得到系统的反映。

马克思一生著述丰富，其主要著作有《德谟克利特的自然哲学和伊壁鸠鲁的自然哲学的差别》、《黑格尔法哲学批判》、《1844 年经济学哲学手稿》、《论犹太人问题》、《神圣家族》、《关于费尔巴哈的提纲》、《德意志意识形态》、《罢工和工人同盟》、《哲学的贫困》、《工人联合会》、《共产党宣言》、《雇佣劳动与资本》、《中国革命和欧洲革命》、《政治经济学批判》、《剩余价值理论》、《国际工人协会成立宣言》、《法兰西内战》、《资本论》等，这些著作都展现出了他的勤奋精神和渊博学识。他与恩格斯撰写的许多文章被合编为《马克思恩格斯全集》，这套文献曾在我国出了两个中文版本。第一个版本自新中国成立不久的 1955 年开始编译，到

---

① 《马克思恩格斯选集》第 3 卷，人民出版社 1995 年版，第 776—777 页。

1985 年全部出齐，共有 50 卷 53 册，总字数为 3200 万字。但是，这个版本当时受各种条件限制，是从俄文第二版转译过来的，不仅带着深厚的俄译文痕迹，有许多翻译不当的问题日益暴露出来，并且全集在编译时还存在着一些错收和漏收等问题。因此，中央编译局在 20 世纪 80 年代中期完成第一版的编译任务以后，便开始着手第二版的翻译准备工作。通过对国外各种版本的比较，选择了国际上《马克思恩格斯全集》历史考证版为蓝本进行编译，计划分为 4 个部分 70 卷左右出版，目前尚未完成。而我国编译的马恩全集，也并不是他们两人的全部作品，据研究者称，国际版的马恩全集有 160 多卷，可见他们在知识创造方面的巨大成就。

"马克思主义"这个概念，在马克思还在世的时候就已经出现了。在 19 世纪 70 年代后期法国社会主义者的著作中就经常见到这个用语。但是，他们给马克思主义赋予的一些内容和观点却被马克思本人否定，以至于使马克思曾多次针对一些有严重歪曲其主张的说法提出抗议。不过，在马克思逝世之后，恩格斯对"马克思主义"这个称谓曾经进行了肯定性说明。其中谈到了他与马克思在 40 年间的友谊与合作，指出马克思主义中有他本人的见解，但他认为，马克思是个天才，比我们大家都站得高些，看得远些，观察得多些和快些。没有马克思，我们的理论远不会是现在这个样子。所以，这个理论用他的名字命名是理所当然的。

20 世纪以来，研究马克思主义的人将其分为狭义的和广义的马克思主义两个部分。狭义的马克思主义，专指由马克思和恩格斯两人所创立的基本理论、基本观点和学说的体系。广义的马克思主义不仅指马克思、恩格斯创立的学说体系，还包括世界多个国家的继承者对其发展，或者说是在实践中不断地发展着的马克思主义。比如，在俄国，列宁领导的共产党将马克思主义与俄国的具体社会实践相结合，推翻了沙俄政府，取得了十月革命的胜利，由此将马克思主义发展成"马列主义"。在中国，以毛泽东为首的共产党在马列主义的指导下，以俄国十月革命为榜样夺取了中国革命的胜利。随着中国革命的深入发展，又将马列主义发展成马列主义、毛泽东思想、邓小平理论和"三个代表"重要思想，这些新的理论，如今都被称为"中国化的马克思主义"。由此可知，广义的马克思主义是在马克思之后的各个时代、各个国家中的马克思主义者们以其新的社会实践持续发展起来的庞大理论体系。后来新产生的这些新理论既与最早的马克思主义有着割不断的理论渊源，又结合了本国的具体实践创建出了新的知识内容，被称为"发展着的马克思主义"。

在欧美各国相继完成了工业革命之后，国际间的政治、经济和文化交往日益增强，世界上便形成了资产阶级和无产阶级这两个大的阵营，而马克思主义也随之成为全世界无产阶级共同的理论财富。在世界各国，特别是在社会主义体制的国家中，马克思主义不仅为各国的共产党人提供了系统的社会主义国家学说，并且对各国的社会科学研究也产生了重大影响。

马克思不仅是全世界无产阶级的革命导师，也是一位特别杰出的和卓有成效的知识组织者与知识集大成者。马克思主义理论体系博大精深，涉及人类知识中的哲学、政治、经济、历史、文化教育乃至人类社会发展与自然界关系等诸多领域。它不仅成为社会科学体系中的重要组成部分，并且还对其他社会科学的分支研究产生重要的影响。

1999 年 9 月，英国广播公司曾在全球互联网上公开评选"千年第一思想家"，汇集全球投票的结果，马克思位居第一，爱因斯坦位居第二。这个评选结果说明马克思和马克思主义在当代世界中仍有很强的影响力。

三 社会学的创立及其发展

社会学作为一个独立的学科，最早产生于 19 世纪中叶的欧洲。我们之所以在诸多的社会科学部类中要单独将其列举出来，主要是由孔德所创立的社会学和他的实证主义研究方法对社会科学的影响引起的。当时欧洲的传统社会在一片革命声中瓦解了，怎么才能建立起新的社会秩序呢？这是一个法国人乃至整个欧洲人都普遍关心的重要问题。为了对现实的社会问题作出一个合乎多数人胃口的反应，当时有许多学者都在寻找解决社会问题的新知识和新理论。如赫伯特·斯宾塞、乔格·齐美尔、埃米尔·杜尔海姆、卡尔·马克思和卡尔·曼海姆等人，都提出了自己的方法。在众多的学者中法国哲学家奥古斯特·孔德创建的社会学理论和实证方法得到了人们的广泛赞同。

奥古斯特·孔德（1798—1857）是法国著名的哲学家、社会学家、实证主义的创始人。他出生在蒙彼利埃的一个中级官吏之家，16 岁进入巴黎综合技术学校学习。毕业后他曾一度在中学担任数学教师，1817 年成为著名空想社会主义者圣西门的秘书和合作者。因为两人在重大社会问题的看法上意见常常相左，便于1824年分道扬镳。这时，孔德正醉心于研究实证哲学，并在1826年设馆讲授实证哲学。1830年，他出版了《实证哲学教程》第一卷，到1842年他共完成并出版了这部六卷本代表作。

"社会学"这个概念就是由孔德在《实证哲学教程》这部著作中提出来并进行了系统化论述的一种新的知识体系。该部著作的出版标志着社会学从此成为一门独立的学科。在该部著作中，他分别阐述了数学哲学、天文学哲学、物理哲学、化学哲学、生物哲学、社会哲学和社会哲学中的历史部分。在第六卷中，他又写出了总论，对这几个部分进行了系统综合，由此建立起一整套实证主义的理论体系。

孔德一生著述丰富，除了名著《实证哲学教程》之外，还有《实证政治体系》、《主观的综合》、《大众天文学的哲学论述》和《实证政治体系或论创建人性宗教的社会学》等著作，他还在当时法国的一些刊物上发表了大量的文章。尽管有不少人称他为"资产阶级"的理论家，批评其学说中有不切实际的思想成分，或者说他在知识组织方面存在着片面化和简单化倾向，但并不否认他在知识发展史上所作出的重要贡献。

孔德开创了社会学实证主义传统的先河，他的社会思想后来由E.迪尔凯姆等人从不同方面加以继承和发展，成为100多年来西方社会学发展中的主流，并成为当代社会科学知识体系中不可或缺的组成部分。正因为如此，人们将孔德尊为实证主义的创始人、"社会学之父"。

随着社会学在社会问题研究及其管理活动中的价值功能日益显著，社会学中又产生出许多分支学科。如社会分层学、应用社会学、比较社会学、文化社会学、人口学等，在它们的下端又有许多分支学科衍生出来。

尽管孔德所创建的"社会学"并没有实现他所设想的目标，成为"各学科的皇后"，但他把实证哲学的认识论推广到社会各个研究领域，从而为包括历史科学在内的整个近代人文社会科学体系的诞生奠定了理论基础，因而也有人把他尊为近代社会科学的主要奠基人。

四　社会科学的"四重奏"

社会科学的"四重奏"，是华勒斯坦等人在《开放社会科学：重建社会科学报告书》中表述历史学、经济学、社会学和政治学这四个主干学科在欧洲形成时的用语。在这四重奏里，我们已经详细地介绍了社会学的来龙去脉，接下来我们再来说其他的三重奏。

其一是历史学。历史学原本就是一门古老的、无所不包的学问。当它被现代的知识制度组织成一门学科的时候，它便成为社会科学组织体系中的一个重要分支。华勒斯坦等人认为："在社会科学领域里，率先取得自律的制度化形态的学科实际上是历史学。诚然，许多史学家都坚决反对给他们的学科贴上社会科学的标签，有的人甚至直到今日也依然如此。不过，我们仍将史学家与其他几门社会科学之间的争端看成是社会科学内部的争端。这一点容后再加阐明。"①

历史学在近代的进步，并不仅仅是取得了学科上的模式，最重要的是它从历史研究思想和研究范围乃至研究方法等方面都发生了重大的改变。以往那种帝王将相纪传式史学为新的科学研究方法改造成像自然科学那样的学科，史学家们不再相信一些带有夸张性质的文字记叙，而是要寻找史实材料，从史实中寻找历史规律，并把民族、人民和他们的文化纳入研究界变成叙说的主体，要为"民族"和"人民"辩护。史学研究者在考察人类历史发展的时候，便将政治、经济、文化等历史要素联系起来进行综合的考察，从而使历史发展的规律得到充分的揭示。这样就极大地扩展了史学的研究范围，丰富了史学的研究内容。19世纪之后，史学领域内又相继出现了综合史、断代史、部门史等几个大的分类，特别是部门史中诸如民族史、史学史、科学史、文化史、民俗史、社会史、妇女史、城市史乃至考古学、史料学、金石学等学科迅速发展起来，从而使史学真正成为人类从记忆中获取知识的重要途径。

其二是经济学。"经济学"这个概念虽然是在19世纪之后才出现的，然而这门学问古已有之。在近代的学科化进程中，首先出现的是政治经济学。它是一门以研究人类的生产与经济活动及其关系为对象的知识体系。政治经济学这个概念最早来自法国重商主义者A. 蒙克莱田在1615年出版的《献给国王和王后的政治经济学》一书。重商主义原指国家为获取

---

① ［美］华勒斯坦等：《开放社会科学：重建社会科学报告书》，刘峰译，三联书店1997年版，第16页。

货币财富而采取的政策。在 16—17 世纪英国和法国曾出现了不少宣扬重商主义思想的著作。重商主义重视金银货币的积累，把金银看作财富的唯一形式，认为对外贸易是财富的真正源泉，因此主张在国家的支持下发展对外贸易。1776 年，英国学者亚当·斯密出版了他的传世之作《国民财富的性质和原因的研究》（以下简称《国富论》）。在这部划时代的著作中，斯密批判了当时居于统治地位的重商主义，强调了自由竞争的重要性。他认为，市场有自动调节的功能，反对政府干扰资本的运营，指出政府的作用只是维护自由竞争的秩序。《国富论》后来被经济学界视为比较完整的古典政治经济学理论体系，斯密也被尊为经济学鼻祖。

其三是政治学。政治学是研究社会人类政治活动的科学。狭义的政治学研究国家的活动、形式和关系及其发展规律；广义的政治学研究在一定经济基础之上的社会公共权力的活动、形式和关系及其发展规律。在主干学科中，人们对政治的研究最早开始，古希腊就有大量的著作涉及政治内容。如柏拉图的《理想国》和亚里士多德的《政治学》都被认为是政治学的创始之作。世界近代出现的一大批思想家、政治家所提出的许多主张，如天赋人权、社会契约、分权制衡、自然法、自然权利、自由、民主、平等、幸福等概念，后来都成了政治学研究的基本框架和主要内容。然而，政治学形成独立的学科却出现得较晚。

根据华勒斯坦等人的研究可知，政治学原属于法学院统领，直到 19 世纪晚期，随着政治经济学的变革，人们将"政治"与"经济"分开治学之后，这两个概念从此都成了独立的学科。1880 年，美国的哥伦比亚大学成立了政治研究院，并设立了博士学位培养体制，人们便以此作为政治学独立的标志。在这个大学里，他们将以往的政治研究整合为一门学科，以研究国家公法学、政治制度和历史为主，并把德国的国家学列为其中的主要内容之一。1886 年，美国《政治学季刊》创刊。1903 年，美国政治学会成立，1906 年，《美国政治学评论》创刊。至此，现代意义的政治学学科已经满足了成熟的条件要求。因为现代政治学最先在美国完成学科化建设，所以它就带有明显的美国化色彩。

综上所述，社会科学是一门复杂科学，不仅学科体系十分庞大，内容繁多，并且联系紧密，纵横交错，还有许多重要的学科都无法在这里展开讨论。正如瑞典政治学教授比约恩·维物罗克所描述的那样："现代社会科学的发展绝非一帆风顺或大势所趋，反之，倒是问题多多，一波三折，而且往往在这些方面顾此失彼。就是说，除了不同学术传统及学术建制所固有的问题与潜力，显然还必须考虑政治与行政这两个方面。此外，还必须采取一种历史的观点，也就是说，与其进行涵盖各个历史时期的普遍性概括，不如明确阐述社会科学在同特定历史场合下各种社会建制的交互作用中所具有的主要特点和面临的诸多困境。"①

---

① ［瑞典］比约恩·维物罗克：《社会科学与国家的发展：现代性问题论说的变化情况》，《国际社会科学杂志》1990 年第 4 期。

第六章

当代世界知识组织方式的变迁

当代是从人类历史发展阶段中分割出来的一个后期阶段。"当代"这个概念，在世界各类文献中的使用是相当混乱的。有的人将其与"现代"等同，认为现代可以指称自近代之后直到当下的时间段，无须使用"当代"这个概念。有的人则将 1640 年英国资产阶级革命至 1917 年俄国十月革命这个阶段称为"近代"，十月革命后至 1945 年第二次世界大战结束称为"现代"，1945 年"二战"结束后到目前称为"当代"。也有人将第三次世界科技革命作为"当代"起点的标志，其时间是 20 世纪 40—50 年代至今的时期。

笔者之所以在这里区分这些概念，只是为了在叙事的时候不再为它的大致时间阶段另作说明。当然，这种指称时间的方式通常都是在不需要精确时间的语境下使用的一种说法。

自"二战"结束以来，世界在政治、经济和思想文化等方面都发生了重大变化。这些新的变化既给人们认识世界的方式带来了全新的思维，同时也更新了人们的知识观、知识生产方式及其组织方式，使得人类知识王国的格局出现了全新的变化。

第一节 知识王国的三部鼎立

人类的知识具有多样性，无论是关于自然的知识还是关于社会的知识以及关于心灵的知识等都是知识王国的组成部分。但是，自近代工业革命以来，自然科学知识的重要作用被人们揭示出来之后，科学知识便在知识王国里占有了至尊的主导地位。从此，其他的知识部类就自觉与不自觉地向"科学"看齐。如果一种知识被定义为"科学"，似乎就有了合法的身份，否则就被视为"伪科学"或"非科学"而遭到排斥。

那么，什么是科学、什么不是科学？如何判断出各种知识是否具有科学的品性呢？在20世纪中期，这个问题就成了学界激烈争论的一个重大热点问题。围绕着这个问题的讨论，知识王国被重新分割，形成了自然科学、社会科学和人文科学三大部落，也被称为三个超级学科体系。这三大学科各有自己的研究范围和功能。但是，在这三大知识部落之间却常常因为学科边界的划分、身份认同、资源占有、边界跨越与学科交合等方面的问题产生重重矛盾，论战连绵不绝，为我们探讨知识组织理论提供了极其丰富的认识资料。

一 知识的"学科"化问题

在知识研究中，学科是个让我们欲罢不能、反复论说的复杂概念。学科有两个基本含义，其一是指学术的分类，其二是指高等教育与科研等活动中的功能单位。两者联系起来可将其理解为按照学术知识的功能集结知识的一种组织方法与组织结构。简言之，学科就是治学与教学的载体。所谓知识的"学科化"，是指将知识总体按照学科组织的方式划分或聚集的变化过程。

在人类社会的早期阶段，人类的知识一直处于自然杂处的混沌状态，既无门类之分，也无学科之别，当然也就没有"学科"这个概念。华勒斯坦等人曾对学科的发展进行了详细的考察，他们认为，"'学科'一词的各种含义直至今日还是完全正面的。称一门知识为一学科，即有严格和具认受性的蕴义。此名称并未揭示知识是透过对知识生产者的规范或操控而生产的，也没有说明门徒训练会产生普遍接受的学科规训方法和真理。'学科'一词持久使用，亦标示知识的组织和生产的历史特殊性。知识的分门别类以至'一门知识'的含义自古典时代伊始已有根本改变。知识分门别类是由来已久之事。"① 虽然知识的分门别类由来已久，但知识被

---

① ［美］华勒斯坦等：《学科·知识·权力》，刘健芝等编译，三联书店1999年版，第14页。

"学科化"是近代之后才开始的，它是伴随着现代大学的快速发展逐渐形成的。因此，研究学科的人往往都从大学的组织体系来观察它的发展变化。"大学不仅是知识再生产的主要工具，而且是知识生产的主要场所。"①

在现代大学中，学科成为一个独立的知识自组织体系，人们围绕着"学科"组织学者队伍，争取社会建制，从而使个人的研究组织化，使分散的知识系统化，使零乱的知识理论化，使知识生产与人才培养规模化。学科既是大学的组织基础，也是知识生产与人才培养方式，它承载了管理、教学、科研和社会服务等功能，基本上满足了知识生产和知识分配的简单需要。如龚怡祖等人所说："学科作为实体，意味着它是同一领域里的学者出于学术生产需要而结成的目的明确、范围明晰、关系稳定的学术共同体。这个共同体除了将学者自身作为生产要素之外，还需要将其与知识信息、学术物质资料等其他生产要素一起置于特定的生产结构和流程之中，才能够进行有组织的学术生产。学科实体的运行离不开其中任何一种生产要素。"②

当学科与人类的知识生产和人才培养方式结合起来的时候，学科的功能已经远远超出了它在知识分类方面的认识价值，并蕴含着知识生产、知识组织、知识评价、知识选择、人力资源开发以及国家的发展战略策划等方面的重大意义。"学科既是学问、学术意义上的分类，同时也具有组织的形态，可以是一个需要进行管理的实体。大学组织的活动归根结底是以学科实体的建设和发展为主线来进行组织战略定位的，学科实体到底是依靠什么，依据什么来运行与发展？大学到底应该根据哪些标准来选择适合自身发展的学科并获得最大效益？这类问题对于那些负责制定与实施大学学科发展战略的人来说不可谓不重要。"③

自近代人们发现了学科在社会生产和社会发展中的重要意义之后，西方一些发达国家就开始了知识的学科化和学科的制度化进程。"学科制度

---

① ［美］伊曼纽尔·沃勒斯坦：《转型中的世界体系：沃勒斯坦评论集》，路爱国译，社会科学文献出版社 2006 年版，第 81 页。

② 龚怡祖等：《大学学科运行与学科发展战略中若干问题的理论分析》，《高等教育研究》2011 年第 10 期。

③ 同上。

化进程的一个基本方面就是，每一个学科都试图对它与其他学科之间的差异进行界定，尤其是要说明它与那些在社会现实研究方面内容。"① 据华勒斯坦等人的研究可知，知识的学科化是近代学术研究组织分化的产物。"到了19世纪后期，对社会现实的研究日益地分化成一些独立的学科，出现明确的劳动分工。"② 知识界的这种劳动分工在高等院校的教学与科研活动中表现得最为明确。"19世纪思想史的首要标志就在于知识的科学化和专业化，即创立了以生产新知识、培养知识创造者为宗旨的永久性制度结构，多元学科的创立乃基于这样一个信念：由于现实被合理地分成了一些不同的知识群，因此系统化研究便要求研究者掌握专门的技能，并借助于这些技能去集中应对多种多样、各自独立的现实领域。这种合理的划分保证是有效率的，也就是说，具有思想上的创造性。"③ 由此可知，知识被学科化并不是知识发展自身的因素变化所致，而是通过学界的劳动分工、社会建制以及制度化管理形成的一种知识劳动的组织单位。

学科是根据社会分工的实际需要发展起来的。自学科组织产生以来，它就随着社会的变动而发生各种各样的变化，由单学科发展成多学科，由多学科走向更加细密的分化过程。"当前的学科形式是相对晚近发展起来的，仅一个世纪多一点，不过，其在知识体系构成中的作用显而易见，从科研规划、课程设置到管委会制定的优等标准、基金署及聘期与升迁委员会，都是如此。学科的力量如此之大，以至于克拉克说它构成了第一'原理'，知识的专业化是'构成其他一切的基石'。"④

当知识按照学科化的方式被组织起来后，学科几乎成为一种世界各国通用的一种组织机制。美国跨学科研究专家克莱恩曾对学科在各国的流行状况进行了系统研究，她说："学科专业化这一模式在美国最为发达，不过其影响却是全世界有目共睹的：'发达与半发达国家无不具有有组织的学科，以学术团体这一常见形式在全国反映出来。'作为一个主导原则，学科有其必要性，它暗示出否则学术体制就无从建立，并且以越来越专业

① [美] 华勒斯坦等：《开放社会科学》，三联书店1997年版，第14页。
② 同上书，第27页。
③ 同上书，第8—9页。
④ [美] 朱丽·汤普森·克莱恩：《跨越边界——知识 学科 学科互涉》，姜智芹译，南京大学出版社2005年版，第7页。

化的材料,对知识进行组合。"① 这就是说,学科在本质上是一种知识管理制度组织模式,它曾在知识的组织、生产和传递过程发挥了重要的作用。

但是,我们知道,任何事物在发展过程中总是会产生负面的影响,学科的发展也是这样,在知识学科化的社会建制进程中也出现了许多问题。据国内外学者对学科的研究可知,学科具有多重属性,它并不仅仅是一种知识组织结构方式,同时也是知识生产、知识分配与知识教育的组织方式。特别是当学科与社会制度、经济利益联系起来的时候,学科也就不再是纯粹的知识组织体系,而成为社会生产关系中的一个重要组成部分。学科的分割也不再是根据知识的性质及其关系进行分割,而成为学术权力的分割,学术资源的分割,文化资本和学者利益的分割。它导致了学科分化愈演愈烈,具有学术权威的名家各自圈占自己的领地,知识王国被分割成许多大小不同的条块,并在各个条块之间挖掘出纵横交错的壕沟,出现大小不等的知识部落。各种知识部落之间经常紧闭门窗,以防止其他学科的人入侵与偷猎,由此使自由研究的学术变成了等级森严的学科权力之争。"学科建制的过程只是为了自身知识地位的合法化,巩固边界内的学科权力。学科建制不全是科学制度自身演化的产物,而是国家权力、教授权力、学术权力等各种权力竞夺与妥协、控制与分等的结果,是一种知识与权力互相建构的历程。"② 知识与权力的争夺,导致了学科的不断分化。学科的过度分化,又产生出更多的弊端。"褊狭的学科分类,一方面框狭着知识朝向专业化和日益相互分割的方向发展,另一方面也可能促使接受这些学科训练的人,日益以学科内部的严格训练为借口。树立不必要的界限,以谋求巩固学科的专业地位。"③ 由于学科研究的对象不同,学科形成的时间不同,学科知识体系的大小也不完全对等,于是就有了学科地位之间的高低之争。经典学科、成熟学科和"硬学科"因具有强势地位,

① 〔美〕朱丽·汤普森·克莱恩:《跨越边界——知识　学科　学科互涉》,姜智芹译,南京大学出版社 2005 年版,第 7 页。

② 黄文彬、胡春光:《试论大学学科边界的形成与分化》,《中国高教研究》2010 年第 7 期。

③ 〔美〕华勒斯坦等:《学科·知识·权力》,刘健芝等编译,三联书店 1999 年版,第 15 页。

也就拥有话语权，而那些研究冷问题或者是研究学科之外的问题，甚至是研究那些被称为"软学科"的学者则成为局外人而被边缘化了。这种现象的出现严重地损坏了学术研究自由、平等、公正的原则，必然带来更加严重的后果，即知识评估与学术评价的不公平：权大理大，强权即真理。知识的这种异化现象不但将人们对世界的统一性认识肢解得七零八落，而且极大地降低了人们对知识的信任程度。在当代出现的多次文化思潮中，对人类知识中存在的各种问题开展批判多是由这样的问题引发的。

二　知识的"科学"化问题

近代以来，当人们提及"科学"的时候，通常都是指自然科学，并不包括其他的知识体系在内。这是由于自然科学一度获得独尊地位影响的结果。其实，在人类知识发展史上，自然科学要比人文科学年轻得多。因为人们习惯上把自然科学诞生之前的各种知识都称为人文知识。随着近代科学革命和工业革命的成功，人们看到了自然科学在人类社会物质生产方面的巨大作用，自然科学成为工业化时代的新宠，被人们推崇备至，成为其他知识体系化组织的典范，居于知识王国的核心地位。于是有许多知识体系也纷纷向自然科学看齐，希望将自己的学科部落也能挂上"科学"的门牌。

那么，什么是科学、什么不是科学呢？划分科学与非科学的标准又是什么呢？20世纪初兴起的科学划界问题，就是为了讨论"科学"、"非科学"和"伪科学"的区分标准问题。西方科学哲学各学派不但十分关心对于科学与非科学的划界标准制定，而且都明确提出各自的划界标准。由于学者们的立场和学科理想不同，于是就有了各种各样的划界标准，其中有五种标准在诸标准中占有优势。

第一是实证标准。在实证主义看来，所谓科学知识就是能够得到"实证"或"证实"的知识。物理学的知识能够被实验证实，社会科学的知识能够从人类的发展历史和现状中总结出来并得到验证，而像巫术、神话以及传统形而上学所讨论的"本体"、"理念"等问题，都是不能得到证实的，因而是"非科学的"。能不能得到"实证"或"证实"就成了科学与神学、形而上学等非科学的划界标准。此后的逻辑实证主义又对逻辑论证的意义做了强调，把有意义的等同于科学的。能被经验证实的，就是有意义的，因而是科学的；反之，不能被经验所证实的，就是没有意义的，因而也是非科学的。

第二是证伪与精致证伪标准。当逻辑实证主义的划界理论提出之后，奥裔英国哲学家波普尔对此提出批评。他认为逻辑实证主义的证实原则区分的是意义和无意义的界限，而不是科学与非科学的界限。他提出了一种证伪的标准，即一切科学理论都是可反驳和证伪的。凡是在逻辑上证明其为真的理论，就是科学的理论；反之，就是非科学的理论。但是，波普尔的学生、匈籍英国哲学家拉卡托斯指出，证伪并不能推翻一个科学理论，只有一个新的、更成功的科学理论才能取代旧的科学理论。同时，拉卡托斯还指出，科学和伪科学的界限不全然是一个书斋里的哲学问题：它是一个与社会和政治息息相关的问题。其中的原因就是科学理论不仅是一个事关认识论的问题，同时还具有重大的伦理含义和政治含义。拉卡托斯在波普尔证伪主义的基础上提出了精致证伪主义。他认为，任何科学理论都不是孤立的，而是相互联系的。所以，当我们评价一个科学理论的时候，所面对的就不是一个单一的理论，而是一系列理论。因此，任何实验结果都不能被直接解释为反证据。在一个更好的科学理论出现之前，旧的科学理论是不会被证伪的。科学知识只有在系列化的相互关联的知识论证中才能确立起来。

第三种是范式标准。这是由科学哲学家托马斯·库恩在 1962 年发表的《科学革命的结构》一书中提出来的。库恩认为，科学与非科学的划界标准在于有无范式的存在。范式是某一个科学家集团围绕某一个学科或专业所具有的理论上或方法上的共同信念。这种共同的信念规定了他们有共同的基本理论、基本观点、基本方法，为他们提供了共同的理论模型和解决问题的框架，从而形成了一种共同的科学传统，规定了共同的发展方向和共同的研究范围。符合范式的可视为科学，缺乏范式的，就不被认为是科学。

第四种是多元标准。提出多元划界标准的学者是加拿大的萨伽德与邦格。他们都强调科学划界问题的重要性，但他们认为，科学实践是一个复杂的系统，其中的主体、方法、对象、理论等又有极其丰富的内涵和复杂的子系统，因此不应该只有一个划界标准，而应该有多个划界标准。在具体的操作上，萨伽德共提出了五条标准，而邦格则提出了十二条标准，他们都对自己的划界标准作出了详细的论证。他们最关心的不是"科学的文化权威"，而是"伪科学对文化的侵害"。他们提出的多元标准在学界也得到了充分的肯定，认为是一种认识进步和操作性较强的认识方法。

第五种是主张消解划界标准。奥裔美籍哲学家费耶阿本德通过科学史的考察，认为不存在划分科学和非科学、科学和宗教、科学和神话的绝对普遍的标准。科学之所以优越和被普遍接受，是因为通过权力和力量而不是通过证据。科学与宗教、神话等非科学形态有着密不可分的关系。没有这些非科学形态的存在，就没有现代科学的诞生。这就使得科学的划界问题从波普尔的纯逻辑的"内部"标准，走向了纯社会的"外部"标准。劳丹、法因和罗蒂等人也认为，在评价科学与非科学的活动中，因为受社会利益、立场等方面的原因影响，根本不可能建立起一个具有普遍性的统一的划界标准，所以说，关于科学与非科学的划界问题自身就是一个伪命题，由此使科学"划界"的热议从此冷落下来。

由此可见，科学的划界问题并不能够简单地回答什么是科学。其原因在于现代科学已经从一种兴趣爱好转变为一种职业和国家行为。因此，科学的发展受到了越来越多的社会因素的影响。而对科学本质的考察，也就不能单纯从科学内部进行，必须考虑到更多的社会、文化、历史等因素。科学划界问题不是科学与非科学的问题，它与国家政治和社会生产的组织活动有着错综复杂的关系。科学知识社会学（SSK）派通过科学争论研究、实验室研究和文本与话语分析等多种途径得出结论，认为科学作为一项社会事业，并不具有独特的性质，而是一种社会建构。这个结论就暗示着：科学与非科学或伪科学之间不存在明确的界限。科学划界标准仅是科学共同体为了捍卫自身的利益人为地建立起来的一个保护屏障、一种辩护方式或一种修辞而已。

三　两种文化与斯诺命题

说起"两种"文化，读过《两种文化》这本书的人大概都会想到英国当代作家查里斯·斯诺。他是 20 世纪中期最有影响力的作家之一。斯诺年轻的时候曾在英国著名的卡文迪许实验室工作，他是著名科学家卢瑟福的部下，后来遇到了他仰慕已久的作家就放弃物理学研究而改行去写小说。这可能也是因为他的兴趣与爱好最终让他重新作出选择的缘故。

斯诺曾说，他在很长时间里白天和科学家在一起工作，晚上则与一些文学同事在一起交谈。由于这个特殊经历，使他对科学家和非科学家这两种知识分子群体的差异有了充分的认识。他根据这两种人在知识研究中的不同习惯性表现，将他们划分为"两种文化"。在他的文学创作中，绝大多数故事就是反映科学家与非科学家们在学习、研究与生活方面所表现出来的心理状态差异，由于擅长捕捉这些不同人群的心理状态，使他的作品在社会上获得了极高的赞誉。后来人们便使用他作品中所说的"两种文化"来指代科学家的科学文化与非科学家的人文文化，或者是表达这两个阵营之间的差异与对立状态。

斯诺对这两种文化的描述所产生的影响力并不只是来源于他的小说及其戏剧作品，还包括他对两种文化论战所作的两次著名演讲。第一次是1959 年在剑桥大学所作的关于"两种文化及再谈两种文化"的演讲，第二次是 1960 年在哈佛大学所作的关于"科学与政府"的演讲。这两次演讲都在全世界范围内产生了广泛的影响力。他的第一场演讲就已经在国际上产生了极大的反响。按照剑桥大学知识史教授斯蒂芬·科里尼的说法，斯诺第一次在剑桥演讲的时候，仅在一个多小时的时间内至少做成了三件事：发明了一个概念，阐述了一个问题，引发了一场争论。他发明的概念就是"两种文化"，即指存在于人文学者和科学家之间一个突出的文化割裂现象；一个问题是指"斯诺命题"，即指人文文化与科学文化的割裂和相互制衡问题；一场争论是指人们对科学文化和非科学文化在现代社会中谁更有用的争论。

斯诺在演讲中指出，科学家和人文学者是两种人，他们各自只出现在自己的圈子里，只谈论自己所谓的文化，只关心自己领域内的事情，只希望自己的领域能够有所发展和提高，而对局外的事情则缺乏了解。这两个阵营就像两个没有联系的城堡一样，缺乏沟通，互不了解，于是便出现了两种文化之间的鸿沟。文学家们认为，科学家不曾读过一本重要的英国文学作品，把他们当作无知的专家来看待。而作家们对科学的无知也很令人吃惊，因为他们之中没有人能描述出热力学第二定律以及加速度现象。这个问题似乎与文学家问一个科学家"你读过莎士比亚吗？"一样，科学家反问道:"你知道热力学第二定律吗?"这两类人其实很相似,他们各自代表文化分裂的两极,一方对热力学定律一无所知,另一方对莎士比亚不屑一顾。这两种文化的分裂,使得文学家们和科学家们都认为对方没有文化。这种隔阂甚至发展到了相互敌视的程度。斯诺说:"两个学科、两个专业、两种文化——就其距离而言也是两个星系——的冲突点,应该产生激发创造性的机会。在精神活动的历史中,曾经在这样的地方出现过某些突破。现在这种机会正在这里。但是它们是在一片真空中,就像它们的过去一样,因为在这两种文化之中,他们无法进行相互之间的交流。"① 斯诺为这种文化的对立状态深感遗憾。为了找出形成两种文化相互对立的原因,他把两种文化的问题与教育的专业化、工业革命、科技革命、富国对穷国的责任等重大问题联系起来进行研究,指出教育的过分专业化就是导致两种文化对峙的重要原因。

斯诺指出,这种文化的两极分化"对于我们个人,对于我们社会都是损失。同时,还是实际应用上的、智力的和创造力的损失,我要强调的是以为这三方面能清楚地分开是虚伪的"。② 他认为,目前地球上还有很多国家的人民生活在贫困之中,要想在世界范围内消除贫困就应该大力发展科学文化,走工业化的道路。如果只强调人文的重要性,可能会阻碍科学进步的步伐。但是,如果我们忽视了人文文化的发展,一旦其成为一种社会风气,隐患就会逐渐地表现出来,可能对人类文明造成严重的破坏。两次世界大战的爆发在某个方面来说就与这两种文化的相互分裂和对立有一定的联系。斯诺的讲演由于触及了现代社会的一种深层文化焦虑,被誉为科学社会学中最有价值的思想之一。于是"两种文化"这个概念很快就在全世界流行开来,成为文化讨论的一项重要议题。当时英国的各大报纸杂志都对他的演讲作了广泛的报道。除此之外,许多科学家也都参与了"斯诺命题"的讨论,并且在世界上形成了一场旷日持久的思想论战。这场论战的意义远远超出了文化自身的讨论,它还将世界政治、经济的全球化乃至文化生态学问题凸显出来成为学界关注的重要问题。

斯诺第二次在哈佛所作的关于"科学与政府"的演讲中,他从阶级

---

① [英]查·帕·斯诺:《查·帕·斯诺演讲集》,四川人民出版社1987年版,第23页。
② 同上书,第17页。

关系和国际政治两个方面入手，分析了当今世界所面临的核战争、人口膨胀和贫富差距等重要问题。如何应对这些挑战？他又提出了一个如何制定重大社会决策的问题。他指出，在现代社会中，对于人类前途命运有重大影响的决策都是由少数人秘密作出的。但是斯诺认为这些决策者对决策依据及其后果往往缺乏直接而又深入的认识，他们的决策就可能对人类造成难以挽回的破坏。他认为，无知就是最严重的罪行，而决策者无知则更是危险。为了防止这样的危险发生，他主张重大决策的民主化和科学化，在决策过程中应该有科学家和人文学者的广泛参与。只有将具有科学文化和人文文化背景的学者们融为一体，相互协调，才能作出正确的决策。斯诺还呼吁，大国应该将用于争霸世界的金钱和人力用在促进世界范围的科学革命和消除贫富差距上来，改革传统的教育制度。唯有借助科学和教育才能解决这些问题，才能实现人类社会共同富裕和共同文明的美好愿景。

斯诺在这两次演讲中所提出的两种文化的沟通与融合问题，不仅对当时的世界产生了重大的影响，并且还将在人类知识的组织活动中发挥深远的影响。他的演讲稿后来被编辑出版，曾翻译为包括中文在内的 17 种文字在世界各国传播。如今时光又过去了半个世纪，"斯诺命题"并没有得到很好的解答，两种文化的冲突愈益变成世界共有的现象，他的思想在今天仍然具有重要的借鉴意义，因此，有人将其称为"斯诺命题"的延伸。

四　三大超级学科的对抗与和解

上面我们从斯诺对两种文化分裂现象的描述中得知，所谓两种文化的对立，就是以自然科学家为代表的科学文化与以人文学者为代表的人文文化两大阵营的对立。但是，斯诺没有分析出第三种对立的知识体系。事实上，自 19 世纪社会科学诞生之后，已经形成了与自然科学和人文科学相抗衡的第三种势力。当时美国学者杰罗姆·凯根提出，应该谈论"三种文化"而不是"两种文化"。斯诺自己后来也认识到，社会科学是两种文化之外的"第三种文化"。但是，在哲学的立场上，就方法论而言，社会科学的研究不是偏向自然科学，便是偏向人文科学。

那么，社会科学在科学文化与人文文化这两种相互对立的阵营中，究竟是站在哪一边呢？这个问题说起来十分复杂。

根据华勒斯坦对知识组织体系发展的历史考察，他认为，在以前知识世界中并不存在这三个阵营的界限划分。在中世纪乃至近代前期，西方世界的宗教神学势力非常强大，上帝即为真理的化身，科学与人文曾经是世俗真理的同盟。只是到了 18 世纪中期之后，科学与哲学的分离使知识世界开始分裂为"两种文化"的对立状态。华勒斯坦强调说："理解这一点的重大意义非常重要。在西方世界或甚至在世界任何其他地方，类似这样的事以前从未存在过。而此时人们宣称存在两种完全不同的认知方式。一方面，划分出所谓科学方式，在这种方式中，人们通过对现实进行经验检验来学习，并把自己的检验结果在证据许可范围内尽可能地加以概括。另一方面，划分出所谓人文方式，在这种方式中，人们通过解释感知来学习，而不赞成进行概括。""从前，对真善美的追求在学者责任中是不可分割的，而两种认识论把这些任务分割开来。科学承担了寻求真理的全部责任，而人文科学则在善和美上被赋予了全权。社会科学作为研究社会现实的领域出现，成为两种认识论争夺的领域。社会科学在知识的常规途径和具体途径这个所谓方法论问题上左右为难。"①

不过，根据华勒斯坦的考察可知，直到 19 世纪晚期，人文科学并没能形成与自然科学相抗衡的力量。因为，自然科学早在 18 世纪晚期已经占领了强势的地位。"科学（science），亦即自然科学的性质得到了清晰的界定，相形之下，与之对应的那种知识形式就不那么明确了，人们甚至在给它起一个什么名字上都没有达成一致的意见。它有时被称为文科（arts），有时被称为人文科学（humanities），有时被称为文学或美文学（belles-lettres），有时被称为哲学（philosophy），有时甚至被简单地称为'文化'，而在德文中则被称为 Geisteswissenschaften（精神科学）。这种知识形式的面目和重心可谓变化多端，缺乏内在的凝聚性，致使该领域的从业者无法就其学科的重要性向官方提出辩解，更无法结成统一的联盟，因为他们似乎根本没有能力创造出任何'实际'的成果。围绕着何谓有效知识这一问题而展开的认识论较量，其焦点不再是谁有权来操纵有关自然界的知识（迄至十八世纪，自然科学家显然已经赢得了对这个领域的独

---

① ［美］伊曼纽尔·沃勒斯坦：《转型中的世界体系：沃勒斯坦评论集》，路爱国译，社会科学文献出版社 2006 年版，第 81—82 页。

占权），而是谁有权来操纵有关人类世界的知识。"① 就在 19 世纪晚期，德国有三位著名的文化哲学家对人文科学的社会价值提出了一些颇有洞见的理论，使人们认识到，人文科学并不是像自然科学家所否定的那样无用。

第一位为人文科学辩护的学者是德国哲学家康德。他认为，科学只能解决事实判断，即是什么的问题，而不能作出价值判断，即应该怎样。这个见解引发了人们对自然科学和人文科学在价值判断方面的理性思考。

第二位为人文科学辩护的学者是德国哲学家、文化史专家狄尔泰。他在自己的《精神科学引论》一书中，把包括社会科学和人文科学在内的学科如经济学、政治学、社会学、人类学、历史学、心理学、法理学、文学甚至哲学等与人有关的所有知识几乎都放在了"精神科学"这个框架里。他认为，人对自然界的认识大致有两种途径，一种是对自然界的机械说明，这是自然科学所使用的方式；另一种是通过感悟达到对自然界生命的深刻意识，这是人文科学如诗歌、音乐、舞蹈、雕塑等所使用的方式。他觉得艺术比科学更能表达世界的真实性，使可爱与可信实现高度统一。

第三位为人文科学辩护的学者是德国历史文化学者李凯尔特。他在自己的专著《文化科学和自然科学》一书中，讨论了自然科学与历史文化科学的关系问题，对人文科学与自然科学的特点与功能差异作了深入的辨析。李凯尔特认为，自然科学与人文科学各有自己不可替代的重要价值。

在当时，除了他们三位之外，还有文德尔班、卡西尔等文化哲学研究者都为人文科学的社会功能与价值的揭示作出了重要贡献。

社会科学在 19 世纪诞生之后，以研究社会普遍规律为旨趣，将国家政治制度运作、公共政策的制定、宏观经济调控等方面的实践活动作为自己的研究对象并在这些方面发挥了重要作用，因此在 19 世纪晚期得到了较大的发展。其中一些社会科学家就自认为他们更接近自然科学，而历史学、地理学、人类学、心理学、法学不具备严格意义上的社会科学，而将它们挡在门外。

但是，到了 20 世纪后半叶，随着科学技术的迅猛发展，科学家与人文学者之间彼此相争，"科学已经在与人文学科的威望战中得胜，被承认

---

① ［美］华勒斯坦等：《开放社会科学》，刘锋译，三联书店 1997 年版，第 7—8 页。

为知识的高级形式，不仅在荣誉上而且在钱财上都得到了社会报偿。科学
宣称它对社会是有用的——事实上是不可缺少的，因为它产生技术，从而
推动经济增长，改善生活质量。但是，一旦这个结构最终建立起来，它开
始陷入超负荷运转"。①

　　然而，对于社会科学与人文科学之间是否存在界线的问题，却有一些
人另有看法。比如，阿里·卡赞西吉尔和大卫·马金森说："在公众的理
解中，'科学'（science）这个词一直是被当作自然科学（natural sci-
ences）的同义语。因此人们对何谓社会科学的问题一再产生疑问，对社
会科学这一提法是否真正科学也表示怀疑。这些问题由于术语上的混乱而
更让人无所适从。在大多数国家，这整个领域都被称为社会科学。然而，
也存在若干不同的提法。在美国，'社会科学与行为科学'（social and be-
havioural sciences）的表述经常使用，比如在国家科学基金会（NSF）里
一个负责这一领域事务的部门，就是使用这一表述来作为自己的名称的。
在德国，社会科学（Sozialwissenschaften）指以经验或观察为依据的学科，
而人文尽管是非经验性的，却被称为'研究精神和心理问题的科学'
（Geisteswissenschaften）。在法国，人们对于社会科学和人文科学（human
sciences）之间的学科分类及术语使用始终显得犹豫不决。（在这条引文中
有一个注解符号'＊'是译者对 human sciences 的阐释，是指与人类活动
相关的某些学科，如人类学、社会学、心理学、宗教学、语言学等，认为
翻译为'人文科学'较好。）"② 汉斯－克里斯托弗·霍伯姆这样说："有
时，社会科学具有'软科学'的特点，这与被视为'硬科学'的自然科
学相反，因为前者被认为主要是'文字学科'，而不是'数据学科'。社
会科学的专题范围不明确，标准一体化程度较低。它为术语问题所困扰，
因为通常它们使用的是具有特殊内涵和定义的日常用语，而这些用语在不
同的子学科中，或从不同的思想观点来看，其含义有时不尽相同。可以
说，与自然科学相比，社会科学的出版物和论证更带有解释性，更不正规

---

① ［美］伊曼纽尔·沃勒斯坦：《转型中的世界体系：沃勒斯坦评论集》，路爱国译，社会
科学文献出版社 2006 年版，第 82 页。

② ［法］阿里·卡赞西吉尔、大卫·马金森主编：《世界社会科学报告·序言》（1999），
黄长著等译，社会科学文献出版社 2001 年版，第 2—3 页。

[参见科尔曼（Coleman，1993）]。"① 虽然人们把社会科学看成"软科学"，但是，对于它的价值和功能却给予了充分的肯定。赫舍恩·韦斯说："社会科学可以给决策者提供大量的数据、概念和理论。由于这种输入建立在对于当前局势的更准确的把握上，因此可使政策更加切合实际，并且更有可能达到预期效果。"②

教育心理学家皮亚杰曾在 1970 年发表过一篇题为《人文科学在科学系统中的地位》的文章，明确反对把社会科学与人文科学划分成两个领域。他认为，这两者之间并没有泾渭分明的界限，他的观点曾得到众多的支持者。

鉴于人们的这些不同看法，有人就提出以新思维来取代这三大超级学科之间的界限与争斗。如美国社会科学学家 M. N. 李克特认为，自然科学作为人类认识活动的产物，它和人文并不是截然分开的。他说："即便对自然的观察是科学的，最终的阐述中也要包括含有某些'非科学'的成分。"③ 这就是说，科学知识总是以不同的方式包含着非理性的内蕴，其内容的阐述，也要受到与人文关怀相联系的价值观念的影响。

英国当代哲学家罗素将哲学、科学和宗教看作三种不同功能的文化形态，他说："一切确切的知识——我总这样主张的——都属于科学；一切涉及超乎确切知识之外的教条都属于神学。但介乎神学和科学之间还有一片受到双方攻击的无人之域；这片无人之域就是哲学。思辨的心灵所最感到兴趣的一切问题，几乎都是科学所不能回答的问题；而神学家们的信心百倍的答案，也已不再像他们在过去的世纪里那么令人信服了。"④ 罗素认为科学、宗教与哲学是三种不同性质的知识，它们各有自己的功能，无法相互替代。

美国科学史家 G. 萨顿认为，科学是我们精神的中枢，也是我们文明的中枢。它是我们智力的力量与健康的源泉，然而不是唯一的源泉。无论

---

① ［法］阿里·卡赞西吉尔、大卫·马金森主编：《世界社会科学报告·序言》（1999），黄长著等译，社会科学文献出版社 2001 年版，第 271 页。

② 同上书，第 310 页。

③ ［美］M. N. 李克特：《科学是一种文化过程》，顾昕等译，三联书店 1989 年版，第 11 页。

④ ［英］罗素：《西方哲学史》，何兆武、李约瑟译，商务印书馆 1977 年版，第 12 页。

它多么重要，它却是绝对不充分的。倘若滑入科学主义的极端，就有可能与人文精神相背离。因此，他主张建立新人文主义或科学人文主义以弥补科学主义的偏颇。

美国后现代主义哲学家理查·罗蒂说："我们必须准备一种新的文化，第一个审慎地建立在科学——在人性化的科学——之上的文化，即新人文主义。"这种新人文主义将围绕科学而建立，最大限度地开发科学，同时也"赞美科学所含有的人性意义，并使它重新和人生联系在一起"。[①]他们的这些见解，都为自然科学、社会科学和人文科学这三个超级学科之间的论争提供了和解的新思维。特别是后来发生的各种文化思潮用新知识观来解开这三大知识系统中的死结，为各类知识体系之间的沟通理解和相互支撑提供了可行性路径。

五 知识观变迁与认识论转向

所谓"知识观"，就是人们对知识的看法。知识来源于人们的认识。随着人类认识的进步，我们对知识的审视越来越认真细密。我们的知识可靠吗？知识的性质究竟是什么？怎样才能获得可靠而又有效的知识呢？随着对这些问题的追问和思考，我们的认识理论就得到了不断的发展完善或全面更新。

正确的知识观需要有正确的认识理论来支撑。人类知识观的多样性与认识论的多元化有着密切的关系。那么，什么才是正确的知识观和认识论呢？知识观和认识论的多元化对知识的发展是有利还是有害呢？

所谓"认识论"，亦称知识论，就是关于认识的理论。"认识论"这个概念来自西方哲学，是指研究人类认识的本质及其发展过程的哲学理论。其主要内容包括认识的本质、结构，认识与客观实在的关系，认识的前提和基础，认识发生、发展的过程及其规律，认识的真理性标准等问题。在我国，与认识论内容相同的知识体系主要是关于"知行关系"与"知能关系"的学问。

---

① ［美］理查·罗蒂：《哲学与自然之境》，李幼蒸译，三联书店 1987 年版，第 124—125 页。

　　人类的知识是否可靠和有效？人们怎样认识才能得到可靠的知识呢？这是知识王国里一个历久常新的重大问题，自古以来人们为此争执不休，由此就出现了各种各样的不同认识论学派和不同认识论学说。在认识论方面，如本体论、先验论、存在论、唯心论、唯物论、唯名论、唯实论、唯理论、经验论、机械论、感觉论、反映论、实践论等都是极有代表性的认识理论。正是有了这些理论才使人类的知识变得丰富多彩。所谓"认识论转向"，就是在知识研究中切换了讨论的主题和认识路径。学界对于认识论转向的看法有多种，有人说，人类历史上曾发生过两次认识论转向；有人说，曾经发生过三次认识论转向；还有人说，曾经发生过五次认识论转向。其实，每种认识论在认识方式上都有自己的特色和说辞，只是它们在知识发展史上所产生的影响力各有不同，有的认识理论并未真正影响到认识的主流模式。

　　自近代科学知识体系确立以来，科学知识便以其效用性、严密性、权威性在人类社会和日常生活中占据主导地位，致使许多人相信，科学知识就是科学家对外部世界的真实摹写，是一种客观的知识，有人甚至将其与真理等量齐观，因此成为人们崇拜的对象。在认识论中出现的语言学革命首先解构了"科学知识"绝对正确的神话，打破了由科学一统天下的局面。相继出现的结构主义、后结构主义、后现代主义、解构主义和建构主义等社会文化思潮就是以语言分析为突破口，彻底否决了科学真理的独断性，随之将斗争的矛头直接指向我们的认识理论和知识体系组织过程中所出现的缺陷和种种问题。通过对知识组织体系的解构和重构，消解了主观与客观的二元对立结构，弥合了作者与读者之间的鸿沟，彻底颠覆了知识王国中旧有的秩序，也解构了我们对科学知识的盲目崇拜心理。下面来看看这些文化思潮是怎样改变我们旧有的知识理论的。

第二节　当代文化思潮与知识论多元化

　　文化思潮是指某种文化观念以及与之相关的文化现象在某个特定时期对社会所产生的广泛影响。由于这种文化观念为社会上的多数人所赞同和奉行，因而形成一种潮流，所以称为文化思潮。自"二战"结束以来，世界的变化越来越快，各种文化思潮层出不穷。其中有不少文化思潮对人们看待知识和获得知识的方式都产生了重大影响。

一 结构主义知识论

在汉语中，"结构"的原义是指房屋构建的式样，借喻为组成整体的各个部分的配合与组织。那么，什么是结构主义呢？有人称它是一个学派，有人将其理解为哲学中的后认识论，也有人认为它是一些人文社会科学学者在各自的专业领域里共同应用的一种研究方法或思维方式，可见结构主义中所包含的内容是非常丰富的。

最早被视为结构主义的学者是瑞士语言学家索绪尔（1857—1913）。索绪尔生前曾在瑞士日内瓦大学讲授普通语言学。1913 年索绪尔逝世后，他的学生 C. 巴利和 A. 塞什艾根据听他讲课时所做的课堂笔记，参考遗留的手稿整理出《普遍语言学教程》一书，于 1916 年正式出版。后来该书被翻译成多种语言在学界产生了重大影响，由此索绪尔被人们称为"现代语言学之父"和"结构主义的始祖"。在该书中，索绪尔指出语言是形式而不是实体，是一套规则体系而不是具体的材料。规则体系是相对固定的、约定俗成的，是语言学的研究对象。

索绪尔还把言语活动分成"语言"（langue）和"言语"（parole）两部分。语言是言语活动中的社会部分，它不受个人意志的支配，是社会成员共有的，是个人被动地从社会接受而储存于头脑中的系统。言语则属于个人意志可以支配的那个部分，它带着个体特有的发音、用词和造句等方面的特点。所以说，言语就是个体对社会语言系统的运用。语言和言语紧密相连，互为前提。一个人要使他人理解自己的想法就必须用语言，而语言的存在又需要言语来体现。语言既是言语的工具，又是言语的产物。语言是一个体系，也就是一种结构。语言是语词的各个单元的集合物，每个单元都有其独立的意义。语音和意义之间的关系构成一个网络结构，这种语言体系又被看成一个符号系统。语言是表达概念的符号系统。一切符号都包含着"能指"与"所指"的关系。能指和所指的关系模式基本上是序列性的，它同时在两个系列中展开。语言符号在构成关联系统时存在于组合关系和聚合关系这两个模式中。这两种关系就成为索绪尔语言学理论的核心结构。这种语言学的分析模式就成为以后结构主义方法论的基本组成部分。

索绪尔的《普遍语言学教程》在 1916 年出版之后，被看作结构主义语言学的诞生标志，并初步确立了结构主义方法的普遍适用性。此后，美国的语言学家乔姆斯基对语言的生成能力与层次结构研究对结构主义的形成和发展产生了极大的影响。又经过列维－斯特劳斯、拉康、福柯、巴尔特、阿尔杜塞、皮亚杰等一大批结构主义思想家的努力，结构主义方法被延伸到社会科学的各个领域，从而使语言问题成为各个学科的主要议题之一，并促使人们从语言的意义和结构中发现潜藏于社会风习、社会心理、社会结构、政治机制中的种种奥秘。

最先将结构主义语言学方法引入社会研究的学者是法国的人类学家列维－斯特劳斯。他的结构主义观点主要表现在他对人类学中的亲属关系和神话研究成果中。1945 年，列维－斯特劳斯发表了《语言学的结构分析与人类学》。在这本书中，列维－斯特劳斯提出了他的结构主义体系。他认为，人类的思想就是各种自然物质的一个储备库，从中选择出各种成分可以形成各种结构。他把社会文化现象视为一种深层结构体系和普遍模式。他对原始人的逻辑、图腾制度和神话所做的研究中，不靠社会功能来说明原始人类的习俗或故事，而是把它们看作一种"语言"的元素和概念体系，人们正是通过这个体系来组织世界。他的研究成果和研究方法引起了其他学科的人对结构主义的兴趣和重视，致使许多重要学科都在 20 世纪 60 年代期间与结构主义发生了关系。因此，人们把语言学中的这种结构主义方法当作学术研究的普遍方法。

随着结构主义的发展，其中有一些学者对结构主义进行反思检讨，不断地提出新问题和新看法，致使结构主义中出现了不少流派。各个学派的共同特征都是以既定语言的结构系统、模式、类型及其关系结构为起点来研究他们各自所锁定的对象和话语方式。他们都认为，任何结构都是一个相对独立的系统或整体，这个系统是由不同的要素或单元组成的，任何一个部分的变化都会引起整体的变化。

在结构主义中，瑞士哲学家和心理学家皮亚杰（1895—1980）的知识结构理论有很大的影响力，有人将其称为建构主义，也有人将其称为发生学结构主义。皮亚杰早年研究生物学，后来在日内瓦大学教授儿童心理学。他在教学过程中将生物学、哲学、心理学和数学结合起来进行综合化研究，于 1970 年出版了专著《发生认识论》。在这本书中，皮亚杰最先研究了认识通过环境与主体的互动而发展的过程，明确突出了建构过程在认识论中的地位。皮亚杰指出，传统的认识论只顾及高级水平的认识，或认识的某些最后结果，而看不到认识本身建构的过程。事实上，所有学科都是以不断发展为特征的，任何一门学科都是不完善的，并且处于不断建构的过程之中。皮亚杰的这些理论改变了结构主义对结构稳定性的认识，从发生学的原理上说明结构是怎样生成的和怎样变化的。所以，有人便将皮亚杰提出的发生认识论称为发生学结构主义。而这种对结构不断变化的看法为后结构主义奠定了思想基础。

后结构主义是 20 世纪 70 年代在法国兴起的改造结构主义的政治思潮。其代表人物大多数是原来的结构主义者，如法国的巴尔特、福柯、拉康、利奥塔和德里达等。他们批判结构主义对形而上学传统的依附，反对传统结构主义把研究的重点放在对客观性和理性问题上，企图恢复非理性倾向，追求从逻辑出发而得出非逻辑的结果。后结构主义的第一位主要代表是巴尔特，他认为结构是流动的、变化的、不稳定的。他提出了一种结构消融论和文本批判论。另一位代表人物是福柯。福柯将自己的立场定义为"知识考古学"，他的主要研究方法就是考察知识中的各种要素是如何历史地被整合到某种规范中去的，又是如何形成结构并被新的结构所取代的。他认为现代性就是控制和统治，而主体和知识则是它构造出来的产物，人们居住的这个世界事实上只是一个社会建构，其中有许多不同的意识形态都想要占据霸权地位，于是便抛弃了结构主义的简化主义方法论。

二　建构主义知识论

建构主义是对结构主义的继承和发展，因此有人就把建构主义直接称为结构主义。"建构"这个概念也是借用建筑学中的一个词语，原指建筑起一种构造，后来被广泛应用于文化研究、社会科学和文学批评等领域。在笔者看来，这种建构主义简直就是一种知识组织的思维方法和行为方式，或者说建构主义与我们的知识组织理论与知识融通理论有着异曲同工之妙。

建构主义作为一种新的认识论和哲学理论，于 20 世纪 80 年代开始出现，并在教育学和心理学领域引起了一次重大的观念与实践的革命。其最早起源于瑞士教育学家皮亚杰的认知建构论和俄罗斯心理学家维果斯基的心理发展理论。皮亚杰的发生学结构主义思想是建构主义理论的重要基础，而维果斯基的心理发展理论则深刻影响着社会建构主义的形成和发展。在他们的启发下，建构主义逐渐建立起一系列的知识建构理论和新的学习理论体系。在这里，我们从三个方面来看看他们的主要观点。

首先，建构主义知识论对知识的客观性和确定性提出了质疑。建构主义认为，知识并不像客观主义所定义的那样，能够准确反映事物的客观存在，而是对客观世界的一种解释或假设，而不是终极真理。老知识会随着人类社会的发展和科学技术的进步不断被新知识和新理论所超越、所取代。因为宇宙不是机械的、二元的，而是历史的、关系性的和人格性的。世界并不仅仅是外在的，而是有待重新发现和重新认识的。所谓的客观实在都是相对的、模糊的和参与性的。所以，知识并不是一成不变的绝对真理，而是被视为不断生成与建构的"文本"。

其次，知识具有情境性。任何知识都存在于一定的时间、空间、理论范式、价值体系、语言符号等文化因素之中。知识的意义不仅由自我陈述来表述，而且受制于整个系统的约束，并不能精确地概括世界的各种法则，也不能提供解决所有问题的具体方法和最终答案。因此，在现实生活中，人们需要根据情境的变化针对具体问题作出解答，即使所获得的是新知识，也需要对其进行再加工和再创造，以便于使知识能与自己所处的具体境况相适应，否则就会发生纸上谈兵的危害。

再次，建构主义认为，知识具有个体性。它不仅是客观的、公众的，而且是主观的和个人的。因为所有的知识既不能离开个体的交往实践活动，也不能离开个体的人格特征。知识不可能以实体的形式存在于个体之外。尽管语言赋予了知识一定的外在形式，有的命题甚至还得到了普遍的认同，但这并不意味着学习者会对这些命题具有同样的理解。每个人对知识的理解只能够由他的经验背景和特定的学习过程中建构起来。所以，知识的形成不能脱离认识主体，它是与个体的活动密不可分的。不同个体及其独特的实践活动，也会有不同的"个体的知识"。对于个体来说，任何知识在未被接受之前都是没有意义的，当然也就毫无权威性可言。知识的获得并不像行为主义所说的那样，只是一种简单的刺激与反应过程，而是新旧经验之间双向互动的作用过程，即通过同化和顺应两种途径来建构个人意义的过程。同化和顺应的统一，就是知识建构的具体机制。因此，学习不仅是对新知识的理解和记忆，而且包含着对新知识的分析、批判和选择，从而建构起个体的知识系统；学习不仅追求新知识和新经验的获得，同时也注重对既有知识和经验的改造或重组。

建构主义理论作为一种新的学习理论，自 20 世纪 90 年代以来在国际教育界产生了广泛的影响。它改变了人们对教育活动的理解，因而也改变了世界许多国家的教育机制和学习机制。他们所提出的那些教育主张逐渐成为各国进行教育改革和课程设置的新理念。

三　连接主义知识论

在 20 世纪后期出现的连接主义认识论以加拿大学者乔治·西门思为代表。连接主义者指出，建构主义只表示了硬知识要素，对于网络环境下的软知识要素未加重视。而当今的知识拥有不同的状态，可分为硬知识和软知识两种类型。硬知识产生于那些变化慢的领域和时代，知识生产通常是单向的，经由专家证实和公众接受的过程后，趋于稳态。硬知识主要是通过杂志、图书和传统的图书馆来存储。但在网络环境下，知识生产由单向变为多元开放，知识在流动的过程中通过对话与协商而被改变或重组。当事物快速改变时，很多知识来不及变成硬知识即被替换或修正。所产生的大量知识都属于软知识的类型。

管理软知识与过去的人们管理硬知识的过程和方法都不一样。软知识可以存在于个体之外，如他人、图书馆、网络上的各种站点和软件之中。软知识具有交互性，它是社会成员之间不断交互组织的结果；软知识具有自主性，任何个体都能自愿贡献自己的知识；软知识具有开放性，允许吸收第三方观点；软知识具有多样性，可显示出最大范围的观点；软知识具有重组性，可以无限连接和重组，再造能力就是软知识的主要特征。

连接主义知识观相对于建构主义知识观来说，更加强调知识的情境性、实时性、流动性和动态开放性。他们认为知识只能被描述不能被定义，严格的定义是没有用处的。知识的定义越准确，就越不适合多种情境。他们还认为，知识已经从分类、层次描述方式向网络、生态方向发展。在网络环境下，不管知识以个体、群体还是以组织的类型被创造出来，都会以实时的方式进入流动循环。人们不一定总是在建构，但会一直进行连接。因此有研究者说："知识应该划分为核心知识和自发性知识，核心知识由建构主义解释比较合理，自发性知识由连接主义解释会比较成功。"①

四　解构主义知识论

解构主义（desonstruction）这个字眼是从"结构主义"（construction-ism）中演化出来的。它与后结构主义的关系十分密切，有人就把解构主义称为后结构主义，也有人将解构主义看作后结构主义的一个重要分支，是对结构主义的批判、破坏、分解和发展。解构主义诞生于 20 世纪中期的法国，以德里达、尼采、加缪和海德格尔等人为代表。他们反对二元对抗，只承认多元，否认权威和中心，认为宇宙与万物的生成是一种生生灭灭的运动，是无休止的结构、解构、重构的过程。他们认为，没有绝对的真、善、美；没有无差异的实体；没有"纯整"的实体；没有永恒的理念和概念；没有永恒的结构；也没有固定的中心。持这种主张的典型人物代表就是德里达。因为解构主义者反对固化的定义和定论，所以研究解构主义的学者说"解构主义难以定义"，我们只能从德里达的学术研究成果中分析他的行为和意向。

1966 年，德里达在一次国际会议上宣读了一篇题为《人文话语的结构、符号和游戏》的论文，由此开始对当时流行的结构主义进行解构。德里达在论文中破坏了语言学结构主义的核心理论即能指和所指之间的对应关系，否定了结构主义者所追寻的元语言结构的存在，以全新的否定思维方式将语言逐出了世界的中心，进而完全消解了中心的存在。1967 年，德里达发表了《论书写学》、《书写与差异》和《语言与现象》这三部著作。在书中，他提出了系统的解构主义哲学思想。

通过德里达等人的努力，解构主义很快由法国发展到欧美各国，在国

---

① 杜修平等：《连接主义的知识观解读》，《现代教育技术》2012 年第 11 期。

际知识研究领域里产生了重大的影响。但是，解构主义在学术界也招致了许多批评，有人指控其为虚无主义、寄生性太重以及太过疯狂。而在大众刊物中，它被当作学术界已经完全与现实脱离的一个象征。尽管有这些争议的存在，解构主义仍旧是当代哲学与文学批评理论中的一股主要力量。这些思想方法一方面不断地拆解着人类知识组织的固化方式，另一方面又不断地对知识进行着改装和重组，他们的这些思想方法与本书所提倡的知识组织和知识融通理论可谓是不谋而合。

五 后现代主义知识论

"后现代"与"后现代主义"是一对令人迷惑的字眼。在这对概念里包含了许多难以界定的东西。如"互动百科"中所说，"后现代主义是一个理论上无法定义的概念，因为后现代主要理论家均反对以各种形式约定成俗的言说习惯来建立或界定，或者规范后现代主义"。尽管后现代主义难以定义，但在后现代主义的阵营里聚集了众多各具特色的思想派别，如新解释学、解构主义、西方马克思主义、女权主义和分析哲学等，它们提出了许许多多的新观点和新理论，我们很难把它们归结为具有一致性的某种派别，有人认为，后现代不是一种主义，而是一种社会生活状态。但是，从总体上看，在它们之间还是有一些共同的社会文化特征的。因此，人们在讨论后现代和后现代主义的时候，大多是拿后现代现象说事。

在社会政治生活领域，后现代主义表现为反权威、反主流、反正统性、反现代性、反功能主义与实用主义，主张社会生活人文化、个性化和平等化；在社会文化领域，后现代主义倡导多元论，尊重差异性、多样性和兼容性，拒斥人类中心主义、西方中心主义、东方中心主义、男性中心主义和种族中心主义；在学术研究领域，后现代主义提倡怀疑精神、批判精神和多元主义的文化价值观，反对二元对立的思维方式，反对理性主义的绝对真理观；在社会实践领域，后现代主义强调社会生活中的相对主义、特殊主义和情境主义，提倡灵活性和创造性，拒绝一切普遍主义的社会方案。他们解构中心、解构经典、解构文化，甚至解构被视为真理的科学知识，对于任何形式透过语言传达的思想都要进行解构，因此，被看作传统哲学和传统文化的叛逆者或捣蛋鬼。后现代主义者认为，人对现实世界的认识是多种多样的，只有存在歧义才合乎常理，因此要求从多视角出发去认识和理解世界。这些后现代思想文化和认识方式正是我们创建知识组织及融通理论的基本元素和思想资源。

后现代主义常常与后结构主义或解构主义混为一谈，因为后现代思想家中的德里达、福柯、德勒兹、利奥塔等人自身就是解构主义者或后结构主义者，并且有的学者自身也在不断变化，有的人在前半生力主"结构"，到了后半生又力主"解构"。有的人开始时是个激烈的反传统者，到了后来又回到原地。新西兰学者迈克尔·彼德斯对它们之间的差异、包容或相承关系作了区分。他说："在哲学（和神学）方面，现代主义可以被视为一种以知识的更新和人类进步信念为支柱，以经验和科学方法为基础的运动。"① 而后现代主义则是对现代主义的一种反叛与对抗，并与结构主义及后结构主义之间保持着多种内在联系。彼德斯在考察了后现代主义这个概念在诸多国际文献中的使用之后说："在从 1949 年直到 1980 年之间的有记载的用法中，后现代主义这个术语首先被用于建筑学，之后被用于历史、社会学、文学和艺术。在这些用法中，它被用来代表一个被认为是反抗现代主义的新纪元或新风格。只是在最近的词条中，结构主义才与后现代主义和新达达派放在一起被提及。"② 当人们将各种流派的思想家们都集合在"后现代主义"这面旗帜下的时候，就是抓住了他们都反抗现代主义这个共同的特征。

就知识论而言，后现代主义都对作为现代思想典范的科学知识持批判态度。他们认为，西方文化和社会制度都建立在理性与科学的基础之上，现代社会出现的种种弊端就是由这种科学霸权所引起的。所以，他们把以往所有的社会理论以及与之相连的思维模式、推理逻辑、语言策略、真理标准和道德规则等都看成现代社会所制造的文化产品进行解剖和批判，并把当代知识研究中存在的问题作为主要的讨论对象。

在后现代文化思潮中，先后出现的尼采、马尔库塞、伽达默尔、德勒兹、福柯、德里达、利奥塔、霍克海默和阿多诺等代表人物都有各自的思

① ［美］迈克尔·彼德斯：《后结构主义/结构主义，后现代主义/现代主义：师承关系及差异》，《哈尔滨师专学报》2000 年第 5 期。

② 同上。

想特色和理论，使得后现代理论体系十分庞杂，如费彻施顿所说："有多少个后现代主义者，就有多少种形式的后现代主义。"

上述我们所介绍的各种主义，也许让我们看到了当代在知识王国中所发生的各种现象：颠覆、混乱、切换、结构、建构、解构、重构、重组、连接等一系列的变动，这些新概念的出现将知识王国旧有的神秘性、崇高性、统一性和整体性等伦理秩序都给搅乱了、打散了、消解了，那么，它们究竟是不是像有人所说的那样，这些多元主义的主张就是反动的、消极的、相对主义的和虚无主义的东西呢？

我们知道，对反动的反动意味着行动的正确。若是想要医治传统文化中沉淀的各种痼疾，就得像医生医治脑血管硬化一样，通过各种透视、解析、疏通等方法来改善僵化的脑组织细胞，只有这样才能使我们的思维畅通灵活。我们的世界每天都在发生变化，作为世界表征的知识当然也应该追随世界的变化而被不断地更新。上述这些新主义和新知识论正是顺应着这个变动着的世界而发展起来的。它们不仅给我们带来了认识的新视角、积极精神、主动精神、怀疑精神和创造精神，也为我们带来了知识的发展性认识论、批判性认识论和建设性认识论，让人类的知识王国得以充满生机，欣欣向荣。

第三节　当代世界知识组织的趋势

受当代世界文化思潮中各种知识论的影响，人类知识组织的方式发生了重大变化。我们将这种变化归纳为三大发展趋势：一是学科分化组织趋势；二是学科交叉化组织趋势；三是学科综合化组织趋势。

一　学科的分化组织趋势

所谓"学科分化"，是指将混沌或笼统的知识体系分解为各个分支体系的一种组织方式。知识分化为学科是人类认识由混沌走向清晰的必经之路。有人说，没有知识的分化就形不成学科，没有学科的分化，人们的认识就难以走向深入。不过笔者认为，学科分化的开端并不全是分，恰恰是从对同类知识的聚合组织为起点的。人们为了能准确地认识同一研究对象，往往都要围绕着它去搜集各种各样的知识，通过对相关认识意见的聚合组织，以示得到全面、系统而又合理的解说。只有对一个研究对象的性质、功能、表现形式以及来龙去脉有了系统的了解，使知识聚合达到一定规模之后，科学的理论才能从中产生出来，才能使这个学科得以形成。

考察学科分化的历史我们发现，每次学科分化，都是在深入认识的过程中出现的。比如说，动物学以动物为研究对象，在开始的时候，人们会把关于各种各样的动物知识都搜罗起来，以说明什么是动物，但是动物界包含着各种各样的动物，很难说清楚什么动物是什么样，于是便从动物界区分出人类、兽类、鸟类、昆虫类等，这样就从动物学中分化出了无脊椎动物学、原生动物学、软体动物学、昆虫学等，以此细分下去，就出现了许许多多的分支学科。学科的分化方向很像动植物学家林奈认识动植物一样，将它们逐级划分为界、门、纲、目、科、属、种与亚种等多个层次序列，以便于使各种具体的研究对象在这个体系组织内获得自己确定的位置。通过这样的逐级定位，便可对许多复杂的事物获得清晰的认识。

学科分化既是对知识持续进行分门别类研究的一种发展方向，也与社会分工的细密化有一定的对应关系。我们在讨论知识发展史时已经说过，在传统的农业社会里，由于人们过着自给自足的粗放生活，社会劳动分工也是粗放的，那时的知识组织体系也较为含混，是谈不上学科分化的。知识被学科化和学科不断分化都是近代社会才有的现象。

通过考察学科的发展历史我们可以发现，学科分化的过程存在着一种由慢到快的加速度过程。比如，在中国，古代曾有“四门学”、“六艺”与“十科”之学，在西方的文化发源地古希腊也有“四艺”和“七艺”之分科，这些被称为“门”和“艺”的分科知识体系就是当时的教育者根据社会实践分工的需要从混沌的认识中抽取出来的相对应的知识而已。这些经过了初步分类组织的知识体系历时两千多年，仍然维持在“十科”左右。

在西方，到了文艺复兴时代，学科的分化速度开始加快。当时人们对中世纪经院哲学时代的课程进行了改革，从文法中分出了文法、文学和历史；从几何学中分出了几何学和地理学；从天文学中分出了天文学和力学。到了17—18世纪，学科分化进一步加快，辩证法分成了逻辑学、自然哲学、科学哲学和技术哲学；算术分成了算术和代数；几何学分成了三角法和几何学；地理学分成了地理学、植物学和动物学；力学分成了力学、物理学、化学。即都把最初那种混沌不分的自然哲学转变成各种独立门户的自然科学。在 19 世纪中后期，社会科学的多个学科门类如社会学、政治学、经济学等也从道德哲学中分化出来，使学科的门类有了大量的增加。

19 世纪被称为学科分化的黄金时期。工业革命在西方取得成功之后，随着社会分工的细化，人们对专业化的知识和技术需求日益迫切，欧洲各国普遍创建了大量的高等专业技术学校和大学为社会培养具有专门知识的人才。高等教育的组织者借鉴医生与律师专业化运动的经验，积极推进学术的专业化，使大学和学院中的知识操作者转换和成长为学术专业人员。人们对"专业"的理解，也有不同的观点。彼得·贾维斯认为，专业有两种含义，一是通过建构独特的知识论基础提供专业服务，因此它是"职业—服务"；二是通过独自掌握特定专业的知识资源实现垄断，因此它是"资源—垄断"。① 学科专业的快速分化与社会分工的专门化究竟是谁催生了谁，至今还没有见到人们的定论。

学科高度分化的趋势在 20 世纪前期表现得仍很明显。我们曾查询当今世界究竟有多少门学科，见到的答案可谓五花八门。有一种统计称，当今自然科学学科种类总计近万种。另一种统计称，截至 20 世纪 80 年代，在中观层次上的学科约有 5500 门，其中非交叉科学学科为 2969 门，交叉科学学科总量达 2581 门。有的人干脆用"多如牛毛"来形容学科的数量。另有一种接近事实情况的说法是"学科无定数"。因为学科一直处在分化与综合的运动中，所以很难统计到准确的数量。还有人将学科比作人体，"是一个变动的脆弱的自我平衡系统"，由于研究方法和专业在不断发展、分化、合并、适应和消亡，所以说，学科的数量是个变数，统计者的那些统计也只是个大致的参考数据罢了。

刘大椿先生这样描述学科的分化进展："20 世纪以来，随着人文社会科学的研究视野不断拓展，研究领域不断深入，学科划分越来越细，亚学科、子学科、分支学科也越来越多，学科体系日益复杂化，形成了一个拥

---

① Peter Jarvis. Professional Education. London, Sydney, Dover, New Hampshire: Croom Helm, 1984, p.21.

有数以千计的分支学科的庞大学科群。而专业化的学会、研究机构、学术刊物的形成，既在形式的层面上标志着学科的独立化、成熟化，又进一步推进了人文社会科学学科体系向现代形态发展。"① 梅茨格在学科研究中将学科的分化归纳为四种模式：一是学科分娩，即从传统学科中分化出新的学科；二是专业联盟，指几个学科通过联合、交叉形成新的学科；三是学科科目显贵化，指原本声誉较低的学科通过超越先前卑微的声誉而获得正统地位；四是学科扩散，指原有学科逐渐拓展研究领域、扩散学术领地，从而实现新的发展。② 梅茨格认为，大多数的学科分化是通过学科分娩方式产生出来的。比如，地理学是一门古老的学科，后来从中产生出海洋学，而海洋学后来繁衍出 130 多门分支学科。再如，经济学也随着研究的深化产生出许多的部门经济学，然后又从部门经济学中滋生出 100 多门分支学科。不过，有人对 4027 门学科的研究对象和研究方法进行分析后发现，在 19 世纪以前，新学科的建立，主要是通过学科分化产生出来的。而在 19 世纪之后，新学科的产生则是学科联盟和学科综合。由这两种方式产生的新学科数目几乎相等。进入 20 世纪以来，新学科主要是高度综合的产物。

　　国内学者赵文平等在研究中将当代的学科分化归纳为三个特点：一是纵向分化。由于社会经济与自然界发展的不可穷尽性，所有学科的发展都在三个方向上深入发展，即微观、宏观和宇观。二是横向分化。由于社会经济与自然界发展之间既相互区别又互相联系，因此每发现一个新的现象或运动形式或相互联系，便可能产生一门新的学科，这就是横向分化。三是层级分化。由纵向与横向分化共同构成不同的分化层级结构。纵向分化首先构成学科分化的不同层次，横向分化则在同一层次上继续研究与认识精细化。③

　　也有人将学科分化的方式总结为综合—分化—综合这样的循环发展路线，认为知识在最初就是综合的，最终又回到综合。这样的说法是不够精

　　①　刘大椿、潘睿:《人文社会科学的分化与整合》,《中国人民大学学报》2009 年第 1 期。

　　②　Burton R. Clark. The Academic Life: Small Worlds, Different Worlds. The Carnegie Foundation For The Advancement of Teaching, 1987, pp. 27 - 31.

　　③　赵文平等:《学科发展规律与学科建设问题的研究》,《学位与研究生教育教育》2004 年第 5 期。

确的。因为知识的最初状态并不是综合，而是一种含混杂乱的状态，简单说来叫作"混沌未开"。而分化是将一种事物的整体解析为各个部分，使人们看到构成总体的各种组织要素。比如，观察医学的变化与综合，就有助于我们对学科分化与综合的理解。在解剖学未诞生之前，医生们并不明白人体各部分构造与循环机理，那时的医学也就只有医学科。后来通过解剖学的创立，医生们对人身体的各部分组织有了细致的了解，医学开始分化为内科、外科、内分泌、心血管、五官科、骨科、精神病科等，它意味着医学对身体各部位组成的部件及其功能的详细认识。但是，人的生命是一个有机整体，不能像组装机器那样机械地拆卸与组装，当遇到了系统循环方面的复杂性疾病时，单科医治的方法很难奏效，就需要在医学的多个学科中进行跨越和综合，利用多个学科的知识来克服疑难病症，于是又出现了"全科"这个新概念。这说明了医学知识体系的发展变化是由最初的含混不分走向清晰解剖，然后在剖析清楚的基础上再回到综合的一种组织路线。

从医学知识的分化与综合的组织方法上看，学科分化在本质上就是对知识体系的一种细分过程。它将一个事物切割成不同的部分进行分别认识，以便得到精确的知识。研究人员在划定的学科领域内精耕细作，对自己研究的独特对象反复审查，使人类对自然和社会生活中的许多事物都得到了深入细致的研究，人类的知识体系也因此而得到了极大的发展和充实。因此，我们应该把学科的分化看作学科综合的基础和前提。只有经过了细致、透彻、精确的学科分化研究之后，才能使带有综合性的学科知识体系获得扎实、深厚、稳固的基础。学科分化是为了加深认识，学科综合是为了使认识更加全面和更加系统。如果只讲学科分化，不讲学科综合，势必形成机械、片面、孤立和静止的认识方式，使这个生机勃勃、相互联系的现实世界遭到肢解和断裂。所以，在学科分化走向尽头的时候，在知识分化组织的基础上进行重新组合便成为知识发展的新走向。

二　学科交叉与多学科交互组织趋势

说到学科交叉，有必要对这个由英语"Interdisciplinary"翻译过来的概念费些口舌。据姜智芹教授在《跨越边界——知识　学科　学科互涉》

一书的"译后记"中对这个概念翻译所出现的几种差异作了说明："国内学者对这个词有以下几种译法：跨学科、交叉学科、边缘学科、混合学科、多科性。译者最初对照港台学者的译法将其译为'科际整合'，但最后定稿时采纳了南京大学杨正润教授的建议，将其译为'学科互涉'。"①由此可知，我们日常在各种文献中见到的跨学科、学科交叉、边缘学科、混合学科、多科性、学科互涉、科际整合等概念都是 Interdisciplinary 这个词汇的不同译法。尽管翻译者对它的理解各有差异，但基本内容都是指在知识的应用环节对双学科或多学科知识的调用与组合。

交叉学科这个概念最初来源于美国。研究交叉学科的人往往将 1923 年美国成立社会科学研究委员会（SSRC）作为交叉学科的起点。当时这个委员会由 7 个不同学科的学会组成，在成立大会上，美国哥伦比亚大学心理学家伍德沃思在解释理事会的宗旨时说，委员会是学科的集合，要促进的不仅仅是一个学科的研究，而是促进被专业化所隔离的两个或多个学科之间跨学科的综合研究。1930 年，该会又在一份文件中正式使用了"跨学科的活动"这一词汇。从此"跨学科"（Interdisciplinary）这个概念被用来指称超过一个学科范围的研究活动。这种说法只是表明跨学科交叉研究在这个时期受到了更多学者的重视，并形成一种具有普遍性的方法论而已。

其实，无论在实践领域还是在理论研究领域，从其他学科中寻找并调用知识解决现实生活中的具体问题是一种习以为常的现象，过去不曾受到人们的重视。自近代科学革命开始以来，在学科之间进行交叉研究就已经取得了不少成就，有不少学科就是通过对两个或两个领域以上的知识体系进行交叉研究建立起来的。"生物学得益于物理学，哈维运用物理学的体积和力的原理，发现了血液循环；生物学得益于地质学，达尔文运用地质学证据，发展了他的生物进化论；化学得益于物理学，热力学被用来发展化学反应理论；天文学得益于物理学，人们运用辐射线光谱知识导致氦元素的发现。地理学和地质学相互得益，二者合作产生了地貌学，而这一学问对地理学和地质学两者又非常有用。生物学，尤其是遗传学既得益于物

---

① ［美］朱丽·汤普森·克莱恩：《跨越边界——知识　学科　学科互涉》，姜智芹译，南京大学出版社 2005 年版，第 378 页。

理学（即 X 射线和量子力学），又得益于化学（即 DNA 分子双螺旋发现中的晶体学）。"[①] 比如，19 世纪后期产生的物理化学属于物理学的分支学科，它以物理的原理和实验技术为基础，研究化学体系的性质和行为，由此建立了物理化学的学科知识体系；生物化学属于生物学的分支学科，它是通过移植化学知识与技术方法来研究生命物质的化学组成、结构及生命活动过程中的各种化学变化，由此建立了生物化学的学科知识体系；地球物理学属于地球科学的分支，它是通过移植物理学的方法和原理来研究地球的形成及其所出现的各类现象，由此建立了地球物理学的学科知识体系。

由此可见，学科交叉并非是 21 世纪才有的知识研究活动，只是到 20 世纪上半期，学科交叉研究逐渐形成了气候，在国际上产生了广泛的影响，并形成了组织化态势。比如，国际上相继出现了许多跨学科学会、协会、研究中心等类组织，设置了大量的跨学科研究项目或跨学科课题，创办了一大批跨学科研究刊物，出版了大量的跨学科研究论著，并通过多学科教育与通识教育等活动来促进知识的交流与融通。科研人员正是通过这些活动广泛参与到跨学科研究中。特别是通过两次世界大战的军事研究项目推动，跨学科研究也得到了政府的大力支持，由此使国际上的科学交叉研究日趋繁荣。

根据复旦大学陈其荣教授的研究统计，在 1901—2008 年的 100 多年间所获得的诺贝尔自然科学奖中，跨学科研究成果占其获奖成果的比例为 52%。在 2001—2008 年这 8 年间，在诺贝尔自然科学奖中，跨学科研究成果占其获奖成果的比例为 66.7%。这些诺贝尔奖得主在知识的交叉研究中所取得的成就让更多的科学家看到了知识交汇地带蕴藏着的高价值矿藏。如美国国家科学院协会报告《促进跨学科研究》述评中所说："数十年来，跨学科研究表现出越来越重要的作用，当今很多'热门话题'都是跨学科的，纳米技术、基因组与蛋白质组学、生物信息学、神经系统科学等比比皆是。"这些辉煌的业绩在学界就自然而然地引导着知识研究发展的趋向，有许多学者把学科交叉组织与融会贯通看作知识创新的源泉而大力开掘。

---

① 刘仲林：《现代交叉科学》，浙江教育出版社 1998 年版，第 126—127 页。

除了自然科学领域内的跨学科研究获得的重大成果之外，在人文社会科学领域内，通过跨学科研究获得的成果更是不胜枚举。正如郑乐平先生所说："事实上从经典思想家，如马克思、韦伯、迪尔凯姆，一直到当代的理论大师，如哈贝马斯、吉登斯、福柯、布迪厄等，都是在跨学科、超学科的背景中从事其研究，并建立其理论的：哈贝马斯的沟通行动理论、吉登斯的结构化理论、福柯的知识—权力—主体理论、布迪厄的社会实践论等，就是这种研究取向的结果。"[①] 我国的跨学科研究在 20 世纪 50 年代已经出现，但没有受到应有的重视，到了 80 年代受国际上跨学科研究热潮的推动才逐渐开展起来。1985 年 4 月，在以钱学森为首的学者的倡导下，中国科学技术培训中心与中国科学技术协会所属的多个学会在北京召开了以"迎接交叉科学的新时代"为主题的首届交叉科学学术讨论会。1986 年，天津师范大学创办了《交叉科学》杂志。1987 年光明日报出版社出版《交叉科学文库》第一辑。此后，《科学技术与辩证法》、《科学学研究》、《中国基础科学》、《软科学》与各大高校学报也为跨学科或交叉学科的研究提供了交流的平台。

三　学科综合与知识重组趋势

世间任何事物都存在着对立统一规律，人类认识的发展就是处于这种分析与综合交替作用的矛盾运动中，由低级到高级、由部分到整体、由个别到一般的循环上升。按照笔者的理解，跨学科或学科交叉研究就是学者们对学科分化的反思与回归。从跨越边界，建立双向与多向联系，然后回到全面综合，使那些经过了分解的各部分对象合拢起来重新组成统一的整体。跨学科研究是走向综合的起步，首先在相近的学科之间进行联盟，然后逐渐发展到自然科学、社会科学与人文科学三大领域之间的飞越，最终达到知识综合化的目的。

目前人们认为，综合学科是以特定的大问题与大目标为研究对象。要想解决大问题和追逐大目标，比如解决环境污染、社会混乱、城市规划、

---

① 郑乐平：《超越现代主义和后现代主义——论新的社会理论空间之建构》，上海世纪出版集团 2003 年版，第 121 页。

政治体制与经济体制改革等问题，任何单独学科的理论知识都不能胜任，而需要借助多种学科的知识、方法和技术，通过多学科联合攻关才能达到目的。同时，学界还把行为科学、思维科学、脑科学、人类学、生态学、环境科学、城市科学、空间科学、海洋科学、传播学、图书馆学等纳入综合性学科之内。它说明这些带有综合性的学科知识架构都需要借助多种相关知识体系的支持才能够达到应有的功能目标。

知识综合的趋势在 20 世纪中叶开始显现出来，它是随着系统论、控制论、信息论的建立逐渐明朗起来的。

系统论于 1939 年由奥地利生物学家 L. V. 贝塔朗菲创立。其研究对象是不同领域中的各个系统。它要求从构成复杂事物的各个组成部分的相互作用、相互制约、相互联系与相互转化的各个环节中对研究对象进行整体性与系统性把握，这种理论为知识的综合提供了系统性思维。

控制论于 1948 年由美国数学家 N. 维纳与墨西哥生理学家 A. 罗森伯鲁斯合作创立。控制论是一门研究各类系统的调节和控制规律的科学。维纳在控制论中摒弃了狭隘的专业分工，在各门学科知识的相互渗透中寻求包括机器和生命机体的统一性和普遍理论。他认为，无论自动机器还是神经系统、生命系统，以至经济系统、社会系统，撇开各自的本质特点，都可以看作一个自动控制系统。这个理论为知识综合提供了理想的有机模型。

信息论于 1948 年由美国数学家申农创立。信息论是运用数学方法研究信息的本质、度量、传递、变换和存储的一门新兴学科。它主要是研究通信和控制系统中普遍存在的信息传递的共同规律，以及如何提高传信率和可靠性的基础理论。信息论的研究与诸多学科密切相关，并在各个领域得到了广泛的应用，它为知识综合提供了得力的信息获取途径和信息组织方法。

若将这"三论"中的系统、信息和控制三种要素组合起来，就为解决那些重大问题与实现那些重大目标的知识综合提供了最为理想的途径。后来人们便把这"三论"作为系统科学的核心和基础，将耗散结构论、协同学、突变论、运筹学、模糊数学、物元分析、泛系方法论、系统动力学、灰色系统论、系统工程学、计算机科学、人工智能学、知识工程学、传播学等一大批学科都纳入其中，组成一门广义的综合性系统科学。

另外，还有一种软学科对知识的综合也具有十分重要的意义。软学科又称软科学，它是在计算机诞生之后，借助软件与硬件两部分功能相互支撑的原理，按照学科功能把知识体系分为软学科和硬学科。硬学科直接面对物质运动，揭示其规律和原理，如物理学、化学、工程技术等都是如此。而软学科则是对硬学科进行综合性的组织和管理，通过它的作用使硬学科的各部分知识进行整合以发挥其整体性功能。如管理学、预测学、领导学、决策学、战略学、咨询学等。这些被称为软学科的知识体系，成分非常复杂，在学科交叉的层次上属于复杂交叉，需要有多种学科的知识理论相互支持，并在构建理论的过程中使多类知识渗透其中。有了软学科的系统作用，就可以使不同的知识结构协调为一种有机整体，从而发挥整体性优势。

赵平文等人曾将当代的学科综合归纳为三种方式："第一种是两门以上的邻近学科有互相交接的相互作用，因而共生出一门学科，称为'边缘学科'或'交叉学科'。例如，物理化学、生物化学、生物力学等。边缘学科的出现往往消除了学科间严格的分界线，加强了它们的融合。第二种是几门以上学科由于具有共同的属性或共同的联系形式，形成了从不同角度研究同一对象的学科群体，称为'横断学科'。例如，系统论、控制论和信息论，就是典型的横断学科。横断学科抛开具体的物质形式，从'横'的方向上把握不同的研究对象的发展变化及其规律和共同本质，从总体上认识社会经济与自然界发展运动的规律。第三种综合是各分支学科在内容上、方法上的互相影响、互相渗透。例如环境经济学就是把物理学、化学、生物学、医学、经济学，甚至人文学科的理论、方法和内容综合起来，对发展经济与保护环境的相互依存与相互制约关系进行研究，从而形成一门综合性学科。学科的相互综合使得各门学科之间的绝对分明的界限模糊了、消失了，因而也就强化了自然科学、社会科学、经济学和哲学的整体化发展趋势。"[①] 通过这些研究使人们认识到，学科综合理论不仅可以使分散的知识体系回归为一个有机整体，并且还可以根据现实社会

① 赵文平等：《学科发展规律与学科建设问题的研究》，《学位与研究生教育教育》2004年第5期。

的实践需要对知识进行纵横联系，相互贯通与重组。当代社会有许多创造发明都是通过知识的不断重组来实现的。

第四节　人类对知识统一性梦想的追求

人们来到世间，头上有日月星辰、蓝天白云，足下有山川河流、万事万物，面对茫茫宇宙总会产生一些莫名其妙的遐思："我"是谁？来自何方？走向哪里？何处宜于安身？何处宜于创业？如何创造财富？如何获得快乐？类似于这样的问题经常在我们的大脑中盘旋，它推动着我们不断地去认识我们所处的世界：山石田土，花鸟虫鱼……就这样，一点一滴，由少积多。有的人对头顶上的星辰十分好奇，天天晚上去观望星空，后来就成了天文学家；有的人对地上的蚂蚁深感兴趣，经常趴在地上找蚂蚁，后来就成了生物学家；有的人对人类社会问题十分关心，就经常观察思考社会事务，不断探讨化解问题的思想方法，后来就成了社会思想家。就这样，人们在不同的时空里认识着各类事物，将观察的视角由周边的事物逐渐延伸到更加广阔的领域，以至于产生认识宇宙万物的渴望。那么，人类能不能把古今中外各类分散的知识聚合起来，帮助我们全面而又系统地认识世间诸物及其关系呢？

一　"超学科"理论的出现

关于"超学科"（transdisciplinary），在西方的许多语境下，它与"元学科"（yuan-discipline）、反学科（anti-disciplinary）和后学科（post-disciplinary）等词语都是基于"学科"的构架之上对学科问题进行反顾和审视的几种说法，其含义并没有太大的差别，因为它们都是知识界在尝试穿越各种学科界限时所创建的一种研究路径与知识重组的新思维。

那么，什么是超学科呢？"超学科（transdisciplinarity）概念是在单学科、多学科和跨学科概念的基础上发展起来的。尽管这些概念有不同的含义，但都涉及不同知识领域之间的互动和整合。它们的差异在于不同知识的整合和交换程度以及不同学科范式差异的程度。"① "超学科"作为一个新概念,目前还没有形成较为一致的见解。

刘仲林先生认为,超学科是在比较学科、边缘学科、软学科、综合学科等各类交叉性学科与横断学科的基础上经过持续研究逐渐形成的。"超学科是超越一般学科层次,在高一级层次上形成的超常研究领域。它可以说是关于科学的科学、关于学科的学科。"② 因此也有人将其称为"元学科"。

"元学科是从整体的角度,以学科或学科群为研究对象而形成的新的学科。元学科主要研究学科或学科群的总体规律,包括学科的对象、特征、体系结构、内部矛盾运动,学科形成和发展的规律,学科的方法论和认识论等。"③ 这就是说超学科与元学科可以互释,它们都是以众学科为研究对象的一种认识论和方法论。

不过,有研究者认为,超学科不是工具意义上的一种方法,而是本体论上的一种世界观和方法论。也有人将其看作在跨学科研究的基础上出现的一种新的研究形式。并认为超学科的动力来自对学术研究实际应用的需要和对新知识的追求,其目的在于通过整合学科和非学科的观点来获得对整体现实世界的认识。我们可以这样理解,超学科既是目的,也是方法,同时还是对不同知识进行组织整编而成的一种集成化知识体系,以此聚合多方面的认识能力去解决那些带有复杂性的问题。"按照克莱恩的理解,超学科完全打破了学科的疆域。它不遵循学科的规范程式,而是在参考不同具体学科的概念、理论和进路的基础上,力图在超越学科的视野中构架全新的解读框架和研究范式。超学科研究产生的知识很难被归属于或导源于某个具体学科。"④

目前被学界看成超学科或元科学的学科有很多,这里找出两门较为典型的学科来说明其特点。第一门是科学学。它的研究对象是作为整体的科

---

① 全国高校社会科学科研管理研究会组编:《跨学科研究与哲学社会科学发展》,武汉大学出版社 2009 年版,第 69 页。

② 刘仲林:《现代交叉科学》,浙江教育出版社 1998 年版,第 272 页。

③ 赵树智等主编:《新兴交叉学科概观》,吉林大学出版社 1991 年版,第 3—4 页。

④ 中国社会科学院文献信息中心:《跨学科研究:理论与实践的发展》,跨学科研究系列调查报告选登之一,全国哲学社会科学规划办公室网站,2011 年 8 月 3 日。

学及其与整个社会的关系，着重研究整个科学体系内部和外部的关系及其相互作用原理，而不研究各门具体学科的理论和方法。第二门是学科学，它以学科为研究对象，内容包括学科的定义、分类、结构、模型、形态、特征、更替、衍生、周期、战略、动力、方法、传播、证伪、流派、组织、管理和预测等所有学科所具有的共同特征，但不研究某个具体学科内部的具体问题。这两门学科的目标就是要对各种知识体系进行贯通与实现整体统一性超越。

有人将"超学科"的研究重点归纳为四个：第一个重点放在生活世界的问题上；第二个重点是学科范式的整合和超越；第三个重点涉及参与性研究；第四个重点是寻求学科外的知识统一。① 英国学者艾伦也认为，超学科的重点，就是追求知识的广泛联系和内在统一。他说："传统上，科学被看作是对行为的'解释'，是对一个孤立的客体内部功能的描述。但是，我们在这儿是把革新与变化视作进化中的整体的组成部分，我们对历史的解释乃是对现实世界的这种内在统一性的反映。""我们希望在此讨论的观念有助于建立一个新的综合性人文系统科学。在这一新的科学范式的系统中，创造力和变化与结构和功能同样占有一席之地。"②

本书认为，超学科是基于社会现实需要发展起来的一种新的知识组织方法。超学科不关心任何学科的界限与规则，需要什么知识就寻求什么知识，需要多少个类别的知识就调集和组织出多少个类别的知识。因为现实社会出现的问题往往都是超学科的，人们只要有了具体的需要就会千方百计地去寻求与之相关的各种知识，使它们协调起来为具体的社会创造目标服务。

二　以问题为核心的知识自组织理论

何谓"问题"？问题即需要回答或解释的疑难题目。无论在自然界还

---

① 全国高校社会科学科研管理研究会组编：《跨学科研究与哲学社会科学发展》，武汉大学出版社 2009 年版，第 71 页。

② ［英］彼得·M. 艾伦：《建立新的人文系统科学》，《国际社会科学杂志》1989 年第 4 期。

是在人类社会，凡是我们应知道而不知道的事物、应做好而未能做好的事情都是问题。问题有大有小，有的是生存与生活中不能不应对的问题，有的是对事物好奇所引发的探究性问题，有的是因为外部世界变化引发出来的问题。无论哪一类问题都是我们求知的内在动力。只有当一个人有了问题意识的时候，他才能够主动地求知，积极地求知，这时他所获得的知识才最有应用价值。

"科学研究始于问题"，这句话在知识界早已流行。发现问题和确认问题是成功的起点，只有善于发现问题并提出问题才能设立知识探索的明确目标。从事科学研究的人往往都遵循着"发现问题、提出问题、分析问题和解决问题"这条逻辑顺序开展工作。而所有的知识研究也就是为了回答"是什么、为什么、应该怎样"这样的问题。

爱因斯坦曾经说过，提出一个问题往往比解决一个问题更重要，因为解决一个问题也许仅是一个数学上的或是实验上的技能而已，而提出新的问题、新的可能性，从新的角度去看旧的问题，却需要有创造性的想象力，而且标志着科学的真正进步。他正是因为提出了牛顿力学体系中存在的问题并解决这个问题而创立了相对论。

许多科学哲学家都认为，科学问题是科学发现的逻辑起点，一切科学知识的增长就是始于问题和终于问题的解决过程。旧的问题解决了，又引入了新的、更深刻的问题。以此不断地向前推进，若是一个学科中没有问题了，那么，这个学科就再也没有新的生长点从而也就失去了它对学者们的吸引力。

以问题为核心的知识自组织，所说的就是一种源于自我需要的自主求知与自我组织方式。它不要求学术权威或主管部门为我们设置科目、课程与教材，更是反对目前教育体制中所存在的知识灌输或强行传递，是"我要学"而不是"要我学"。特别是当我们在现实生活中遇到各类问题时，为解决这些实际问题，我们必然会围绕着问题的解决来寻求知识和组织知识。

"自组织"这个概念，是指客观事物自身的有机化、有序化及系统化的发展过程。而知识的自组织，即指人类对知识的学习与索取应像其他的生物那样也是一个自我生成和系统组织的过程。组织者根据自己要解决的具体问题来选取外界的物质、能量和信息对之进行有机的组合、协调与创造，随着一个个问题的不断解决，使自己的知识水平得到不断地提升。因此可以说，知识自组织就是在现实生活中自己塑造自己，自己发展自己，自己完善自己，使知识真正成为个体的一种内在机能与品格，即形成较为稳定的心理素质与应对能力。

以问题为核心的知识自组织，具有主动性、随机性、灵活性、针对性和创造性。问题无大小，可以是研讨国家兴衰、国家安全、国计民生乃至社会治理等重大问题，也可以是思考个体发展的某种需要，如就业、创业或搞点儿小发明、制作些小玩意儿之类的小问题，组织者完全可以凭个人的兴趣、爱好和具体需要来选择知识、聚合知识和组织知识。当今国际上流行的"在干中学"、"多元主义"、"怎么都行"、"带着问题上路"、"穿越学科"和"做随机行动者"等话语，都是以问题为核心进行知识自组织的行为表达。

知识自组织理论强调知识更新的重要性，它追随着世界的变化更新知识，围绕着新问题的产生吸纳新知识，根据问题的差异选择和聚合知识。因为如今的世界变化很快，文化混杂、学说矛盾、见解多元，知识更新的频率越来越高，知识的可信度却越来越低，所以不能囿于传统的学科观念，固守一片熟稔的学术疆土画地为牢、作茧自缚，只有追随着问题的变化随机进行知识的自组织，才能实现知识创新和社会创新的各类目标。正如英国学者彼得·M. 艾伦所说："科学中的新思维给我们的真正信息是：变化和不稳定比平衡和停滞更为'自然'。谁能适应变化且善于学习，谁便能继续生存，而这要取决于个体的'创造力'。"①

三 人类对世界整体性认识的梦想

"整体"作为一个哲学用语，是与"部分"相对而言的，即指若干对象或者是单个对象中的若干成分按照一定的结构形式构成的有机统一体。整体包含部分，部分从属于整体。两者在一定条件下可以互相影响，互相转化。整体具有其组成部分在孤立状态中所没有的整体特性。追求对世界

---

① ［英］彼得·M. 艾伦：《建立新的人文系统科学》，《国际社会科学杂志》1989 年第4 期。

进行整体认识的理论被称为"整体论"。整体论的发展源远流长。如在中国，自唐以来就有了"天人合一"的整体思想，经过春秋战国时期的长久发展，特别是经过汉初董仲舒等学者的阐述，遂成为中国古代的一种政治哲学思想。

道家的始祖老子也是一个典型的整体论者，他在《道德经》中对于事物的整体与相互联系有许多精妙的论述。如《道德经》第四十二章指出："道生一，一生二，二生三，三生万物。万物负阴而抱阳，冲气以为和。"就是把世界看作整体的、无限生成的过程。这种思想后来又得到了庄子等人的继承和发展，成为中国古代哲学中的一种重要的思想体系。

"盲人摸象"的故事，曾被用来比喻那些不能全面观察事物、只见局部不见整体的人。这个古老的故事来自佛教《大般涅槃经》第三十二章。当时的印度人有许多杂乱的宗教信仰，镜面王为了引导他们皈依佛教，就请了五个盲人来摸象，因而闹出了一些笑话。故事的最后说："如彼众盲不说象体，亦非不说，若是众相悉非象者，离是之外更无别象。善男子，王喻如来正遍知也，臣喻方等大涅槃经，象喻佛性，盲喻一切无明众生。"这个故事在我国常常被当作笑话讲给儿童听，事实上它告诉我们，人类在对事物整体的认识上存在着许多像盲人一样的困境。宋代学者苏轼就有这样的感叹，他将宇宙与人的关系看作小蚂蚁寄附在大磨上，因为看不到大磨运转的方向而常常逆行。对于任何个人而言，在认识那些庞大而又复杂的事物时，往往只能"看"到部分与表面，而难以触摸到它的全体与内部，因此就很容易陷入片面或者被扭曲的尴尬局面。在人类所犯下的错误中，有许多是因为不能全面认识事物或未能认识到社会运行的规律而结出的苦果。整体论作为一种思想方法，就在于让我们知道，人类在认识上应该向着更加全面、更加系统的方向去努力，"有了整体观，待人接物的方式就会不同"。① 否则，就容易因片面性认识而犯错误。

四　人类对知识统一性的追求

所谓"知识的统一性"，就是通过统合或整合，使分裂或分歧的知识

---

① 魏仁兴：《复杂域的演化与创新》，巴蜀书社 2008 年版，第 267 页。

归于一致。人类对知识统一性的追求与整体论的发展几乎一样久远。美国物理学家和历史学家杰拉尔德·霍尔顿曾把对知识统一性的追求称为"爱奥尼亚魅力"。因为公元前 6 世纪爱奥尼亚地区的泰勒斯是人类最早追求知识统一的梦想家，所以"爱奥尼亚魅力"就成了知识统一性的代称。

在当代，说到知识的统一性问题，人们总是首先就提到丹麦物理学家和量子力学创始人尼尔斯·玻尔。1954 年 10 月，玻尔在纽约纪念哥伦比亚大学 200 周年集会上演讲的题目就是"人类知识的统一性"。他对这个话题饶有兴趣，从最古老的时代一直谈到当代人对知识统一性的渴求。他说："谈到自然界，我们自己也是它的一部分呢，这种发展绝不意味着人文科学和物理科学的分裂，它只带来了对于我们对待普通人类问题的态度很为重要的消息；正如我要试图指明的，这种消息给知识的统一性这一古老问题提供了新的远景。"① 尼尔斯·玻尔也认为，追求知识的统一性是个古老的梦想。他列举了知识发展史上曾出现的哲学、各门科学、文化教育乃至日常生活等方面在统一性认识上的愿望与问题，然后指出："我们这种论证的目的在于强调：不论是在科学中、在哲学中还是在艺术中，一切可能对人类有帮助的经验，必须能够用人类的表达方式来加以传达，而且正是在这种基础上，我们将处理知识统一性的问题。因此，面对着多种多样的文化发展，我们就可以寻索一切文明中生根于共同人类状况中的那些特点。尤其是，我们认识到，个人在社会中的地位本身，就显示着多样化的、往往是互斥的一些方面。"② 尼尔斯·玻尔通过这篇演讲稿，使他那强烈追求知识统一的愿望在世界上许多学者的心里都留下了深刻的印象。

在美国还有一位追求知识统一性的梦想家在世界上产生的影响也很大，他就是哈佛大学昆虫学和动物学家爱德华·奥斯本·威尔逊教授。威尔逊 7 岁的时候因父母离异陷入孤独，对蚂蚁产生了兴趣，经常趴在地上找蚂蚁。为了看到更多的蚂蚁，他常常跑到山野、海滩或热带丛林里去搜寻，进入大学后他选择了生物学，又多次回到美国南部的热带丛林里去观察蚂蚁。他由对蚂蚁的认识延伸到其他的昆虫。1971 年，他出版了专著

---

① 齐家莹选编：《科技大师人文随笔精选》，新世界出版社 2003 年版，第 109—110 页。
② 同上书，第 113 页。

《昆虫社会》一书。当他在考察昆虫的时候，又联想到动物，再从动物联想到人，到了1975年，他出版了另一部书叫《社会生物学》。这本书在当时就引起了极大反响，人们将他誉为社会生物学家和博物学家。在他的不懈努力下，社会生物学从此成为世界上新创的一门学科，因此他又赢得了"社会生物学之父"和"生物多样性之父"的盛名。

威尔逊认为："最伟大的智力劳动曾经是，而且仍将是，试图将科学与人文结合起来。仍旧表现出来的知识的零散性及其所导致的哲学上的混乱，并不是真实世界的反映，而是学者人为塑造的产物。"[1] 因此，在知识研究的道路上，他把谋求知识的综合和统一作为远大的理想目标。

美国神经生物学家查尔斯·谢灵顿曾于1941年出版了一本叫《人及其本性》的书，对人脑的组织能力进行了描述。他说，脑是个令人迷惑的场所，它不断编织着外界的图景。通过一次又一次的编织活动，发明出另一个世界，创造出一个微小的宇宙。谢灵顿在脑组织研究方面的理论给了威尔逊很大的启发，使他在统一的知识研究中常常从人类大脑的整合能力中找到理论的起点。威尔逊也认为，宇宙中最复杂的现象是人类的思维。思维是脑的劳动，若把脑和思维作为基础的生命现象的话，那么，生命科学就可以从根本上将知识的分支组织贯通起来。

日本学者野中郁次郎和竹内广隆在他们合著的《创造知识的公司》一书中对东方哲学具有深刻的体认，他们将"日本式"的知识统一方法称为三个合一：天人合一，身心合一，人我合一。在这种"三合一"的知识系统中汇聚了佛教、儒教以及西方哲学中的多样化知识和智慧。

知识统一是个美好的梦想。古今中外有许多人都曾在这条漫长的道路上留下了艰辛的脚印。尽管在这个庞大的认识视域里荆棘丛生，报春的花儿如今才刚刚绽放，但它已经让我们感觉到人类的认识水平已经走近春天了。有很多人都相信，知识或科学知识中的许多分支系统应该是一个可以互相解释的整体。在这个知识统一体中，各类知识系统之间能够互相融通，彼此支撑。目前兴起的"广义的知识论"就在于使各个维度、各种认识能力、各种认识方式和各个具体知识领域的知识系统进

---

① 〔美〕爱德华·奥斯本·威尔逊：《论契合：知识的统合》，田洺译，三联书店2002年版，第8页。

行整合。

1999年，联合国教科文组织在匈牙利布达佩斯召开"关于21世纪科学——新任务的世界科学大会"，来自155个国家的与会代表就科学事务趋向达成新的"社会契约"，通过了《科学和利用科学知识宣言》和《科学议程——行动框架》这两份重要文件。文件中对现代科学与其他知识体系之间的关系进行了阐述。其中第35条认为：现代科学不是唯一的知识，应在这种知识与其他知识体系和途径之间建立更密切的联系，以使它们相得益彰。开展建设性的文化间讨论的目的是促进找到使现代科学与人类更广泛的知识遗产更好地联系在一起的方式方法。第36条指出：传统社会（其中许多还有着深厚的文化根基）已孕育并完善了各自的知识体系，涉及诸多领域，如天文学、气象学、地质学、生态学、植物学、农业、生理学、心理学和卫生等。这些知识体系是一笔巨大的财富，它们不仅蕴藏着现代科学迄今为人所不了解的信息，而且是世界上其他生活方式、社会与自然之间存在着的其他关系以及获取与创造知识的其他方式的反映。面临全球化和科学界日益盛行的从单一角度看自然世界的形势，必须采取特别行动，保护和培育这一脆弱而又多样化的世界遗产。在科学与其他知识体系之间建立更加密切的联系对二者均大有裨益。① 这两个文件似乎就是春雷，它已经为追求人类知识统一梦想的人们报告了春天来临的消息。因为在这两份文件中已经系统地阐述了知识体系间的和谐关系；揭示了跨学科研究、超学科研究及其协作研究的重要意义，并设计了如何保护文化多样性的方案，同时还提出了一些能够使人类知识走向统一的具体方法。当然，要想真正实现知识统一这个美丽的梦想，还需要我们每个人自己在知识学习和知识运用的实践过程中亲自去尝试。

---

① 参见美国科学工程与公共政策委员会《怎样当一名科学家：科学研究中的负责行为》，刘华杰译，北京理工大学出版社2004年版，第91页。

第七章

知识融通与人生幸福

所谓"人生"，就是我们自出生走向死亡的过程。一个人缘何得生，缘何而终，缘何得福，缘何遇祸，实在是一个难说的话题。每个人既然有了这珍贵的生命，有谁不想有生之年在这种逆向的旅途中平安地走向彼岸并享有更多的幸福呢？可是生活的道路崎岖不平，艰难险阻无所不在，为了能让我们顺利地越过各种各样的沟沟坎坎，让生活的道路通达顺畅，我们终生都需要持续不断地学习，以期得到足以克服各种障碍的知识和智慧，前程似锦，幸福完满的人生就是由知识、智慧和财富等要素编织出来的。

第一节 知识融通

人生的道路曲折漫长，歧路很多，经常需要选择。我们的眼睛能够看得到的路在地上，叫作道路；眼睛看不到的路在心里，叫作思路。走在地上的道路要靠我们的双脚来践行，想在心里的思路要靠知识与智慧来运作。而脚下的道路则往往由头脑中的思路所决定。因此，要想求得人生道路的通达，就应该首先在我们的大脑中铺设灵活机智的思维通道，使思想能够融通畅达。思想通了，一通百通。

思想何以能通？这需要我们明白事理，了解事情，搜集相关信息，组织相关知识，对脚下应走的道路有一个全面、系统、正确的设想预演，所谓"运筹帷幄之中，决胜千里之外"者，都是在全面把握各方面的情况和有效组织的基础上获得成功的。

一 什么是知识融通

"融"字的本义，是将生硬的固体加热变软，化为流体。通常有融化、融解、融合与融通等用法。"通"的本义，是没有阻塞，使要通的人、物、事、思想、知识等能够顺利到达。知识融通是对知识的融通。知识是融通的对象，知识融通是在知识运用的过程中对外在的不同类别的符号化知识进行消化理解以及流通融合的过程。

知识融通是个古老的梦想。过去只有那些博学大儒才有条件去思考融通的问题，对于像我们这样普通的学者来说似乎是一种奢望。因为所谓"融通"者，所说的不是对一个学科或一种知识的融通，而是对众多的学科、众多的知识领域之间的相互融通。以往的时候，受学习环境、条件、制度等方面的影响，我们每个人往往被固定在某个领域之内按部就班地学习与工作，对于超越本领域之外的知识常常是望而却步的。如今的社会知识环境发生了重大变化，特别是有了互联网以后，信息渠道畅通了，知识交流的速度加快了，知识的来源丰富了，知识载体与使用环境也多样化了，知识学习与运用的环境也日益优化了，这些变化既为我们自主学习和自主组织知识提供了外在的可能性，也极大地鼓励了我们对知识领域的跨越与融合的内在积极性。使我们可以按照自己的愿望，凭借这些外在条件来谈知识的自由采集与融通问题，那么，我们何乐而不为呢?!

本书所说的知识组织，就是为知识的融通铺路架桥、开设通道。它与目前学界所研究的知识组织有密切的联系，但又多不相同。既在他人所说的知识组织之内，也在各种形式化的知识组织之外。它既是指由个体需要引发的知识索取、集聚、裁剪与缀合，也包括任何团体及社会组织对各类知识分子和知识体系及其设备的征用与整合。就是说，我们所想要创立的既是一种围绕现实生活世界的具体需要去组织知识的日常行为方式，也是一种知识的自组织和泛组织理论。

本书所说的知识融通，是主张将各种不同成分的知识进行掺和杂糅，希望使其能够与我们的具体需要相吻合。因为人们的生活是复杂多变的，生活中所出现的问题并不是单纯的学科知识就能够解决的。生活世界会出现各种各样的复杂问题，所以就需要使各种各样的知识融会贯通，相互支持。

知识融通所强调的是超越学科无限定的知识融合，即博采众学、集思广益，使各种知识或见解交流融合以适应社会实践的具体需要。知识的融会贯通，不是不要知识的分类与秩序，而是要打通横亘在我们思想上的障碍，让大脑中的知识流动起来，使不同的知识相互融合，烂熟于心以达到畅通无阻、游刃有余的境界。如魏晋玄学家王弼所说："得意在忘象，得象在忘言。"不管知识是何种媒介，是什么形态，是什么体系，在什么地方，我们都应像蜜蜂追寻鲜花的芳香那样，展动柔弱的翅膀，飞越千山万水去汲取其中的甘露，来酿造自我智慧的琼浆。知识融通所强调的就是我们由知识采集到知识运用过程中对知识的融解到转化为智力的再生过程。

本书所说的知识融通还强调对知识的自主学习和自我生成，目的在于使外在的书本知识在融合过程中转化为内在智慧。其实，知识融通也并不一定只是饱学之士才需要思考的问题。知识融通既是一种自主式学习的理念，也是一种流动式思维的方法。它还涉及我们学什么和怎么学的问题，即要求改进教学方法和学习方法。因为当今在我国的教育界，许多人还把知识看作脱离人体、脱离实践、脱离生活的死东西，知识被制度化、学科化、条目化管理和传输的现象无处不在。无论在中小学还是在大学里，仍然有不少教师在教学活动把学生当成灌装知识的容器，把教材中的内容分割成一个个知识点，强制学生反复背诵，硬性记忆，忽略学生对知识的心灵感受与理解领悟。灌装的结果，这些死记硬背的书本知识随着时间的推移便还给了书本，忘得无影无踪，不曾在人的心灵里留下什么印痕。这种填鸭式教育虽然屡经批判，却大无改观。

如今知识发展专业化、精细化带给教育的难题有许多。作为个体，我们难以跳出国家教育制度和学科划分控制的圈子，但可以通过对知识的自主学习和自主选择组织来建构自我的知识结构。知识融通就是指个体在吸纳各种显性知识之后对其进行加工、消化、融会贯通的过程。

如何实现对学科分化的"超越"？其中存在着许多不易化解的难题，我们只能希望在完成了学科专业教育之后，在不同形式的后续教育中，特别是自我的终身学习中，把以往所学的学科专业知识仅仅作为个体学识修养的家底，然后继续上路，在人类知识的原野里广闻博采，不用考虑学科的疆界，也不用担心专业的限制，只需根据社会和生活的需要来选择并运用知识以提升能力。我们把知识融通的终极目的就落实在社会生活的实践能力培养上，即发现问题和解决问题能力，寻找知识与处理信息的能力，知识评价与知识鉴赏的能力以及运用知识进行各种创造活动的能力。

二 古今融通

中华民族历史悠久，古代文化博大精深，各类文献浩如烟海，为我们积累了取之不尽、用之不竭的知识资源。可是，我们却常常听到一些人提起我们的古代文化时就恨得咬牙切齿，有的人甚至说见了繁体字就头疼，认为历史就是封建落后的东西，要求与传统彻底决裂。这不仅是一种十分激进的思想，并且也是一种十分浅薄幼稚的行为表现。

我们知道，无古何成今？古与今既是时间上的一种连续运动形式，也是任何事物生成与转化的过程。凡是生命力强盛的事物都有历史感和历史认识价值。中国人民大学原校长纪宝成先生说："文化具有天然的历史积淀性和代际传承性。传统文化是我们精神家园的根基，是文化认同的纽带，也是我们面向未来、解决现代问题的重要思想资源。传统与现代的联系是割不断的，不立足于传统，现代化的基础就可能不牢固；没有文化的传承，也就没有文化认同和文化自觉，更难以进行文化的交融与创新。"[①]

从知识组织这个侧面来讨论知识的古今融通问题，是把历史作为一个时间向量和单位来组织知识的一种思维方式。因为知识作为现实世界的表征，它总是产生于特定的时间与空间范围内。知识的实践性、广泛性、相对稳定性、连续性、公享性、可传播性、可继承性、可积累性等基本的属性或衍生的属性都是建立在历史的属性之上。若把知识划分为历史性知识和现实性知识这两个大类，我们一定能够发现，历史性的知识多，现实性的知识少。因为人类的认识具有连续性，它需要经过实践的反复检验才能确定一种认识是否正确有效。现在的认识正进行着，其中有正确的认识，也有错误的认识，当知识经过了循环往复的实践检验之后，无论正确的或错误的知识都被带上了历史的属性。

历史是时间的隧道。现实只是时间隧道中的一个过渡点。现实是暂时

---

① 纪宝成：《发挥好大学文化交融与创新的功能》，《中国高等教育》2011 年第 24 期。

的，只有历史属于永远。因此，我们说历史是知识生产的温床，知识只属于过去时态下人们对自然和社会认识之后的总结。正确的认识，一旦称为知识，便成为稳定的东西，知识便有了历史的特性。

历史也是知识传承和发展的隧道。每种能够经久流传的知识，在社会历史的传播过程中总是得到代代学者的不断阐释、充实、丰富、发展而逐渐地系统化、规模化和整体化。许多知识体系就是后人在知识组织的过程中对前人知识的理解与重构。在重构过程中，各类知识将随着新的认识不断产生而得到扬弃或更新。但是，许多老化的知识并不都像被穿破的旧鞋那样可以被永远抛弃。有的知识，特别是人文社科知识，可以作为新知识再生的原料，有的知识在更新过程中常常还会出现反复。比如："五四运动"我们打倒了孔家店，"文化大革命"我们扫除了"四旧"，当时的红卫兵小将们口中念念有词："不破不立"，一不小心，我们便把老祖宗传下来的珍宝给打破了，却没有立起什么值得后人看重的好东西。人们对社会的认识，对自身的认识都是一个漫长的过程，认识正确与否，需要经过时间的验证才能判断出来，这就是知识具有历史性的原因之一。

在如今的知识研究中，人们无不重视对事物运动规律的探索。可是，规律是从哪里得来的呢？所谓"规律"，就是重复出现的事物。它是由事物之间的内在必然联系所决定的一种必然发展趋向。只有揭示出导致事物重复出现的内在因素和外部联系，找到事物在何种条件下所具有可重复出现的特性，我们才能把握事物的本质并放心地利用它们。因此，各种事物的运行规律都需要借助历史观察、历史文献记录、历史实践检验等历史认识方法来捕捉。

预测未来曾是人类自古就有的梦想，由此诞生了一门未来学，以指导人们对自己、团体或国家的未来走向进行预测。那么，未来学家又是怎样预测未来的呢？我们知道，客观世界的运动是有变化规律的，人类社会运动的规律性虽然受到人的情感、意志等方面的影响，要比自然世界更为复杂，但也不是完全没有规律可循。而预测未来的主要方法，就是从已知出发，根据历史和现实已有的数据和曾经出现过的现象进行判断和选择。未来学的预测正是将过去、现在与未来看作一个环环相扣的发展链条去展望未来。只有通过对现有事物的定性定量分析研究，才能判断未来发展的可能性及其趋势。因此，我们所说的古今融通，主要是通过历史回溯认识的方法，了解每种认识对象发生、发展的基本状态，以获得其历史认识或过程认识以及总体认识。

三 中西融通

所谓"中西融通"，说的是对"中学"与"西学"知识体系之间关系的认识。"中学"与"西学"这一对概念是中国在鸦片战争失败之后才出现的。由于清政府被西洋人打败了，中国开始沦为半殖民地半封建社会，于是就有人开始妄自菲薄，崇洋媚外，说鸦片战争失败的原因就是因为我国固有的学问"中学"落后于"西学"的缘故。从此人们开始大量引入西学，在我国就出现了"中学"与"西学"的矛盾关系。正如杨克勤先生所说的那样："自西学入华以来，中国文教体制分崩离析，中国学人一直无法回避的问题：西方文明如何轻而易举割断我们的学统，终止了我们的道统。中西之争的题域一直困扰着我们。"①

按照王国维的说法，"学问之事，本无中西"。如果从纯粹的知识研究上来说，他的看法非常正确。任何一种知识被创造出来之后，一旦进入流通领域就有了公共性，成为全人类共享的知识。凡是那些符合我们需要的正确知识采集过来"洋为中用"就行了，可为什么中学与西学的对抗在我国经过了100多年至今仍然未能停战呢？近年来出现的国学热潮表明，这场斗争还会长期延续下去，其原因究竟何在呢？

在笔者看来，知识领域里的中西之争并不只是一种纯粹的知识体系之间的矛盾关系问题，也不是我们应该选择学什么和不学什么的应用性问题，而是一个有着复杂历史原因的文化问题。与这个问题相牵连的有近代以来因清朝政府一系列战败引发的民族情结，也有我国在现代化与全球化过程中的文化冲突问题，同时还有我们对中国传统文化的价值认识问题。

那么，中国传统文化究竟是宝贵的精神财富呢，还是沉重的思想包袱呢？这个问题自新文化运动和五四运动时期已经开始争论。当时的那些文化旗手们，如陈独秀、胡适、鲁迅等人为了在我国推进民主与科学，曾对我国的传统文化进行过大刀阔斧的砍杀。他们认为中国传统文化是束缚人

---

① 谢文郁：《道路与真理·缘起》，华东师范大学出版社2012年版，第1页。

们思想自由的缰索，坚决要求与其割裂而主张"全盘西化"。他们那些矫枉过正的言行，使中国传统文化中的那些优秀文化部分也遭到了严重的打击。不仅使我们的民族自尊心受到了极大的伤害，也割断了我们与传统文化的联系，由此使我们的民族文化成为无根浮萍。如何守护与弘扬中华民族的优秀文化传统就成为近百年来备受学界争议的一个重大问题。

汤一介教授指出，100多年来的"中西古今"之争，实际上也就是所谓"全盘西化"和"本位文化"之争。把中西和古今文化对立起来认识是一种简单化的思想方法，不利于文化的健康合理发展。因此应该走出"中西古今"之争，不断吸纳世界各国的优秀文化来丰富和补充我国文化的不足。他认为在吸收和融合西方文化时应当把握两个基本观点："第一，应该看到中西两种文化虽有相异之处，但也有'相同'之处，而且即使所谓'相异'，也可以在对话与商谈中得以调和，从而做到'和而不同'；第二，任何文化都会因其地理的、历史的、民族的甚至某些偶然的原因而既有其优长处，也有其短缺处，没有一种文化可以完全地解决所有民族存在的问题，或者说可以解决人类存在的一切问题。"① 他的这个观点得到了国内绝大多数学者的认同。

其实，无论是要汲取西方文化，还是要弘扬中国的优秀文化，都涉及一个共同的问题，即对这些文化进行系统的研究，以区分其优劣长短，才能够使其融合互补。近年来已经有不少学者对中西文化开展比较研究，以求找出它们的共性、差异性或各自的优缺点，使我们能够扬长避短或扬长补短。比如，有不少人都认为，在我们中国的文化中缺乏精确的验证和数理逻辑；轻视科技发明，轻视科学研究；重农贬商；重道德轻法制；重综合轻分析等就是缺陷，而这些缺陷正是西方文化的长处，这些长处就是值得我们汲取的地方。

费孝通先生是一位人类学家，他对世界各国、各民族的文化交流与融通提出了非常高明的见解。他认为，生活在一定文化中的人们应有文化自觉意识，即明白文化的来历、形成过程，具有的特色和发展趋势而取得文化自主能力和自主地位。他说："文化自觉是一个艰巨的过程，首先要认

---

① 汤一介：《走出"中西古今"之争，融会"中西古今"之学》，《学术月刊》2004年第7期。

识自己的文化，理解所接触到的多种文化，才有条件在这个已经在形成中的多元文化的世界里确立自己的位置，经过自主的适应，和其他文化一起，取长补短，共同建立一个有共同认可的基本秩序和一套各种文化能和平共处，各抒所长，联手发展的共处守则。"① 他还将这种认识归结为四个概念："各美其美"，即不同人群各自欣赏自己的文化；"美人之美"，即了解别人文化的优点与长处；"美美与共"，即大家对美的文化取得共识；"天下大同"，即世界和平共处，共同享有美的文化。只有这样才能去除人们在文化认识上的褊狭之见。

孟广林先生针对学界在中西融通方面出现的问题也提出了建设性意见。他说："'中西融通'并非是一蹴而就的易事，它既需要广博的学识与深厚的功底，更需要高尚的学术使命感与严谨治学的精神。唯有如此，才能高屋建瓴，出神入化。在这方面，不注重长期的学术积累，醉心于急功近利的'短期行为'，由此对西方学术之概念、符号与术语生吞活剥与简单套用，或将中西学术作表层、局部与点面上的'挂钩接笋'，其结果自然是'貌似'而非'神似'。真正的'中西融通'，是在系统梳理中西有关学术史的基础上，对其中蕴含的学术精神、学术范式与学术话语作深度地发掘与研判，进而将两者的学术价值作一化合与重构，从中拓展出新的学术理路与境界。"② 我们在这里所说的中西融通，追求的也正是要从西方文化中获取最有价值的知识西为中用，这种知识也只能通过深入细致的分析研究才能从中提取出来。

四 文理融通

"文理"是"文科"与"理科"的合称。文理融通，即要求文科与理科之间能相互配合，没有滞阻。

文科与理科这一对概念在我国的初等教育制度里已被经常使用。因为学生们自进入高中阶段之后，就面临着分科问题。是选择文科，还是选择

---

① 费孝通：《人文价值再思考》，见乔健等主编《社会科学的应用与中国现代化》，北京大学出版社 1999 年版，第 13 页。

② 孟广林：《探求"中西融通"的学术路径》，《光明日报》2004 年 4 月 6 日。

理科？这个问题不仅学生本人需要思考，而且需要家长们参与其中才能作出抉择。任何人无论选择了文科或是理科，就意味着他在知识体系的认知方向上从此开始分道扬镳，进而影响着将来的职业方向和人生设计，所以选择文科还是理科对于人生的未来意义十分重大。

那么，究竟什么是文科、什么是理科？它们之间孰轻孰重？是相互联系、相互支撑，还是相互对立难以兼容呢？这个问题说来十分复杂。

所谓"文科"，是对人文社会科学的简称。其中的知识成分主要是以人类社会为研究对象的政治、经济、文化、教育等学科。文科之中还可分为人文科学与社会科学两个大类。人文科学是研究人类文化遗产的学科，其经典学科有文学、历史学、哲学、美学、艺术学等。社会科学是研究社会发展、社会问题、社会规律的学科，主要学科有法学、教育学、经济学、社会学、管理学、教育学等。

所谓"理科"，是指与文科相对举的自然科学和应用科学。其主要学科有数学、物理、化学、生物学、计算机与软件应用、技术与设计实践等。

文科与理科孰轻孰重？这个问题难以回答。因为它们的轻重并不是一个定数，不同时代、不同的人利用不同的观念所衡量的结果既是不相同的，也是不断改变的。无论在我国古代还是在世界古代都曾长期存在着重文轻理的现象。因为中国古代的教育目标是为国家培养官吏，关于自然科学与技术方面的知识都不受重视。直到清朝晚期，士大夫们还把西方人发明创造出来的科技产品称为"奇技淫巧"，他们自认为是劳心者，因而鄙视有关劳力的知识。在古代西方也是这样，能受教育的人多是富家子弟（不使用"子女"这个词汇，因为古代的女子绝大多数不能享受教育是个世界共有的现象）。富贵了的家长们要将儿孙培养成上流社会的绅士，当然也不重视对理科知识的学习。但是，在古代，无论东方还是西方，学者们对于文理知识修养的选择多数是自主的，并没有出现文理隔绝的问题。

理科受到重视并逐渐压倒文科，出现文理知识隔绝问题是自近代工业革命胜利之后开始的。工业社会的机器大生产不仅要求人们能准确地了解各种物质的性质，并且也积极鼓励技术发明和创造，鼓励教育为社会培养大量技术操作者与维护机械运转的人才，因而促进了理科与工科知识的大量增长和技术人才的大量增长。由于理科与工科的关系更为亲近，有时人们称它们为"理工科"或单称"理科"。当人类品尝到了大量的工业生产果实的时候，理工科知识和理工科人才受到重视就显而易见了。可是，片面追求物质财富虽然能给人们带来了物质生活上的满足，却也给世界带来了许多新的问题，甚至带来了灾难性的后果。因为工业社会所追求的只是财富的快速增长，它把人当作会说话的机器，导致了人文精神的失落，导致了人的品格萎缩，背离了人之为人的生活意义。因此，文理融通就被当作了一个重要问题提出来加以研究。

事实上，自然科学知识和人文社会科学知识并非二元对立，而是相辅相成的。人文社会科学知识可以确保科学知识的正确导向，而自然科学知识可以确保人文精神指向的真正实现。偏离了哪一方，社会都将会出现失衡现象。特别是将人当作物来看待和使用，就是人类出现的一种精神异常现象。精神异常若不加改善，将会导致社会的全面崩溃。因为被压迫和受到蔑视的人们在不能承受之重时就会起来反抗，必然引发流血革命和社会动乱。

北大老校长蔡元培早在 20 世纪初期就强调了文理知识相互融通的重要意义。他说："文科之史学、文学均与科学有关，而哲学则全以自然科学为基础，乃文科学生，因与理科隔绝之故，直视自然科学为无用，遂不免流于空疏。理科各学，均与哲学有关；自然哲学，尤为自然科学之归宿。然理科学生，以与文科隔绝之故，遂视哲学为无用，而陷于机械的世界观。"①

多年来，这种文理隔绝的不良现象虽然已被不少学者所批评，然而许多人的观念却因为社会的或自身的各种原因未能得到多少改进。由这种现象所引发的各种社会弊端数不胜数。因此，近年来要求加强对人文社会科学知识的学习以改变社会重理轻文的倾向已成为全世界有识之士的共同意愿。许多有洞见的学者都认为，人文精神无论对于个人还是对于社会都有重要意义。因为人是人而不是物，人类的一切文化都应该关注人的全面发展，特别是要求在国家的正规教育中开展通识教育。人们认为，只有将人培养成全面发展的人，才是教育的正确目标。所以强调在人文教育中要注

---

① 《蔡子民先生言行录》，广西师范大学出版社 2005 年版，第 14—15 页。

重培养人的自主自觉意识、人的道德实践意识、人的社会关怀意识、人的文化素养、人的健全人格等，总之，要让人成为人，要让社会成为一个相互关怀的社会整体。这个要求不仅是倡导人文精神教育者的目标，也是我们倡导文理融通者的价值追求。

五　人神融通

人神融通这个说法，从科学用语来看似有些有悖于常识。因为人们对于"神"的认识十分含糊。在无神论者看来，世上无神，焉能融通？但是，我们都应该知道，人本是动物中的一种，自人类从动物中超拔起来之日起，便给自己赋予了神圣的精神内涵。无论是东方人还是西方人都在不停地造神。中国就是一个信奉多种神灵的国家，历史上各路神仙数不胜数。在西方，从上帝到基督及至世界上其他的各种宗教都有自己所崇拜的神灵。尽管世界上所有的神灵都是人类臆造的精神产物，但信神如神在，只要一个人相信有某种神的存在，这种神就已经在这个人的大脑里安家了。然后它才走进各种庙宇、圣殿以及寺观之内以不同的形象表现在世间，并被写入各类宗教经典乃至一些其他的文化典籍中，成为知识领域里一种神学或宗教学分支体系。

无论古今中外，人们在对神灵与宗教的研究中都产生了大量的关于神的知识。虽然在这些知识中有许多迷信荒诞的成分，但面对生死问题，即便是无神论者对于生命与命运的奥秘也有许多说不清楚的问题，他不能不对自然——这个上帝敬畏三分。有许多科学家在追究事物生成与运动原理的时候，追究到最初的第一原理便理屈词穷，只好把那些说不出道理的东西都交给上帝来处理，说它是上帝所生就可以搁置起来了。而对于那些有宗教信仰的人来说，与神的交往和沟通就更多了。当他在庙宇、寺观、神坛、十字架等各类神像或圣物的面前与神对话的时候，无论忏悔还是祈祷，往往都能表达其内心的虔诚。通过他在内心深处与神灵的对话与沟通，他就已经开始扫除内心的恶念，促使善意生成，然后就实现了人与神的融通，从而也达成了自我精神的和解与安宁。

关于诸神的知识或者是说一切超自然的现象往往是通过宗教信仰表现出来的。所谓"宗教"就是对神明信仰和崇敬的一种文化现象。在我国的"文化大革命"中，许多人把宗教与迷信看成相同的东西，从而导致了在知识研究中忽略宗教文化在精神意识方面的认识价值。牟钟鉴先生说："宗教是原始人类发展到具备了一定的想象能力、思考能力和敬畏、依赖的情感以及必要的社会组织而后才产生的。"① 宗教的出现是同先民们逐步摆脱动物性，开始探讨自然和人的奥秘，向往神圣美好的人生目标相联系的。宗教的兴盛是人类思维发展和精神生活丰富的表现。宗教文化是一个包罗万象的思想体系，其中不仅有关于人生的各种解说，也有大量的自然知识，它是后来人类各种文化形态形成的重要源泉。莫斯科大学校长沙德维尼兹与日本创价学会名誉会长池田大作在讨论科学与宗教的关系时，对科学与宗教的密切关系都有深切的认识。沙德维尼兹说："科学与宗教，是人类撰写文明史所不能或缺的，扮演着重要的角色。我相信今后人类会继续需要科学与宗教两者，绝非只需其中之一即可。"池田大作说："引用爱因斯坦的名言来说：'无宗教的科学是不完全的，不科学的宗教是有缺陷的。'"②

　　考察世界各个民族的发展历史，我们发现，几乎所有的民族都有自己的宗教信仰，这是为什么呢？答案就是宗教关注人生、关注人类的苦难、关注人们的心灵状态。尽管各种宗教的教义各不相同，但是，凡是那些历史悠久、影响较大的宗教多以救世、救难、利生济世、慈悲普度、关怀众生为说教，引导人们向善除恶，追求完美人生。当人们遭遇危难，特别是无法对抗自然力量的时候，往往希望有超自然的力量来救困解厄，首先在精神上求得安慰，如佛家所说的"普度众生"，它的度法也首先是在精神上有所觉悟。佛家中的"佛"字在汉语中其意义就是"觉悟"，帮助人们认识人间善恶，做觉悟的人，若是获得了人生的觉悟，通达生死之意，痛苦便不会在心田里长久滞留了。

　　在宗教发展史上，许多宗教都有自己的经典教义，这些典籍经过历代信徒们的研读、领会、修正或补充，作为传播宗教的重要媒介自身都已经打造得非常完美，如基督教的《圣经》，伊斯兰教的《可兰经》，佛教的

① 牟钟鉴、张践：《中国宗教通史》，社会科学文献出版社 2003 年版，第 1 页。
② ［日］池田大作、［俄］V. A. 沙德维尼兹：《学是光——文明与教育的未来》，刘焜辉译，正因文化事业有限公司 2009 年版，第 195 页。

《金刚经》、《华严经》，道教的《道德经》、《华南经》等，既是各家宗教
传经说法的法宝，也是非常优美的文化读本，它们历时悠久，魅力犹存。

英国学者阿克顿对宗教的作用有很深刻的认识，他曾把追求自由看作
人生最重要的事情，但认为，宗教高于自由。他说："自由：人类良知的
保护神"，"自由的理念是最宝贵的价值理想——它是人类生活中至高无
上的法律"。① 而对于宗教，他的评价更高："自由，仅次于宗教"，"人
类的首要关怀是宗教，它是近代几个世纪的显著特征。这几个世纪以新教
的发展为标志。它们从一个极端麻木、无知和衰败的时期起步，立刻便陷
于那场激烈而持久的冲突之中，无人能够想像它的无穷后果。教义信仰
（Dogmatic conviction）——因为我避免使用与当时的许多特征联系在一起
的信仰（faith）一词——成为普遍关注的核心，直到克伦威尔时代，它仍
然是公共政策的最高支配力量和出发点。"② 由此可知，宗教在西方社会
生活中的地位。同时，阿克顿还指出，宗教对于世俗社会的影响不仅在
英、法、德等欧洲国家很强大，并且在世界其他国家也有很大的势力。
"这几个世纪，对于宗教正如对于众多事物一样，一直促进着新事物的产
生；引力从地中海国家转向大西洋国家，从拉丁族转向条顿族，同时也从
天主教转向新教。"③ 经学者研究发现，西方资本主义的快速发展也曾从
新教中得到了精神力量的极大支持。若是想了解这方面的历史，读一读韦
伯的《新教伦理与资本主义》这本书便能了解大致的概况。

在我国传统的学术思想体系中，人们把儒、释、道三教称为主流文
化，这说明了关于宗教与神的知识在传统文化中占有的分量之多。我国当
代的佛学专家赖永海先生在阐述儒、佛关系时，把儒家的思想归为对心性
和人性的学说，又把佛教中的心性与儒家的心性联系起来进行解说。他指
出，儒教与佛教在思维模式上是相通的，把传统儒学强调"修心养性"
变为佛教所注重的"发明本心"和"本体功夫，一悟尽透"，就丰富了儒
学对世界的体悟方法。"至于佛教特别是禅对中国传统文化诸如诗、书、

---

① ［英］阿克顿：《自由与权力》，侯健、范亚峰译，商务印书馆 2001 年版，第 307 页。

② 同上书，第 10 页。

③ 同上书，第 11 页。

画等文化形式的影响，最后同样表现为'悟'的思维方法的影响。"① 佛教是我们认识世界的一种方法，道教、伊斯兰教等也都有自己独特的认识方式和求知理念。因此，笔者认为对神学与宗教知识的了解与融通也是丰富我们精神生活、增强我们心智能力的一条重要途径。尽管如今的科学已经非常发达，有科学家声称他们已经掌握了生命的密码，能够使许多东西得到控制。但是造化弄人，面对生老病死、爱恨烦恼、天灾人祸等问题，科学也并不都能帮助我们包揽消除人生的诸多苦厄，对人与自然的神圣性多几分敬畏，学习一些人文知识是十分必要的。

第二节　知识的评价与鉴赏

知识的组织与融通是一个对知识进行评价、鉴赏、选择和消化理解的系统过程。而知识评价则是这个活动过程的前提与基础。有位作者这样说："我们生活在一个评价的世界里，任何人都离不开评价，都与评价息息相关。……我们随时随地都在进行着各种选择和决策，因此也随时随地都在进行着各种评价。"②

我们要想过上有意义的生活，就必须在社会生活中时常进行价值判断：什么事值得做，什么书值得读，什么样的人值得打交道、交朋友，如此等等，在每一天里，我们都有可能遇到各种各样的事情需要进行评价，以决定对其追求还是放弃；在每一件事里也需要经过评价，以根据它的轻重缓急决定操作的时间顺序。如若我们要对一个人、一件事或一部著作作出较为恰当的判断，就需要调动我们大脑中所有的聪明才智去研究这个被评价的对象。经过仔细观察、反复对比、全面分析、权衡利弊，然后判断其品质优劣、价值高低、意义深浅。人类的各项活动基本上都是通过价值判断开展起来的。而知识评价在各类评价活动中又具有先在地位，它是各类活动开展的认识基础。因为要确定某事某物的价值与意义，必须首先具

---

① 觉群：《佛学是一座精深的人类思想宝库——访赖永海教授》，《中国宗教》2008 年第5 期。

② 邱均平等：《评价学：理论·方法·实践》，科学出版社 2010 年版，第 1 页。

备相关的知识才能作出相应的判断，唯有正确的知识才可以使我们获得正确的判断，唯有正确的判断才能使我们正确地做事。

知识鉴赏是知识评价的高级阶段。它是通过知识评价之后对判定的对象进行欣赏并领略其意义的消受过程。要想实现知识组织的最终目的，就必须提升我们的知识鉴赏力。

一 价值与评价

"价值"这个概念来源于经济学中的使用价值和交换价值。但在哲学中，价值是个含义丰富的概念，它与"善"和"有意义"相接近，首先指代人们所希冀的"好"生活，表征着人们存在的目的性。而那种在交换或使用过程中可以计量与换算的价值，只是一种"形而下"的实物及其有用性。

价值产生于主体与客体的对象关系之中。"美属于有美感的眼睛，音乐属于有音乐感的耳朵。对象的意义总是以人们感觉和意识的能力为限。这不是主张'主观'价值论，而是说价值表征着人们与对象之间的契合、共鸣、交融的关系，而评价则是对这种'关系'的感知与显示。一些重要的价值或一些将来大放光彩的价值，许多人却不看重或看不懂，这是常有的现象。"① 这个看法极有见地。比如，一本书价值再高，若不能为某个读者知晓与理解，就无法对这个读者产生价值。因此说，价值来源于人们的价值认识。

所谓价值认识，是与事实认识相对而言的。说明一个事物是什么，即事实认识。说明这个事物与人的需要之间有什么关系则是价值认识。这就是说，价值不是自然物，而是客体属性与主体需要之间的关系表达。这个关系不仅表现为某物对某人的有用程度，价值通常还表现为对"意义"的追问。人类生活的特征就是喜欢追问意义。无论我们做什么事，首先都会问这件事情有意义吗？这种对意义的追问就是价值认识。对于社会整体来说，价值有正负之别。除了追求自我价值的实现之外，还有对社会价值的追求。一个人若是做了有益于他人、有益于社会的事，他就创造了正价

---

① 张曙光：《"价值"五题》，《光明日报》2010 年 6 月 22 日。

值，反之则表现为负价值。对价值的追求，是诱发人类各种行为的动机。

我们如何判断实践环境中的各类人、物和事有无价值？有多少价值？只有通过全面的评价才能作出正确的判断。

评价是人类日常生活中最基本的活动之一。我们把评价与选择看作人类独有的智慧。从知识组织这个角度来看，评价是对一种复杂关系的认识和选择。它包含了评价主体、评价客体、价值鉴赏与判断能力和评价结果是否公允、正确等方面的问题。尽管人人都可以是评价者，但我们是否能对所遇到各种各样的问题作出恰当的评价并作出正确的选择却是一个复杂的问题。"人类行动的根本难题是价值选择；价值选择的根本难题是价值判断；因此哲学研究的核心问题是价值判断。"① 为此，美国现代实用主义哲学家杜威对人类评价中出现的各种观点和问题进行了系统的研究，并写出了专门的评价理论。

杜威的评价理论从批判最常见的而又得到人们广泛认同的价值界定方式入手，他对以往那种把价值看作需要的满足，是兴趣所向，是享受等等含义作了分析，认为这些认识没有触及价值的核心问题，而主张通过对价值的界定来揭示人类生活的本质：人是价值的存在，通过创造价值而享用价值，通过创造价值而实现自身价值。他觉得，价值的意义不在于价值本身，价值就是价值，仅此而已。"人类生活中有一种更为重要的事实倒是值得哲学关注和研究的。这就是生活的经验证明我们所渴望的、我们所欲求的并不总是值得我们渴望，值得我们欲求的，我们感兴趣的并不总是值得我们追求的，而且我们的渴望、欲求、兴趣都是随着时间和空间的变化而变化的。而我们的困惑就在值得与不值得之间。"② 所以杜威要用操作性定义"作为智慧行动后果的享受来界说价值"。他说："如果没有思想参与其中，享受就不是价值而是有问题的'好'，即需要进行研究、需要做出判断的'好'；只是当这种享受以一种改变了的形式从智慧活动中重新产生出来的时候，它们才成为价值。"③ 杜威的评价理论告诉我们，价

---

① ［美］约翰·杜威：《评价理论》，冯平、余泽娜等译，上海译文出版社 2007 年版，第2 页。

② 同上书，第14 页。

③ ［美］约翰·杜威：《确定性的寻求》，傅统先译，上海人民出版社 2004 年版，第1 页。

值评价的意义不在于价值自身，而在于通过价值判断来指导我们的行动，并且要对我们的日常那种认为是好的、感兴趣的、所追求的和可以享受的东西进行重新评价和思考，使价值在思想的参与下成为智慧的果实。

二　知识评价的特点

人类的评价活动表现在社会生活的各个方面，若按评价的领域划分，可分为经济评价、政治评价、科学评价、道德评价、审美评价、宗教评价等类型。按照价值客体对象来划分，可分为对物的评价和人的评价等。而知识评价只是这些评价活动中的一个类别。

在各类评价活动中，知识评价属于复杂评价。因为在一般的评价活动中，评价对象都是直观有形的人或事物，知识是一种无形的精神产品，难以对其进行直观的衡量与判断。并且在价值关系认识中，它不仅仅是一种主体与客体的需要与被需要的直接关系，同时还包含了知识生产者与知识对象的关系，以及知识评价者与知识产品之间的关系，它还与知识评价者的价值鉴赏能力与价值判断标准设立等多种要素相关联。一种知识研究成果的价值高低，既取决于成果自身是否与事实相符，是否有高明见地，是否有较高的价值含量，同时还受到评价主体是否有客观公正的评价态度，是否有正确的价值立场和价值取向，是否有恰当的评价标准，是否具备与评价对象相应的知识水平，是否与被评价者有利害关系等多方面因素的制约。特别是当评价者与被评价者之间存在着利害关系的时候，就有可能出现唯利是图、颠倒黑白的评价结果。

目前我国常见的知识评价，主要是对科学知识与学术研究成果进行评价。正规的有组织的评价，常常出现在课程设置、科研经费预算划拨、大学等级划分、课题立项审批与结项审查、职称评定、知识资源建设、网络数据库研制等方面。

"科学评价、学术评价的内容是多方面的。首先是科学性、真理性问题。包括成果要解决的问题的重要性，即选题的意义，理论根据是否正确，材料是否真实、充分、有力，逻辑分析是否严密，推理是否正确，概括是否准确，语言表达是否精确，理论是否有普适性、是否得到实践或实验证实，证实是否有力，等等。其次，原创性。成果对原有科学理论、学术理论有哪些创新、发展，创新程度如何，弥补了原有科学或学术理论的哪些不足，解决了原有理论的哪些困难和问题，纠正了原有理论的哪些失误，对科学理论、学术理论的研究有哪些重要推进、建树，有何长远的理论、学术价值，等等。再次，方法论意义。成果提出的新的学说、观点、方法有何方法论意义，对推进科学研究、学术研究有何价值。最后，不足或失误之处，失误原因及其教训。""科学评价的标准，是看科学理论或学术理论是否符合客观事物的本质与规律，即科学理论或学术理论的真理性和科学性问题，最根本的评价标准是社会实践，包括科学实验、生产实践、社会政治文化等实践。"① 由此可见，科学评价与学术评价已经是一种十分严格并被程序化和规范化的评价活动。

另外，在图书情报服务与网络资源建设领域，知识评价的内容与方式就宽松得多。他们往往只关注知识的有效性、新颖性及潜在有用性上对它们进行综合度量。其评价目的在于为大多数知识用户提供基本的和常用的知识。

当然，关于知识的价值问题也是一个人言人殊的复杂问题。不同的学者各有不同的观点。有人将知识的价值划分为理论价值和应用价值两个方面；有人将知识划分为事实性知识、方法论知识、规范性知识和价值知识四个部类，认为这些知识各有不同的价值；也有人将知识的价值分为改造社会、创造财富的外在价值和满足自身需要以建构自我意义世界的内在价值。人们更愿意相信，知识的价值远远大于财富的价值。"知识的价值是巨大的，它所有创造出来的价值也远远大于人们所想象的，那是由知识的价值的特点决定的。财富的大小是有一定量的，而有时候知识的价值却是无穷尽的。"② 这样的见解对于普通的知识用户或知识组织者来说都是一个巨大的鼓励。

三　知识评价的功能

评价具有选择或抑制功能。一个社会需要倡导什么？选择什么？杜

---

① 黄枬森主编：《马克思主义哲学体系的当代构建》（下册），人民出版社 2011 年版，第933 页。

② 穆达：《哈佛精英实战课　哈佛精英是怎样炼成的》，重庆出版社 2011 年版，第 1 页。

绝什么？我们为什么选择这个而放弃那个？就是由评价过程中的价值取向决定的。知识评价也是这样，公正公平的知识评价会使那些品质优秀的知识产品得到应有肯定，让大家来赞扬它，奖赏它，选择它，利用它。因而也在客观上给各类知识生产者以正面的刺激，使其积极地去创造更多更好的产品。同时，也让品质低下的知识产品遭到否定、批评、打击或遗弃。

邱均平教授说："没有科学的评价，就没有科学的管理；没有科学的评价，就没有科学的决策。"[①] 他指出了科学评价对于在国家对科学管理和决策方面的重要作用，这一论断目前基本上成为一种社会共识。尽管如此，我国的知识评价活动仍然受到来自社会多方的质疑和批判。因此，如何正确地看待评价、科学地开展评价、合理地利用评价，已成为社会各界关注的重要课题。

我们生活的世界自身就是一个复杂的社会评价系统，包含众多的评价标准、准则和观念。其中，文化就是最庞大、最复杂的社会评价标准和评价系统。此外，还有政策、制度、法律、法规、信仰、习俗、道德、舆论等都是社会评价标准和评价系统，并且同文化融合在一起形成一个巨大的社会评价网络，谁也无法完全脱离这个社会评价系统而生存。因此，人人都被置于一定的社会评价系统和网络中接受各种评价，并按照社会评价系统的要求行事，否则就会受到排斥和惩罚。国家政权强制、法律制裁、制度约束、信仰引导、道德规范、舆论谴责等都会成为一种强大的维持社会评价系统稳定的有力工具。面对如此丰富和复杂的社会评价，我们应该采取客观的态度，科学地认识，合理地选择，这样才能做到科学地评价，即实现"科学评价"。

科学评价活动自产生之日起，发展异常迅速，受到全社会的高度关注和普遍重视。科学评价大致经历了三个发展阶段：原始评价或本能评价阶段，社会评价或大众评价阶段，综合评价或系统评价阶段。随着评价活动的科学化程度日益提高，科学评价理论和方法逐步成熟，评价形式也逐渐从定性评价向定量评价以及定性与定量相结合的综合评价转变。

其实，知识评价比科学评价所指的范围更加广泛，作用也更加多样，

它不仅能够使国家和主管部门制定出科学的管理制度和科学发展的决策，而且在许多方面也有重要的意义。

知识评价具有价值鉴别功能。要认定一种知识研究成果是否有价值，其价值是高还是低，就需要开展科研评价工作。根据评价主体的特定需要，制定出合乎评价目的的评价标准，按照同样的尺度对所有的研究成果进行价值判断，然后划分出优劣，区别出等级，排列出名次。经过披沙拣金，让优秀的研究成果脱颖而出，在价值鉴赏中使知识成果所具有的内在价值得到有效揭示。

知识评价具有深化认识功能。我们要评价一种研究成果价值几何，评价主体首先须知道要评价的对象是什么，其研究水平高低，是否达到应有的要求，是否有继续研究的必要。评价过程就是对研究对象的一种深化认识过程。通过深层分析，把它与已有的研究成果进行对照比较，就可从中发现新知识和新问题，进而把握其未来发展的方向和发展趋势。

知识评价具有科研引导功能。有人认为，知识评价是科研活动的终结性工作，通过评价鉴定，拿出结论，整个科研过程就结束了。其实，当今的科研评价可分为立项评价、过程评价和验收评价三个阶段。立项评价关注选题、研究目的和技术路线。那些让评委们感兴趣的选题往往容易获得准许，社会急需的研究课题往往容易获得立项。过程评价关注的是科研进度和研究质量。验收评价则关注是否实现立项目标、研究内容是否丰富、资料是否翔实、数据是否可靠等主要问题，经过全面衡量，然后做出结论，从而引导研究朝着正确的方向发展。即便是验收评价，所做出的鉴定意见对后来的研究工作也有强大的引导作用。某项研究或某种论著得到嘉许，就是我们以后工作的发展方向；某个项目或某种论著质量低劣，价值量小，就可通过评价过程中的批评、指点得以改进，并提醒后来的研究者免于重蹈覆辙。因此，我们也可以把科研评价看成新一轮科研活动的开端，其导向性是十分明显的。

知识评价也有推广知识和普及知识的传播功能。当今社会知识生产的速度不断加快，知识的数量呈指数增长，人们要想从中选择出恰当的高质量的知识具有一定的难度。知识评价就是对各种知识的一个筛选淘洗过程。如果一种知识成果通过了正规的评价验收，当然就获得了一定的可信度，从而就能得到推广和普及。

四　当今社会的知识评价问题

近年来，随着知识的"客观性"被解构和"中立性"神话被打破，知识的"价值性"不再是学者们羞于启齿的话题。知识生产无不受到价值需求的牵引。如一位学者所说的那样，知识不再是自身的目的，科学家或知识分子已经不再是或主要不是为了知识的兴趣或人类的利益而从事研究，而是为了市场的知识购买力而从事研究。知识的所谓客观性和知识评价标准的客观性同时都受到了质疑。特别是当知识与权力结盟之后，其可信度就大大地降低了。法国学者利奥塔说："知识和权力是同一个问题的两个方面，谁决定知识是什么？谁知道应该决定什么？在信息时代，知识的问题比过去任何时候都更是统治的问题。"[①]

在我国，知识的社会评价总是与科研基金分配、项目审批、奖励评定、职称评定、工资上涨等直接利益挂钩，评价与权力的关系就更为密切。知识的合法化往往就是通过权力的运作来实现的。凡是与实际利益有直接关系的评价基本上成了学术权威们手里的砝码。砝码向哪个方向偏移，全凭权威们的兴趣，只有那些合乎其自身利益或口味的学术成果才能得到承认，而遭到否决的知识便被尘封了。"对特定的权力关系来说，知识与其说是有真伪之分，不如说知识有合法与否之别。每种知识的运作都会造成权力关系的重新分配。"[②] 由此可知，当今人们对科研评价进行诟病的主要原因不是评价活动自身有什么错，问题在于我们是否有健全的评价体系，是否有明确的评价目标，是否有恰当的评价标准。

如今人们把评价体系划分为主体系统、客体系统、评价目标系统和评价参照系统四个方面。由于评价活动由评价主体主宰，谁能成为评价主体则成为大家关注的焦点。在近年来的科研评价活动中，出现了四种评价主体：第一种是同行专家，在学界被称为学术共同体；第二种是由文献情报

---

① ［法］让-弗朗索瓦·利奥塔：《后现代状况：关于知识的报告》，三联书店1997年版，第108页。

② 胡春光：《大学学科分化中知识与权力间的生产与重构》，《内蒙古师范大学学报》2009年第1期。

研究者组成的文献专业评价机构；第三种是国家行政主管部门；第四种则是普通的知识用户。不同的评价主体各有自己的评价目的、评价方法、评价标准和阅读兴趣。大家对于评价客体的价值认知各有不同，给出的评价结论当然也会出现巨大的差异。但普通的知识用户对于评价客体的评价结果往往表现为自发自在状态，很难形成影响力。而政府主管部门作为科研投资的主体和主管者，他们有权决定由谁组成评价主体。无论是同行专家共同体还是专业评价机构，都必须与政府的主管者打成一片，任何一方都不能摆脱主管部门的行政干预。由此看来，政府主管部门就是对评价客体有生杀予夺权力的真正的评价主体。当科研评价与利益的分割挂钩之时，功利化与行政化的倾向必然导致简单化的评价后果。由于从事行政管理的人毕竟不在学术界，他们很难对各学科研究成果的思想价值、学术价值和应用价值作出准确的判断，使得简单化的评价方式在知识界逐渐流行开来。比如，要评价一个学者的学术成就，主要就是计算其成果的数量，查看成果刊登与出版的层次级别，或者是查看成果被引用的次数。这些貌似公允的评价方法不仅不能引导知识研究朝着繁荣健康的方向发展，反而容易将之引入歧途。

五　知识鉴赏

鉴赏是鉴定与欣赏的合称。鉴定是对事物的真伪优劣作出辨别与评定，欣赏主要是在鉴别各类作品的过程中对其内在精神的理解、评判、赏识和领悟的过程。

知识鉴赏尤其注重对知识产品的精神领悟。在知识鉴赏过程中，每个研读者面对的知识产品不再是冷冰冰的白纸黑字，或者是真实的事实陈述，而是将自我的情感沉入作品中，与作者产生共鸣，进行精神媾和，从而获得审美体验并使精神得到升华。因此可以说，知识鉴赏是属于个体的认识活动。我们每个人往往都是通过知识鉴赏来分享知识的妙用。当代著名作家林语堂说："有教育的人是一个知道何所爱何所恶的人。这我们叫做鉴赏力，有鉴赏力便有风雅。一个人必须能够寻根究底，必须具有独立的判断力，必须不受任何社会学的，政治学的，文学的，艺术的或学究的胡说所威吓，才能够有鉴赏力或见识。我们成人的生活无疑地受着许多胡说和骗人的东西所包围：名誉的胡说，财富的胡说，爱国的胡说，政治的胡说，宗教的胡说，以及骗人的诗人、骗人的艺术家、骗人的独裁者和骗人的心理学家。"① 正是因为世界上有许许多多骗人的作品以及被称为真理的邪说，所以，只有提升鉴赏力，才能使我们避免被人蒙骗。

没有鉴赏力的人既不能鉴别作品的优劣，也难以领悟其精神实质。知识鉴赏过程就是让会写的人得到会读的人的赏识而成为知音，由此而使作者感到快慰，因为他终于等到了那个懂得他的人。林语堂说："博学仅是塞满一些事实或见闻而已，可是鉴赏力或见识却是基于艺术的判断力。中国人讲到学者的时候，普遍是分为学、行、识的。对于历史学家尤其是以这三点为批评的标准；一部历史也许写得极为渊博，可是完全没有见识，在批评历史上的人物的事迹时，作者也许没有一点独出心裁的见解或深刻的理解力。要见闻广博，要搜集事实和详情，乃是最容易的事，任何一个历史时代都有许多事实，我们将之塞满心中，是很容易的；可是选择重要事实时所需要的见识却是比较困难的事情，因为这要看这个人的观点如何。"② 他的这种见解对于当今的知识鉴赏者来说很有教育意义。

在后现代语境下，知识已经失去了以往那种客观标准，人们不再把它看成是"价值中立"或与"文化无涉"的纯粹的理性产物，更愿意把知识看成是主体与客体之间的沟通、对话、理解和合作的复合体，它是认识者在一定情境下对客体进行重构的实践产物。社会是流动的，知识也是流动的，我们不能用一成不变的知识观去面对急剧变化的社会。针对要解决的具体问题，我们无法套用那些被当作完美的理论或通用的方法，而必须针对具体问题变通创新。因此我们强调人对知识的内在主动性，强调提升知识的鉴赏力与批判力。作为学者，每个人应坚守的是他的研究兴趣和钻研精神，若为评价主体所左右，就无法坚持自己的真知灼见。从某种意义上说，谁来评说学术研究成果并不重要，重要的是我们怎样才能更好地表达自己独到的见地、圆通的智慧、新颖的思维并创造出有价值的理论知识。有了这样研究成果，无论评价者是谁，都可从中发现价值，分享价值，获得精神享受。

---

① 林语堂：《人生的盛宴》，湖南文艺出版社 1988 年版，第 167 页。
② 同上书，第 166—167 页。

在当今的社会环境条件下，对于普通的知识用户来说，我们也应当做一个自由的知识鉴赏者，注重培养自己的学习能力、知识鉴赏能力、知识批判能力、知识选择能力和知识组织能力，不畏权，不畏上，不盲目，不迷信，根据自我的实践需要制定自己的知识评价标准，在知识的辨别与鉴赏过程中灵活地索取和运用对自己有价值的那部分知识。

第三节 转识成智

从"知识就是力量"到"知识改变命运"，当今这两个口号的广泛流行充分说明人们对于知识的意义逐渐有了深刻的认识。然而，自古以来却有许多哲人把追求智慧作为人生的最高境界和终极目标。那么，就有人会问：在知识与智慧两者之间我们如何选择呢？应该首先追求知识还是首先追求智慧呢？它们之间的关系是相互包含，还是前后相承？要回答这个看似简单的问题，却不是一件容易的事，因为知识与智慧是一对既有区别又有联系的复杂概念，它们之间互为前提，相互关联，相互支撑，似乎是一个难以割裂的统一体。

但是，知识与智慧似乎并不是同一种东西，它们之间的分裂早在上古时代就已经出现了。中国道家始祖老子将得到外物的知识称为"为学"，将对待生活取向的智慧称为"为道"。《老子》第四十八章说："为学日益，为道日损"。即认为有知识的人未必就等于有智慧。

一 知识与智慧

知识与智慧很像一对孪生兄弟，在许多场合下，人们难以区分出它们哪个是老大、哪个是老二。也许是受了好奇心的诱导，人们又非常希望能作出判断。所以，无论东方人还是西方人，早在古代都对"智识之辨"问题怀有深厚的兴趣。

如果考察知识与智慧发展的历史我们就会发现，知识与智慧常常是相互解释的。"智"在古代印度的梵语中是知识。我国古代汉语中的"智"与"知"字义也完全相同，常常通用。《尚书》中说"知之曰明哲，明哲实作则"。① 孔安国的《书传》称："知事则为明智，明智则能制作法则。"在这里，明智即明哲，就是洞察事理，有判断能力，能够按照事物的内在规律办事。孔子说："知之为知之，不知为不知，是知（智）也。"② 可见古代的智来源于知。古希腊的亚里士多德说："智慧是知识的最完美的形式。这就推论出，有智慧的人不但必须知道从最根本的原理推论出来的结果，而且也必须具有关于最根本原理本身的知识。所以智慧乃是直觉理性与科学知识的结合，是高尚事实之知识。"③ 他所说的智慧也很注重因果关系和规律性知识的运用。而英国哲学家洛克把智慧解释为："它使得一个人能干并有远见，能很好地处理他的事务，并对事务专心致志。"④ 他所说的智慧则倾向于实践才能。英国过程哲学创始人怀特海认为："智慧是掌握知识的方式。它涉及知识的处理，确定有关问题时知识的选择，以及运用知识使我们的直觉经验更有价值。这种对知识的掌握便是智慧，是可以获得的最本质的自由。"⑤ 他把运用知识的能力当作智慧的主要成分。

从上述这些被指称为智慧的知识中可知，知识的内涵也是十分复杂的，它不仅涉及事理和事物的知识，也包括有关获得知识和运用知识的知识。尤其是 20 世纪中期英国哲学家波兰尼把知识分解为"显性知识"和"隐性知识"两大类之后，知识中的那部分隐性知识与智慧的关系就更加密切了。因为隐性知识获得有两个途径，一是自我通过社会实践得来的直接知识，二是接受社会上的显性知识或间接知识内化为自我的隐性知识。智慧的本质也就是把内隐知识与外在事物进行反应所呈现的神奇效用。

智慧指向实践对象，重在表现人脑的机能，解决问题时主要是依靠隐性知识来运演。古希腊的哲学智慧中所说的"对象之知"就是强调在认识对象的基础上所采取的明智措施。亚里士多德曾把智慧与人的品德和行为相联系，认为它是将普遍规则应用于生活的具体情景，去确定正当的行

---

① 《尚书·商书·说命上》，文渊阁四库全书电子版。

② 《论语·为政》，文渊阁四库全书电子版。

③ ［古希腊］亚里士多德：《伦理学》，见《西方思想宝库》，吉林人民出版社 1988 年版，第 684 页。

④ ［英］约翰·洛克：《教育漫话》，傅任敢译，教育科学出版社 1999 年版，第 117 页。

⑤ ［英］怀特海：《教育的目的》，徐汝舟译，三联书店 2002 年版，第 54 页。

动。所以，智慧的本质是内隐的，它通过人的认识问题与解决问题的行动
能力来显现，当人们需要判断、处理某种问题时，能够灵活地运用自己独
特的解决问题的思路，灵巧的技术方法，高明的创意、创见，预测、决策
等方式来处理事物，或把问题化解于未萌之前，或使问题迎刃而解，解决
矛盾的过程就是人的内在智力巧妙运思的过程。

　　智慧具有内隐性。凡有大智慧的人，都懂得韬光养晦，深藏不露，决
不无故显能卖巧。老子说："道之华而愚之始。是以，大丈夫处其厚，不
居其薄，处其实，不居其华。"① 他把那些自以为聪明，夸夸其谈的行为，
看作愚蠢的开端。三国时的刘劭认为，有大智慧的人在外表上和愚蠢的人
并没有多大的区别，而内心的透亮才是智慧的特性。"大智似愚而内
明。"② 当然，人的智慧一旦展现，或语惊四座，或成就斐然，再想隐藏
就藏不住了，就变成了有影响力的智者。不过，智慧若离开了人的活动着
的思维，不再是智慧自身，而演变为语言、文字、概念、公式、图像、策
略、规划等，下降为知识或绩效。因此，人们往往把智慧看作带有主观性
的活知识，而把从书本里所得到的符号化知识看作死知识。

二　转识成智

　　"转识成智"是佛家的用语。这个说法来源于佛教瑜伽行派和唯识
宗。按照它们的说法，人们可以通过修行达到佛教最高的涅槃境界。不
过，它们这两个教宗对于转识成智的认识并不相同。瑜伽行派认为，转识
成智有多种方法和途径，而唯识宗却主张万法唯识，只有通过修行才能将
有漏的八识转为无漏的八识，得到四智。它们所说的"识"，是指关于外
界事物的知识，而"智"是指生活的智慧或原理。"尽管各家各宗在如何
'转识成智'问题上说法有很大不同，但它们（除较接近印度思想传统的
唯识宗之外）都主张知识与智慧并非截然对立，生活的智慧有赖于知识，
而知识有待于上升（或被超越）为智慧。可以说，'转识成智'不仅仅是

---

　　① 《老子·三十八章》，文渊阁四库全书电子版。
　　② （三国）刘劭：《人物志·八观》，文渊阁四库全书电子版。

唯识宗的，而且是中国所有哲学与宗教思想的母题。"①

当代学者胡伟希先生将"转识成智"看作哲学的基本问题。他说："这个问题之所以基本，是由于它源自深刻的人性需要。人是生物性的存在，他发展了知识工具，用于利用和改造环境；同时，人又是精神性存在，具有属灵的天性，需要探索与寻求生活的意义，由此就有了转识成智的问题。"② 在 20 世纪前期，学界对转识成智的问题曾经进行了持久的讨论，当时一些著名学者如王国维、张申府、金岳霖、冯友兰、张岱年等各有自己的独特思路，并形成了自己的转识成智理论。比如，张岱年先生就把转识成智的识智关系比附于自然律与自由律、决定论与自由意志、现实界与理想界的统一问题。他说："人性常在改进之中，亦常在创造之中，人不惟应改造物质自然，更应改造其自己的自然。人类不惟是自然的创造物，且应是自己的创造物。人所以异于禽兽，在于能自觉地创造自己的生活。"③ 所以，他将认识自然律、认识必然律、认识自我、自觉遵循"当然之理"看作理想与现实的统一，由此便能完成转识成智的过程。

从知识组织学这个角度来分辨知识与智慧的同与不同，主要是为了理顺智力、知识和智慧之间的关系，以便于我们能够在社会实践中更好地把握我们的求知意趣并选择正确的行为方向。为了便于理解，我们把智力看作人能够知道什么，知识是我们已经知道世界上各类事物的本质是什么，而智慧便是我们在现实生活境遇中把已经知道的什么和能够知道的什么结合起来选择做什么、不做什么或怎么做的实践指向。即智慧能够告诉我们面对具体的事情应该怎么办，指导我们把握恰当的时机，作出恰当的反应。因此说，智慧就是对知识的灵活整合和创造性地运用。知识是智慧的外显，智慧是知识的内化。知识与智慧互为表里。知识有现成的答案，可以通过教育传授或从书本中得来，智慧却需要对已有的答案进行审思、反驳和超越，只有将知识活化为内在机能，转化为精神财富或物质财富的创造过程，才能成就其智慧。

---

　　① 胡伟希：《转识成智——清华学派与 20 世纪中国哲学》，华东师范大学出版社 2005 年版，第 85—86 页。

　　② 同上书，第 101 页。

　　③ 张岱年：《真与善的探索》，齐鲁书社 1988 年版，第 100—101 页。

昆明圆通寺有一副名联说："会道的一线藕丝牵大象，盲修者千钧铁棒打苍蝇。"智慧就是对"道"的把握，怎样去把握这个道，在这副对联里也许能够得到些许启发。

三 智慧生成的途径与方法

经上述辨析，知识与智慧确有不同。智慧高于知识，源于主观，"它包含着神奇和诡秘、复杂和多元、或然和灵活"。[①] 人们求得知识相对容易，而求得智慧则较为困难。千百年来人们为了寻找"转识成智"的枢机，曾经相继对此展开了深入系统的研究，以期能从中寻找出智慧生成的各种途径与方法。

哲学家们认为：哲学是爱智慧的学说，是关于智慧的知识体系，学习哲学可以通向智慧；

思维科学家们认为：智慧与思维有关，揭示思维本质及其规律，可以帮助人们改善思维结构，提高人类智慧；

逻辑学家们认为：智慧与逻辑的判断、推理有关，训练人们的思维、判断、推理、归纳、演绎能力，可以提高智慧；

心理学家们认为：智慧与人的心理活动有关，研究智慧的发生、发展机制，能够从心理上培育人们智慧的生成因素；

生理学家们认为：智慧与人的主要器官、生理机能有关，研究人的大脑结构、神经系统机能、遗传以及营养与智慧的关系，可以在日常生活中增加营养成分来提高智慧；

教育学家们认为："人性虽能智，不教则不达。"智慧与教育密切相关，要求通过教育开启慧根，主张用终身学习的方法去挖掘智慧的源泉；

历史学家们认为：智慧与历史性实践活动有关，研究人类以往的实践活动，可以把握社会盛衰的发展规律，从而得到国家与民族长治久安持续发展的大智慧。

如此等等，正是由于智慧的这些不确定因素的大量存在，许多学科的学者都为探求智慧提供了不同的途径与方法。即便是相同的学科，其研究

---

① 靖国平：《论教育的知识性格和智慧性格》，《教育理论与实践》2003 年第 10 期。

智慧的理论和方法也会有很大的差异。仅就心理学来说，影响较大的智慧学流派就有多个。如：认知发展理论、信息加工理论、学习理论、因素分析理论以及斯腾伯格在前人基础上新创立的人类智力三元理论等，都是从不同的角度来揭示智慧本质的理论。

由此可知，智慧既蕴含着人们的先天禀赋、遗传密码、生理机能和心理机能等智力、智能因素，也包含着人们后天的教育条件、智力开发状况与自我努力的程度。智慧融人生经验、知识、兴趣、意向、意志、情感、方法、技巧等复杂成分为一体。它深藏于一个神秘而又复杂的动态开放的心理世界里，当它受到实践需要的激发时会自然地展现出来。那些能在外交上机智应对、成功斡旋；在军事上运筹帷幄、因势利导、快速反应；在政治上深谋远虑、英明练达、审时度势；在商业上洞察行情、把握商机之类的成功人士，都是智慧的成功表达。如宋朝诗人陆游在《九月一日夜读诗稿有感作歌》一诗中所说："天机云锦用在我，剪裁妙处非刀尺。"这两句诗就简练地表达出人们对知识的灵活运用和巧妙组织之智慧所在。由此可知，社会实践活动是智慧生成的温床，在实践过程中，人们根据具体的需要对不同知识的巧妙组织与嫁接，便可生成各种不同的创造智慧。

智慧离不开社会实践。如果我们要追索"智慧的过程"，只能到人们的社会实践活动中去寻找。智慧就是在人们的社会实践过程中通过自我努力生成的。智慧源于学养和实践经验，丰富的实践经验是引发智慧的要素，长期从事某项活动，又善于观察分析研究者，就有可能成为某方面的智者。在平时的生活里，我们也许看不到所谓的智者，但能看到为各种理想目标而忙碌着的人们：研究学问的人在夜以继日、孜孜以求的苦读；想当艺术家的人从小就开始了练习声调或乐器；准备争当世界冠军的运动员每天都在坚持训练；政治家们时常忙着调查民意；商业巨子时刻操心窥视商机；如此等等，他们一方面通过实践活动的学习和训练得以挖掘自身的潜能，另一方面又将天时、地利与人和的多种要素进行不断的组织，从而使自己得以成为某个方面出类拔萃的杰出人才，并创造出了堪称"智慧结晶"之辉煌业绩。

智慧是在人的"行—知—思"的循环实践过程中生成的。在智慧的生成环节中，"行—知—思"彼此相连，环环相扣，循环无穷。如果脱离了其中的任何一个环节，智慧就不能称为智慧。智慧是抽象的，实践是具体的。有什么样的实践，就可能得到什么样的智慧。智慧的类型往往蕴含在实践的类型之中。比如：我们常说生活的智慧、学习的智慧、管理的智慧、战争的智慧等，智慧通常与人们所从事的专业活动关系密切，它是人们长期从事某项活动的经验、技巧、知识、方法等内隐性知识的凝聚与升华。如果我们不到实践中去体验、观察，而空谈智慧，那种智慧就有可能只是一种没有实际内容的玄思。明代学者王夫之说："才以用而日生，思以引而不竭。"① 人们越是善于使用自己的聪明才智，就越是能够提高自我的智力与技能，以至达到炉火纯青的程度。如庖丁之解牛，他对牛的认识与其熟练的解牛技艺就是从长期的解牛实践中得到的，可以称之为实践的智慧。

智慧通过人们的社会评价来表达，它是人们社会观念的产物。智慧与智力不同，我们所知道的"智慧"指向结果，是一种逆向推断。人们按照自我内心中的观念，去评价与认同已有的社会实践活动，什么人是智者，什么事中有智慧，要看他的言行或创造、发明的成果是否有益于社会，是否合乎社会大众对真善美的行为要求。德谟克里特曾说过："智慧生出三种果实：善于思想，善于说话，善于行动。"② 我们说老子最有智慧，是因为我们看了《老子》一书。他用短短五千余字，言简意赅地表达出了丰富的哲理和他那老谋深算、通达圆润的处世态度。我们称孔子为智者，是因为我们了解他那"学而不厌，诲人不倦"、乐在其中的教学态度，"举一反三"、不启不发的启发式教学方法，"有教无类"的教育思想，"为仁由己"、"见贤思齐"的个人主见，"三思而后行"的行为习惯，以及"吾道一以贯之"的坚强意志等。我们称范蠡为"商圣"和智者，是因为他能洞察到政治活动中的危机，功成身退，既保全了自己，又在商业活动中成为巨富。我们称赞诸葛亮为"智圣"，是因为我们看到历史上记载着他料事如神，在战争中能临危不惧、沉着应对、因势利导、游刃有余的军事指挥才能。如此等等，智慧通过人们的行为来体现，智者的称号多是在事后甚至是在身后从人们的社会评价中得到的。

---

① （明）王夫之：《周易外传·震》，文渊阁四库全书电子版。

② ［古希腊］《德谟克里特著作残篇》，见《西方思想宝库》，吉林人民出版社 1988 年版，第 1312 页。

智慧是有立场的，智慧是真善美的别名，在佛家被称为"觉悟"。如果智者舍弃了对真善美的追求，即便他处事的能力超凡，技巧过人，那么他仍然不能称为"智者"，因为社会上还有一些与智慧相对的概念如"小聪明"、"狡猾"、"奸诈"、"刁钻"等，就是送给那些制造假恶丑的能人的恰当评价。所以，智者的立场永远是弃恶扬善，那些做了有害于人类利益的能人，便不能与智者同列。

第四节　通往幸福之门的人生智慧

幸福是人类生活中最有意义的永恒话题，古今中外的人都曾反复地讨论它，常说常新，迄今仍然意味浓烈。近几年来，不仅我们中国人对幸福的探讨越来越多，从电影、电视、图书、报刊到日常聊天都有关于幸福的话题，并且世界上也有许多学者正在对幸福开展专门的研究。这说明了幸福是一个负载着人类生命意义和终极目标的重要概念。任何人要想获得幸福的生活，只有反复分析研究，找到构成幸福的关键要素，确认寻求获取幸福的途径和方法，才能品尝到幸福的滋味并实现幸福的终极目标。

那么，幸福究竟是什么？我们能不能找到打开幸福之门的钥匙并守护住我们所期待的幸福呢？

一　幸福是什么

幸福是什么？我们能看到她的样子吗？

有人说，幸福像一个蒙着面纱的千面女郎，她常常向那些窥视她的人闪现出神秘的微笑和智慧的灵光。因此，有许多追踪她的人都捕捉到了幸福的模样：

幸福是劳顿之后的休憩；

幸福是饥渴之时的饱餐；

幸福是大病之后的痊愈；

幸福是解除禁锢之后的自由；

幸福是糊涂之后的开悟；

幸福是绝望之中的惊喜；

幸福是丰裕的生活；

幸福是需要的满足；

幸福是理想的伴侣；

幸福是创造的愉悦；

幸福是成功的狂喜……难道这些就是幸福的真实面孔吗？

有人说，幸福就像夜来香，只有静下心来才能嗅到她的香味。那些星星点点的幸福只是挂在这位神秘女郎身上的小饰件，而智慧的心灵、崇高的追求、练达的性格才是她的本性。

还有人说，幸福是开在心灵里的花儿。仰望幸福，是永远得不到真正的幸福的。幸福并不是遥不可及的东西，幸福就居住我们平凡的生活里，需要日常的积极情绪来滋养和浸润，识别幸福需要有慧眼，不能像磨道上蒙着眼睛的驴子那样只顾奔跑，自以为追逐幸福的脚步跑得越快，与幸福的距离就越近。殊不知没有智慧的双眼辨别是非，跑得越快，危险可能就越大，与幸福的距离可能就越远。由此可知，要想真正拥有幸福，仅仅抓住这些幸福的感受或者是只看到那些幸福的外在面孔是不行的，最重要的是探求智慧的本质，找到那些能产生长久幸福感的最基本的幸福要素。

若是能知道幸福是怎样产生的，需要多少元素才能生成幸福，那么，我们就不用坐等幸福的降临，而将那种期待的心情或求而不得的焦虑转化为行动的力量去创造幸福。正是基于这样的动机，古今中外的人们都不惜花费巨大的精力来研讨幸福，希望用自己的诚心和恒心与幸福终身结缘。

中国古代的先哲在讨论事情时，非常注重探讨事物的根本，认为只要抓住了事物的根本，便能把握其细枝末节。他们将认识自然规律的活动简称为"天道"或"天理"，将对社会中的人情事故概括为"人道"与"事理"，找到了事物的本质和原理，就能把握住事物活动的一般规律。在对待幸福的认识上也是这样，他们总是从幸福产生的根源上来把握幸福的各种现象。

古人把幸福简称为"福"。在中国最古老的文献《尚书》中，人们将幸福归纳为五个类别，称为"五福"："一曰寿，二曰富，三曰康宁，四曰攸好德，五曰考终命。"① 南宋学者夏僎对这五福所作的考释说："五福之目：一曰寿，先儒以百二十岁为寿。要知不必皆年登此而后为寿也。但享年之永者皆可为寿。二曰富，谓资财丰足也。三曰康宁，谓身心安靖无事也。四曰攸好德，谓所好者在德也。五曰考终命，考，成也。终命谓命之终乃死也。谓终命之际成全而无亏，若曾子将死，启手启足曰：吾知免夫！即考终命也。盖父母全而生之，子全而归之是也。此五者皆人情之大欲也。得者人皆以为福，故谓之五福。"② 中国古人很早就擅长使用辩证法看待事物。他们在讨论福的时候，一定要有与福相对的东西，那就是祸。古人把那些因凶勇好斗、死于非命、不得善终的人归入"六极之凶"，（也称"六极之目"指短折、疾、忧、贫、恶、弱），使福祸相对比较，便增加了人们对幸福的透彻理解。

"福莫长于无祸"，"为善致福，为恶致祸"，这就是古人找到的一个幸福与祸灾生成的基本规律。认识到福与祸都是个人行为的结果，那么，个人的行为选择就决定其得福还是得祸。致福之道有两种：一是求诸己，或称求诸内。强调福应自求，若是自心不求，就是"无幸福之心"，即要求个人有积极主动的求福精神。二是外践于行。即把自己的求福愿望落实到行动中。至于灾祸当然是没有人会主动求得，但是它也与个人的行为不慎有一定的关系。"天下百凶皆起于放肆，而百福皆起于敬慎。敬慎若此，尚何咎乎？"③ 如果做什么事都肆无忌惮，没有一点儿警惕之心，就可能招致各种各样的凶险；如果做什么事情自始至终都能保持谨慎不懈，就不会产生多少过错。"内尽于己，外顺于道。则仰不愧天，俯不愧人，内不愧心。心安体胖，是贤者之所谓福也。"④ 这是中国的先贤们对福与祸的认识以及求福与避祸的方法。

中国古代还有"知福"、"造福"和"惜福"之说，这三个词语在民间都非常流行。只有"知福"者，才能享有幸福。若是身在福中不知福，也就谈不上福祸之有无，他便是一个傻子。若是知道什么是福并能够

---

① 《尚书·洪范》，文渊阁四库全书电子版。
② （宋）夏僎撰：《夏氏尚书详解》卷十七，文渊阁四库全书电子版。
③ （清）王心敬撰：《丰川易说》卷五，文渊阁四库全书电子版。
④ （清）《钦定礼记义疏》卷六十二，文渊阁四库全书电子版。

"造福"者，其福便多如东海，终生享用不尽。若是有了幸福不懂得珍惜幸福，福气就会从他身边悄然跑掉。所以说，知福者福常相随；造福者福常相随；惜福者福常相随。能够知福、造福和惜福的人，才是一个终生幸福的人。

对于幸福数量的估算，古人也有自己的看法：量宽者福厚，器小者福薄。即认为只有心胸宽、立身高、志向远、得之坦然、失之淡然、遇事不与人斤斤计较的人才能得到幸福女郎的钟爱。宽广的胸怀就是幸福的最好寓所。

在西方的古希腊，有许多哲人如德谟克利特、苏格拉底和柏拉图等都曾对幸福进行过探讨，并留下了不少关于幸福的名言。而最早对幸福进行系统研究的人则是亚里士多德，他指出，关于幸福是什么，是一个有争议的问题。大多数人和哲人们所提出的看法并不一样。一般人把幸福看作某种实在的显而易见的东西，例如快乐、财富、荣誉等。不同的人认为是不同的东西，同一个人也经常把不同的东西当作幸福。在生病的时候，他就把健康当作幸福；在贫穷的时候，他就把财富当作幸福；有一些人由于感到自己的无知，会对那种宏大高远的理论感到惊羡；最为平庸的人，则把幸福和快乐相等同。但财富并不是我们所追求的善，它只是有用的东西。那么，究竟什么才是亚里士多德的幸福呢？他把最高的善看作幸福。他说："只有那由自身而被选取，而永不为他物的目的才是最后的。看起来，只有这个东西才有资格作为幸福，我们为它本身而选取它，而永远不是因为其他别的什么。"① 他又说："幸福是终极的和自足的，它是行为的目的。"② 因此我们也可以认为，行为目的的实现即为幸福。

在亚里士多德那里，只有善才是幸福，可什么是善呢？他反反复复地讨论着各种善事，从木工、水手、厨娘、雕刻家、吹笛子者等人群中观察其善的表现，搜集人们对幸福的看法："有人说，幸福就是德性，有些人说幸福就是审慎，另外一些人则把智慧当作幸福，还有一些人把其中的一项与快乐相结合，至少把快乐当作不可缺少的因素。此外，还有人把外在

---

① ［古希腊］亚里士多德：《尼各马科伦理学》，苗力田译，中国人民大学出版社 2003 年版，第 10 页。

② 同上书，第 11 页。

的好运气也加进来。这一些说法中有的源远流长，主张的人数众多。有的虽出自少数人，但他们是杰出的人物。不过没有一种是完全没有理由的。它们或者在某一点上站得住脚，或者大部分都能得到认同。"① 通过对不同行为和不同说法进行综合比较之后，亚里士多德把善分为外在的善、身体的善和灵魂的善，并将灵魂的善定为最高的善。因为人们的行为和现实活动都要受到灵魂的裁决。他认为，灵魂的快乐是最高的善。只有那些对爱好美好事物的人来说的快乐，才是本性的快乐。本性的快乐，符合德性的行为，它们是自身生活的一个部分。他说："生活并不把快乐当作附加物，像件装饰品那样，生活在其自身中就具有快乐。不崇尚美好行为的人，不能称为善良，不喜欢公正行为的人，不能称为公正，不进行自由活动的人，不能称为自由，其他方面亦复如是。这样说来，合乎德性的行为，就是自身的快乐。并且它也是善良和美好，倘若一个明智的人，如我们所说的那样，对这些问题都能做出正确的判断，他就是个最美好、最善良的人了。最美好、最善良、最快乐也就是幸福。三者是密不可分的。""所有这一切都属于最高善的现实活动，我们就把它们，或其中最好一个称为幸福。"②

亚里士多德将求得幸福的路径指为善—至善—幸福这个过程。他认为一切技术、一切实践的目的都是指向最高的善，即至善。至善是自身的满足，无待于他物。达到了至善就是达到了幸福。他还将幸福分为三种生活方式，即享乐生活、政治生活和思辨生活，区别了快乐与幸福、幸福与机遇、幸福与德性之间的差异与联系，认为幸福是合乎德性的实践活动。德性也分为伦理德性和理智德性两种。伦理德性是关涉习俗、经验和他人的关系，理智德性是涉及思辨、理智和自身的认识。理智德性是最高的和终极的德性。它为人们的选择提供明智的标准，使人们可以去做应该做的事，以此实现圆满的幸福生活目的。

亚里士多德被称为伦理学之父，世界上第一部伦理学著作就是他的《尼各马科伦理学》。在这部著作中，他从一开始就讨论人类的幸福以及

---

① ［古希腊］亚里士多德：《尼各马科伦理学》，苗力田译，中国人民大学出版社 2003 年版，第 14 页。

② 同上书，第 15 页。

与幸福相关的人类活动，由此建立了系统的伦理学幸福理论。他的这种幸福理论曾经在我们这个世界上产生过巨大的影响，也将继续影响下去，因为后来不少研究幸福的人都无法绕过他的理论，并且很少有人能够超越他，后来产生的许多幸福理论有些人只是在为他的幸福论作注脚，有的人是以他的幸福理论为基础向深远的方向发展。

近年来，无论国内外，学界与新闻界关于幸福的话题讨论和专题研究都成为热潮，人们给幸福下了各种各样的定义，但大多数都对"幸福就是对欲望的满足"这一界说持认同态度。如孟建伟先生就这样定义："幸福就是客观的物质生活和精神生活的状况和主观的满足感二者之间的有机统一。没有客观的物质生活和精神生活的状况，幸福自然就无从谈起；反之，没有主观的满足感，即便物质生活和精神生活的状况有了较大改善或进步，也谈不上真正获得了幸福。"① 这种定义具有一定的代表性。

孙英女士在其《幸福论》一书中说："我们可以这样全面地界定幸福和不幸。幸福是享有人生重大的快乐和免除人生重大的痛苦；是人生重大需要、欲望、目的的肯定方面得到实现和否定方面得以避免的心理体验；是生存发展达到某种完满和免除严重损害的心理体验。相反，不幸则是遭受人生重大痛苦和丧失人生重大快乐；是人生重大需要、欲望、目的的肯定方面得不到实现和否定方面不能避免的心理体验；是生存发展达不到完满和不能免除严重损害的心理体验。"② 她的这个定义，优点在于将幸福与不幸进行了对举，强调了实现"重大的"需要和避免"严重的"损害对人生的意义，因而就超越了那些将幸福表达为一种简单地感受的"幸福感觉"界说，从而为幸福在理论研究中打下了深厚的基础。

上述的这些看法和理论为我们捕捉幸福的本质和基本要素提供了认识的基础。

二　构成幸福的要素有多少

谈到幸福构成的要素，古今中外的人们在看法上也有很大差异。说幸

---

① 孟建伟：《教育与幸福——关于幸福教育的哲学思考》，《教育研究》2010 年第 2 期。
② 孙英著：《幸福论》，人民出版社 2004 年版，第 23 页。

福是快乐的人，认为快乐就是幸福的要素；说幸福是享受的人，认为财富就是幸福的要素；说幸福是长寿的人，认为健康就是幸福的要素。这些道理是显而易见的。然而，德性幸福论者，在讨论幸福要素的时候就不那么直接了。比如说，"美德即幸福"或者说"德性即幸福"，可是德性是个复杂概念，在古希腊，苏格拉底说德性就是知识，他还说过美德即智慧。柏拉图将智慧、勇敢、节制和正义看作四种德性。亚里士多德将德看作善。在我国的传统文化中，所谓德性，就是由道德品质修养变成自我的习性，也叫作品德或品质。德的内容十分丰富，如诚实守信、勤奋刻苦、勤俭节约、自立自强、正直善良、克己奉公、见义勇为、积极向上等行为习性都包括在其中。所以，德性只能通过人们长期的道德认知和道德实践才能养成，它是人之为人都应当具备的基本素质。这种将知识、智慧、美德和幸福相互解释、相互关联的认识方式，充分说明它们在本质上是十分相近而又相互促进的。

虽然有知识并不一定就是美德，但是，美德来源于人们良好的日常行为选择，而良好的日常行为需要有判断是非曲直和辨别善恶美丑的能力来决定。愚昧无知的人也许偶尔也能作出正确的判断，但难以作出一贯正确的判断。而美德则需要总是做出正确的事，并符合社会正常的行为规范才能形成。所以说，知识是美德养成的基本要素。幸福的创造需要有较强的智力因素来实现，知识既是提升智力、展现智慧的重要养料，也是幸福创造过程中不时之需的重要资源。若把知识、智慧和美德这三种东西作为幸福的要素，就为我们一生的幸福打下了坚实的基础。

除了德性幸福论者之外，明确提出幸福三要素、幸福四要素、幸福五要素乃至幸福十要素等的说法还有许多。

比如，提出幸福三要素者的爱尔兰作家威廉·巴克莱就有很大的影响力。他在代表作《花香满径》中说："幸福有三个不可或缺的因素：一是有希望。二是有事做。三是能爱人。"

关于希望的重要性，巴克莱讲了亚历山大大帝的故事：亚历山大大帝有一次为了表示他的慷慨，就给部下分送礼物。他给了甲一大笔钱，给了乙一个省，给了丙一个高官。他的朋友听到这件事后，对他说："你要是一直这样做下去，你自己会一贫如洗。"亚历山大回答说："我哪会一贫如洗，我为自己留下的是一份最伟大的礼物。我所留下的是我的希望。"

一个人要是失去了希望，他的生命就已经开始终结。而希望则是创造生活的动力，只要希望在，人就会不断地创造着幸福。所以，巴克莱将希望看作幸福的第一要素。

有事做，确实也是使我们获得幸福的一个不可或缺的要素。无论做任何事，农夫种田、主妇烹饪、猎人守猎或科学家研究事物，在他们所做的事中既蕴藏着他们的希望，在做事的过程中也能体验创造的乐趣，最终还能享用到创造的成果。如果被剥夺了劳动的权力，那就是人生的最大痛苦。

说到能爱人，巴克莱选择了一首他认为是最完美的祷告词：主呀！请你帮助我有力量去帮助别人。可见能爱人是一种能力，它将人的能力由助己上升到能助人的高度。

幸福六要素的创立者是哈佛大学哲学和组织行为学博士塔尔·宾－夏哈尔。他在哈佛大学开设的幸福课中，列举了幸福的六大要素：

一是快乐与意义的结合。一个幸福的人，必须有一个明确的、可以带来快乐和意义的目标，然后努力地去追求。

二是让幸福"盈利"。他认为人的情绪如坐过山车起起落落，应让正面的情绪走出负面的情绪，称为幸福的盈利。

三是幸福取决于乐观的精神状态，不怕失败。失败不是灾难而是学习的绝佳时机。

四是简化生活。简化生活可使自己赢得更多的时间以保持精力充沛。

五是身心健康。

六是拥有一颗立于不败之地、发现美好和懂得感恩的心。

夏哈尔博士正是靠他所提出的幸福六要素及其实现方法的幸福课在哈佛赢得了很高的声誉，也受到了学生们的爱戴和敬仰，被誉为"最受欢迎的讲师"和"人生导师"。他强调：幸福感是衡量人生的唯一标准，是所有目标中的最终目标。真正快乐的人，就是在自己觉得有意义的生活方式里享受它的点点滴滴。①

当代美国著名的健康心理学家戴维·迈尔斯博士将幸福归纳为十大

---

① 参见［美］塔尔·宾－夏哈尔博士《哈佛幸福课》，http://852093117.diandian.com/post/2010－07－27/15334995。

要素:

一是必须拥有健全的身体和健康的体魄,这是幸福的基石。

二是切合实际的目标和期望,这是幸福进入无限循环的内在驱动力。

三是自尊,这是幸福的支架。在家里,在外面,要懂得自己所承担的角色,不违心地贬低或奉承他人。

四是控制感情,这是幸福的规则。

五是乐观,这是幸福的源泉。

六是豁达,这是幸福的开阔地。

七是益友,这是幸福的开心果。

八是合群,人缘好,幸福自会来。在任何时候和场合,要想方设法和所在的人群和气相处,切忌自以为是。

九是挑战性的工作和活动性的消遣,这样一张一弛,才会有幸福的交替出现。

十是团队意识,这是幸福的蓄水池。①

既然幸福可以分解为不同的要素,并且有一些要素是可控的,所以就有许多人尝试对幸福进行量化估算,以比较人们的幸福程度。

幸福研究者就是通过对不同国家和地区的人们的生活状况和幸福要素分析以确定其幸福程度的。他们常常使用的数据有几种:认为自己幸福的人在人口总量中所占的比例;受过良好教育的人在人口总量中所占的比例;有信仰并经常参加宗教活动的人在人口总量中所占的比例(因为信仰是有信仰的人的普遍价值观和幸福观);有工作并对工作满意以及收入稳定的人在人口总量中所占的比例;对婚姻与家庭满意的人在人口总量中所占的比例;乐于公益事业(或称为乐善好施)的人在人口总量中所占的比例;感觉自由的人在人口总量中所占的比例等,这些要素分析说明,教育、信仰、经济收入、政治制度与道德水平都是决定人们幸福的关键因素。

"对于幸福感的测量与统计,各国心理学家、社会学家、经济学家和统计工作者已经探索多年,有了一定的理论知识和实践经验的积累。但目

---

① 参见《美国心理学家发现获得人生幸福的十个基本要素》,《新民晚报》2010 年 1 月 19 日。

前尚没有公认的幸福感测量工具或者幸福指数指标体系。"① 在当代幸福的度量研究中，影响较大的研究者有两大类：第一类以经济学研究为代表，侧重度量宏观总体的幸福程度，典型方法为核算国民幸福总值。第二类以心理学研究为代表，侧重度量微观个体的幸福感，常用方法为幸福指数。幸福指数测量方法主要通过发放幸福感量表，对受访者反馈的信息进行统计处理，以推断相关群体的幸福状况。

较早对幸福进行量化研究的人是美国当代经济学家保罗·萨缪尔森。他提出了一个幸福方程式：幸福＝效用÷欲望，通过计算结果来判断，若结果小于 1 则不够幸福，大于或等于 1 则是幸福的，并且结果的数值越大就越幸福。效用是指从消费物品中所得到的满足程度，是对欲望满足与否的感觉。效用的大小是一种主观感受，它因人、因时、因地而不同。而欲望则是一种缺乏的感觉与求得满足的心态，每个人的欲望因观念的不同所期望的层次也不同，所以同处一种环境中，幸福与不幸福也因人而异。这个方程式表明：人的物质消费越多，欲望越小，幸福就越大。这个幸福方程中包含了我们中国古话中"知足常乐"的幸福观。

近年来国际上流行的一种幸福指数计算方法最早来源于不丹。1972年，不丹国王旺楚克提出，政策应该关注国民幸福，并应以实现幸福为目标。他认为，人生基本的问题是如何在物质生活和精神生活之间保持平衡。在这种执政理念的指导下，不丹创造性地提出了"幸福指数"这个概念：由政府善治、经济增长、文化发展和环境保护四级组成。这个概念包含的要素后来被人们称为"国民幸福总值"（GNH）指标。计算幸福的人们便根据这个标准对人们的生活状态进行量化评价。但是，由于幸福概念中存在着大量的模糊因素，人们在运用该指标的过程中总会发现这样或那样的问题，就不断地对其进行改进或创新。比如，英国在计算中考虑了社会、环境成本和自然资本的因素，将其改为"国民发展指数"（MDP）。日本为了强化文化在社会发展中的重要性采用了国民幸福总值（GNC）指标。1990 年联合国开发计划署在其年度发展报告中，将测量人类发展指数的方法由单纯的国内生产总值（GDP）调整为人的预期寿命、成人识字率和人均 GDP 的对数、生存环境以及自由程度等指标来测度世界各国的综

---

① 刘凡：《你有多幸福——漫谈幸福、幸福感及幸福指数》，《调研世界》2012 年第 11 期。

合发展水平。特别是将前三项指标用来分别反映人的健康水平、知识水平和生活水平，认为只有通过这些指标才能全面衡量出一个国家的综合国力。

还有学者声称，他们在方法论中找到了衡量幸福的主观方法和客观方法。如美国国家经济研究局在 2011 年 1 月发表了由美国智库经济学教授戴维·布兰奇弗劳尔和英国华威大学经济学教授、英国经济与社会科学研究理事会理事安德鲁·奥斯瓦尔德合写的一份题为《国际幸福》的报告，其中说这份成果通过收集和分析国际数据及其样本得出结论：目前许多国家数据中得到具有说服力的主要模式如下：幸福的人们大多是年轻人和老年人（而不是中年人）、富人、受过良好教育的人、已婚者、有工作的人、健康的人、锻炼身体的人、饮食包括大量水果和蔬菜的人以及身体苗条的人。幸福的国家大多数是富有的、人口受教育程度高、居民的相互信任度高和失业率低的国家。

在我国，注重幸福指数研究与计算的学者也有不少。2005 年，在全国"两会"期间，中国科学院院士程国栋曾向"两会"提交了一份题为《落实"以人为本"，核算"国民幸福指数"》的提案。他认为，这个提案能够增加或提高人们对幸福的认识，从而创造一个可持续发展的社会。他建议，我国应从国家层面上构建出由政治自由、经济机会、社会机会、安全保障、文化价值观、环境保护六类要素组成的国民幸福核算指标体系。他的这个提案后来受到了多个领域的学者的呼应，推动了国内在衡量幸福方面的研究。

虽然人们对各种衡量幸福的方式并不完全赞同，认为他们所计量出的幸福含有各种各样的杂质或水分。但是，也有人认为，幸福是主观的，数据是客观。幸福指数就是将主客观成分进行科学适度的配比。客观取向的幸福感测量指标包括人均 GDP、就业和失业率、恩格尔系数、基尼系数和通货膨胀率等；而主观取向指标，则包括人们对生活的满意度等主观评价指标，都是有一定科学依据的。"幸福指数作为衡量百姓幸福感的指标，一方面，它可以监控经济社会运行态势，是社会运行状况和民众生活状态的'晴雨表'；另一方面，还可以了解民众的生活满意度，也是社会发展和民心所在的'风向标'。"① 这些计量幸福的理论和方法对于创造人

---

① 刘凡：《你有多幸福——漫谈幸福、幸福感及幸福指数》，《调研世界》2012 年第 11 期。

类幸福具有多方面的意义。它既可为世界各国尤其是发展中国家制定发展政策提供依据，也有助于发现社会发展中的薄弱环节，为经济与社会发展提供预警，同时还可为创建国家幸福提供决策依据。通过国家的力量运作便能为全体国民创造更多的幸福，以使国家整体走向幸福。

近来在幸福的话题中还有一个设问：我的幸福谁做主？要回答这个问题，还真有些难度。江苏卫视的《人间》栏目，还有一些散文作家、小说家都曾围绕着这个问题展开过讨论。这个问题之所以能够引起大家的注意，在于它确实是一个值得讨论的重要问题。我们分析幸福的要素时，还必须说一说幸福要素中不可控的方面，这就是我们的幸福究竟能不能自己做主的问题。

人生的幸福确实存在着大量难以预料的东西，它包含了知识的、智慧的、德性的、文化的、经济的、政治的、环境的各种复杂要素，涉及自然的、社会的、国家的、家庭的与个人的各个方面。因此，在个体的幸福中就存在着幸运与不幸这个无法绕开的问题。

通常我们总是认为幸福是不幸的反义词，其实这是一种过于简单的说法。应该说，在幸福中只有幸运才是与不幸相对立的词汇。因为幸运与不幸在大多数情况下是未经本人的愿望和行为选择而意外得到的，人们常称它为天意，或者说是好运气或坏运气。无论古今中外，确实有许多幸运和不幸的人。比如长相漂亮、出身富贵、飞来横财等为幸运的人，而少年丧父、中年丧妻、老年丧子、飞来横祸等都被为是不幸的人。这些不幸与本人的行为对错毫无关系，所以才能得到人们的同情而被称为"不幸"。若是自我招致的灾祸，通常被看作罪有应得。在很多情况下，个人往往难以左右自己的幸福，而被许多外在的环境条件或社会原因所左右。比如，贫困、无知、疾病、失业、离异等复杂问题也常常使个体无力与之对抗。而对于那些我们能够把握住的幸福要素，我们每个人都应该积极主动地去追求。如熊培云先生的《我的幸福谁做主？》一文中所说："'我的幸福我做主'。这句话有两层含义：一是每个人的幸福都应该靠自己去争取；二是每个人都应该是自己是否幸福的最后判定者。幸福既非来自官方的定义与 GDP 指标，也不仰仗专家学者演算、推理的幸福指数；既非某些文艺节目里虚张的热情洋溢，也不是网上处处弥漫的悲观，而在于你每一天具体感受的累积。幸福是个体感受出来的，而不是机构或别人分析出来的。"① 除了客观上存在的难以驾驭的因素之外，从主观上去争取和感受幸福的见解，应该是一种较高的见地。

三　通往幸福之门的途径在哪里

通过分析幸福要素，我们看到，在人生的幸福中有许多方面是可以自己做主的。这些通过努力可以达成的幸福有不同的类型。不同类型的幸福就有不同的致福路径。如果我们弄清楚了幸福的类型，选好了通往幸福的路径，以坚定的信心进入幸福之门，我们便可与幸福终生结缘，成就幸福的人生。

我们知道，在现实社会生活中，由于人们的欲望千奇百怪，比如，希望婚姻幸福者、希望子女成材者、希望升官发财者、希望身体健康者、希望学业有成者、希望拥有智慧者、希望事业成功者等，他们的幸福之门与求福之路是各不相同的，他们所获得的满足感也是各不相同的，所以就有了各种各样的幸福类型。俗话说，福由自求，求福得福。这里我们选择出五家幸福之门，来探讨我们的求福之路究竟在哪里。

其一是德性的幸福之门。北宋学者张载说："德者福之基，福者德之致。"② 即认为德性是获得持久幸福的基础，幸福就是由道德达成的。道德实践就是实现幸福的可靠途径。中国古人的"德"与"得"相通，"德者，得也"说明德中是有利益的。不过"德"又经常与"道"住在一起，合称为"道德"。"道"有规律、规则、道路的意思，即讲究得之有道。得又常常与舍连在一起，先舍后得，称为"舍得"，舍为付出，得为收获。只有付出，才能收获。无舍求得，即为"缺德"。若是付出较少，得到极多或有了收益不知珍惜，奢侈浪费，即为"损德"。

在伦理学中，"德"的功能和最终目标都是引导人们过一种"应当"的幸福生活。凡是应当的需要，都应当通过正当的途径去实现。因此，我们说幸福这个概念与智慧一样，也是有立场的。如果不以正当的手段获取，或者是把自己的幸福建立在他人痛苦之上，不仅不是幸福，而且是恶

---

① 熊培云：《我的幸福谁做主？》，《中国图书评论》2011 年第 3 期。

② （宋）张载：《张载集》，中华书局 1978 年版，第 32 页。

的表现。比如，通过偷盗、贪污、侵占或杀人越货等非正当手段获取财富者，可能会得到一时的物欲满足，但往往会因"福"得祸，必然会受到严酷的惩罚。所以人们说，德是万福之源，唯有有德行的人才能得到真正的幸福并配享永久的幸福。

若说幸福是欲望的满足，而老渔婆的故事众所周知。人们的欲望总是呈无限膨胀的发展趋势，住上了草屋的人最后还想住进宫殿里。于是道德自觉的人常常则善于调节自我的需要，将其限制在适度的范围之内。老子说："罪莫大于可欲，祸莫大于不知足，咎莫大于欲得，故知足之足，常足矣。"① 所谓知足，就是提醒人们应当把自身需要和个人欲望（利益）限制在一定的范围之内，或者说，把生活目标限定在适度的层面，由此才可能避免因欲望的不断膨胀而引发各种冲突和不幸。古人将老子的训诫发展为成语"知足常乐"，它的内在含义或许就在于将幸福和"适度"的生活目标联系起来，才有可能实现幸福。罗素曾说："一种快乐的人生，在相当程度上是恬静淡泊的，因为往往在恬静淡泊的氛围中，真正的快乐才能常住。"② 淡泊的心境、简朴自然的生活可以使人保持长久的幸福。不过分追求物质享受，就不用汲汲营营终日，为追求功名利禄所累。反之，若是欲望太多，难以实现，必然会平添许多烦恼；欲望太多，也往往容易迷失自我，不知道自己究竟需要什么，必然要为太多的奢望所羁绊，变成功名利禄的奴隶，便失去了本真，也就失去了简朴的幸福生活。因此有人说，一个人若是缺乏道德约束，物欲横流，得陇望蜀，贪得无厌，终将因心理负担过重损害健康，或者遭人唾弃而与幸福无缘。

其二是创造的幸福之门。幸福是需要的满足。只要我们活着，就需要有衣食住行的最低消费，必要的物质财富既是我们生存的基本条件，也是人生发展的必然要求。如果一个人经常为了生存四处奔波，过着食不果腹、衣不蔽体、居无定所的生活，他可能会因为吃顿饱饭而快乐，因为有了件取暖的衣物而快乐，但绝不可能会有稳定而又持久的幸福感。所以说，幸福须有一定的物质财富作为客观基础。而世界上所有的物质财富都是人类通过劳动创造出来的。即便是直接采用大自然已有的东西，也需要

---

① 《道德经》第46章，文渊阁四库全书电子版。

② ［英］罗素：《快乐哲学》，王正平、杨承滨译，中国工人出版社1993年版，第3页。

我们去寻找、去辨别、去采集，而那些经过了我们智力加工的人类文化产品中所蕴含的劳动创造就更多了。劳动创造世界，劳动创造幸福的确是个永恒的真理。当然，也有人看到不同的情况："地主不劳动粮食堆成山"，在有阶级的社会里，劳动者不得食的现象也是常有的，但那是个社会的政治问题，需要在政治学展开讨论，并不符合幸福的一般定律。幸福中有一条定律说，人们获得幸福的经历越曲折越艰难，他获得的幸福感就越大。渴求度是与幸福感成正比的。如果一个人长期不经过艰难困苦的劳动过程，在没有痛苦体验的情况下就过着衣食无忧的豪华生活，他也就没有多少幸福的感觉。所谓"苦尽甘来"就是说甜的滋味既是与苦对比出来的，也是经过了困苦的创造过程之后所得到的，因此才能产生幸福的感觉。一个若是未经创造就能充分享有财富，"结果是对任何其他事物的影响便麻木不仁。他们对理智的高度幸福概无能为力，就只有沉迷在声色犬马中，任意挥霍，求得片刻的感官享受"。①

有人问，为什么追求幸福的人多，得到幸福的人少，台湾安详禅的创立者耕云禅师回答说，因为获得幸福是有条件的，幸福是必须付出代价的。那些没有任何追求、不会创造、不付出代价的人，常常百无聊赖，只是任意享用财富甚至任意挥霍财富，他们所获得的只是感官的一时之足，而不能在精神上得到升华，更不能得到社会的正面评价，人们往往将其看作一个寄生虫，因而就失去了做人的快乐和意义，他们的生活当然也就不能说是幸福的。斯宾诺莎说："当人心沉溺于感官快乐，直到安之若素，好像获得了真正的幸福时，它就会完全不能想到别的东西。但是当这种快乐一旦得到满足时，极大的苦恼立刻就随之而来。"② 世上有不少幸运儿都是沉浸在纸醉金迷的糜烂生活里被毁掉了。因此有人将"生在豪门，少年得志与飞来横财"看作人生的三大不幸。这个说法虽然看起来有点儿像是调侃，但考察历史，就会知道在幸福与不幸的转化中确实存在无数的事实。正所谓"祸兮福所倚，福兮祸所伏"，这里边蕴藏着深奥的辩证法。所以，我们强调创造的重要意义，唯有不断地创造才能不断地给我们的生命注入活力，才能给我们生命赋予价值，唯有能创造的人才能得到世

---

① ［德］叔本华：《人生的智慧》，韦启昌译，中国工人出版社1988年版，第7页。

② ［荷］斯宾诺莎：《知性改进论》，贺麟译，商务印书馆1960年版，第18页。

人的肯定和尊重，唯有创造才能真正地营造出幸福的生活。

每个身心健康的人都有一定的劳动能力，但要想使我们的劳动成为幸福的体验，就不能像磨道中的驴，只会往固定的道路上奔跑，只会进行简单的重复劳动。幸福的体验常常表现在创造性劳动中，我们会因为自己的新发现和新发明而惊喜不已。要创造，要发现，要发明，都需要由丰富的知识和智慧来支撑。所以，我们把各种各样的教育和自我学习看作追求幸福的可靠途径。因为人们的幸福生活主要来源于我们对各种自然资源和社会资源的正确认识和创造性利用。联合国教科文组织总干事伊琳娜·博科娃在第六届国际成人教育大会上的致辞中曾提出：“不论在人生的哪个阶段，教育都具有可塑性，个人通过教育的知识和技能能更好地改善他的生存环境。”① 在教育的视域下观察人生幸福，我们发现，开发人的才智能力是创造的前提，获得了强大的创造力就等同于开掘了人生幸福的不竭源泉。

其三是智慧的幸福之门。古人说：“祸福无门，唯人所召。”② 这句话指的是灾祸和幸福都不是预先设定的，而是人们自己选择的结果。愚昧无知常常容易招致灾祸，聪明智慧则能够引导人们遇事作出正确的选择。当人生面临重大转机的时候，选择决定命运。正确的选择可以帮助我们打开幸福之门，错误的选择就有可能让人跌入不幸的深渊。

人类的幸福水平是随着选择能力的增长而不断提升的。当代美国积极心理学的创立者马丁·塞利格曼在他的《追求“幸福”的五要素》一文中，将人们对幸福的认识和选择划分为五个不同的阶段，其中他借用了尼采对人类成长三阶段的说法：第一阶段为“骆驼阶段”。骆驼只会坐在那里呻吟并忍受一切；第二阶段为“狮子阶段”。狮子会说“不”——对贫穷说“不”，对暴政说“不”，对瘟疫说“不”，对愚昧说“不”；第三个阶段为“婴儿阶段”。婴儿会问：我们可以对什么说“是”呢？什么可以得到所有人们的肯定呢？

随着人类智慧的成长，在后期的两个阶段里，人们不仅知道对什么说

---

① ［保加利亚］伊琳娜·博科娃：《成人教育：二十一世纪之钥》，杨勇、黄新春译，《世界教育信息》2010 年第 4 期。

② 《左传·襄公二十三年》，文渊阁四库全书电子版。

"是"，对什么说"不"，并且也知道了什么是幸福、幸福里面包含了多少内容。为了表明人类智慧的发展，塞利格曼将后两个阶段里人们对幸福认识的变化展区分为幸福 1.0 和幸福 2.0 两种理论，并创立了积极幸福论。

在幸福 1.0 理论中，塞利格曼说："按照我个人的理解，'幸福'应该由三个不同的元素组成——积极情绪、投入的人生和有意义的人生。这三个元素都比'幸福'更容易感知和测量。"① 在幸福 1.0 理论中，人们所关注的是"生活满意度"，并要求提升"生活满意度"。但是，塞利格曼发现，幸福 1.0 有三个不足的地方，经过对幸福的重新思考，他在原来的三要素中添加了成就和人际关系两个元素，将幸福 1.0 理论提升为幸福 2.0 理论。他说："我认为，幸福 2.0 理论中有五个元素必不可少，即：积极情绪、投入、意义、成就、人际关系。"他还将原来衡量幸福的黄金标准"生活的满意度"调整为"人生的蓬勃程度"。然后塞利格曼利用幸福 2.0 理论回答了尼采的提问："此时如果我们重新思考幸福的含义，或许我们会对更多的积极情绪说'是'，会对更多的投入说'是'，会对更好的人际关系说'是'，会对生命中更多的意义说'是'，会对更多的积极成就说'是'，会对更多的幸福说'是'。"② 他的结论告诉人们，随着人类智慧的成长，我们已经不再像骆驼那样默默忍受，也不再像狮子那样只会怒吼，我们已经超越了婴儿的疑问阶段，能够正确地辨别是非，已经懂得以积极的心态去博取幸福并获得人生的蓬勃发展。

若用"满足感"和"人生的蓬勃发展"这样的概念来界定幸福的话，人的一生一直都需要寻求和选择能够满足自己需要并支撑自己蓬勃发展的东西。因为营造幸福的生活需要许多原料：健康、快乐、爱情、亲情、友情、信任、尊重、德性、知识、自由、成功、安全、财富等都是幸福生活中不可或缺的要素。我们如何得到这些要素并使之不断丰富呢？这就要求我们能在心灵中点燃一盏长明的智慧烛光，以便于我们能作出正确的分辨，选择出适宜我们营造幸福生活的材料。人们的判断越是正确，我们的选择越是精美，我们所营造的幸福生活就越是甜蜜。若是像蒙了眼睛在磨道奔驰的蠢驴那样，不加思考，不加选择，只是忙着奔跑，那就难以体味

① ［美］马丁·塞利格曼：《追求"幸福"的五要素》，《人力资源》2013 年第 1 期。
② 同上。

到人生道路上的幸福感觉。

其四是社会的幸福之门。社会幸福是与个人幸福相对应的一个范畴。社会是我们大家的集合体，无论任何时代、任何社会，个人总是寄附在这个群体之中。社会环境、社会秩序、社会政治、社会经济与社会文化生活设施都直接关联到我们个体的幸福程度。没有社会整体幸福作为基础和保障，个人要想获得幸福不仅十分困难，即便是获得了幸福也会因为社会的外在原因而受到破坏，使我们的幸福难以持久。

与社会幸福相对应的概念是社会黑暗。黑暗的社会，恶人当道，强权即理，道德无序，是非颠倒，正义难以伸张，公平无处寻觅，劳动者不得食，财富由少数人控制，暴徒横行，善良者常受欺辱，普通百姓平安不保，幸福也就成了难以实现的美梦。当我们在讨论德性幸福的时候，许多人都认为，有德有福，无德无福，德福一致。但是，却有许多人提出了反例，因为在历代的社会现实生活中有许多人为了真理、正义和社会的幸福而受到不公正的待遇反遭不幸。这种德福相悖的现象确实让许多德性幸福论者无力回应。在德福相悖的环境条件下，不仅社会整体幸福难以实现，也给追求幸福的个体带来了难以逾越的障碍。

如何解决德福相悖的困境？需要借助政治哲学、道德哲学和政治经济学等理论来支撑，而历史学也就可以让我们明白，任何一个黑暗的社会都是短命的。"水能载舟，亦能覆舟"就是对物质运动规律的认识。当一个社会不能维持基本的公平正义之时，其统治集团就失去了生命的活力而被颠覆。赵细康先生说："社会之所以存在，在于有一套复杂的社会规则来联系你我他。这套规则在很大程度上决定了个人的幸福程度。只有在一个基本公正的社会中，个人幸福才有实现的可能，个人培养正确的幸福观才有可能变为现实。同样，只有生活在这个社会中的成员感到人生存在幸福的可能性，这个社会才可能被称为是公正的。如果一个社会总是君子受难，小人得利，投机者获利，老实人吃亏，生活在这样的社会肯定难以幸福。因此，幸福是个体幸福与社会幸福的有机统一。正因为如此，才有党和政府为人民谋幸福的政治承诺，同样，只有为人民谋幸福者，才能赢得人民的尊重、爱戴，才会有执政的合法性。"①

---

① 吴敏：《建设幸福社会不是对人民的恩赐》，《南方日报》2011 年 7 月 5 日。

　　如何才能使社会幸福呢？有许多人都认为，创建社会幸福是国家和政府的责任，我们个人无能为力。每个国家和她的政府应该成为民众基本生活的保障者、公平正义制度的提供者。政府在施政的过程中应该为她的国民提供优良的生活条件，应该创造出和谐安定的社会环境，应该注重人们的幸福体验，关注民生，通过各项措施使人们都能过上幸福的生活，让人民生活得更加幸福、更有尊严，让社会更加公正、更加和谐。但是我们知道，社会幸福是我们的共同幸福。共同的幸福不是哪一个人或哪一个机构就能够承担得起的重任。我们要想营建一个合理而又幸福的社会，就应该有全体公民的共同参与，人人作出奉献，才能实现这个远大的目标。正如梁桂全先生所说："幸福不是党和政府对人民的恩赐，而是由人民共创共享的良性循环。"[1] 要想实现幸福共创共享的良性循环，就需要我们的国家和政府成为英明的决策者和组织者，设定理想的幸福目标，率领全体国民为幸福的生活愿景而共同奋斗。

　　其五是重启的幸福之门。所谓重启的幸福之门，是指人们在离开幸福之后的回归。当今有一种重启幸福之门的幸福魔方理论，对于修复或找回失去的幸福很有意义。"魔方"原是个极具挑战性和诱惑力的儿童玩具，它能给人们带来立体感和多要素思维。当人们打乱了魔方原有的完整图景而试图复原时，则需要反复转动才能修复。人们将在生活中遇到的疑难问题比作魔方，它暗喻着人们在思考幸福时的各种困惑。我们如何旋转这个魔方才能重启幸福之门而获得完满人生呢？

　　"幸福魔方"确实是个具有借鉴价值的比喻。人生的幸福很像魔方，打乱它极其容易，而要想复原却有难度，需要有智慧、勇气和恒心才能回到原地。人们的幸福就是这样，稍有不慎便会丢失。在人生的道路上有许多人曾经拥有幸福，但没有加以珍惜就失去了。比如，夫妻反目、亲戚成仇、健康时暴食暴饮或毫无锻炼意识而损坏了健康，或者是平时行为盲目而失足甚至犯下罪行等，都有可能打破我们原有的自由而又安宁的幸福。这样的现象在现实生活中比比皆是。

　　2010 年 1 月初，上海东方卫视推出一栏情感类节目叫作《幸福魔方》，在短短两个月内就进入全国同时段收视率的前两名。许多人将其誉

---

① 吴敏：《建设幸福社会不是对人民的恩赐》，《南方日报》2011 年 7 月 5 日。

为电视版的"知音",认为它能反映中国社会在城市化进程中的人与人的关系,挖掘人间真善美和内心深处的情感,因而获得了较多的好评。节目中的人与事都来自现实生活中的普通百姓,他们曾经拥有幸福,但因各种各样的问题将幸福丢失了。为了追求幸福或者重新找回幸福,便通过电视中设计的魔方启示重新进行沟通,使身陷魔屋的人超拔出来。常言说,当局者迷,旁观者清。魔方栏目的策划者就是立足于这个基点,在使那些陷入困局内难以自拔的人受到教育的同时,让局外人通过他人的困顿镜像来提醒自己。幸福魔方的导演者组织了心理辅导师和调解人协助当事人解决问题,通过对话、协调、协作、纠错、感恩、施爱、救助、复原等方法帮助当事人化解恩怨,从而使幸福失而复得。

所谓重启幸福之门,便是找到那份丢失了的幸福。《幸福魔方》并不只是企图以当事人复杂的情感故事来打动观众,而在于生活中的魔方问题普遍存在,它提醒人应在日常生活中对幸福多加呵护,幸福一旦打破,还要想办法来修复。任何失而复得的东西都能产生幸福感,幸福失而复得,便是不幸中的万幸。

幸福与不幸常常是近邻,人们除了能把握它的那些基本生成要素之外,也还存在着许多难以控制的东西。培根说:"智者不可夸耀自己的成功,他们把光荣归功于'命运之神'。事实上,也只有伟大人物才能得到命运的保护,恺撒对暴风雨中的水手说:'放心吧,有恺撒坐在你的船上!'而苏格拉底则不敢自称为'伟大',只称自己为'幸运的'。从历史上可以看到,凡把成功完全归于自己的人常常得到不幸的终局。"① 所以说,幸福与智慧在谦逊与神秘性方面都十分相似。我们每个人都不敢自恃拥有幸福,任何时候都应该保持着智者的清醒。因为人在自然的面前是弱小的,在复杂的社会生活中也蕴藏着许多杀机,稍有不慎,幸运女神便会从我们的身边悄然溜走并带走我们那珍贵的幸福。不过,培根又说:"幸运的机会好像星河,它们作为个体是不显眼的,但作为整体却光辉灿烂。同样,一个人也可以通过不断的努力得到幸福,这就是增进美德。"② 因此,我们应该不断学习各种知识并积极地组织各种知识,以丰富我们的人

---

① [英]弗·培根:《人生论》,何新译,华龄出版社 2001 年版,第 93—94 页。

② 同上书,第 93 页。

生智慧并促进美德的生成。智慧是美德的密友。由智慧和美德共同守护我们的幸福，也许我们就能够成为幸福的人。

　　幸福积累能够"盈利"。在人生的不同阶段，人人都会获得各种各样的幸福感觉，但想成为一个幸福的人却需要持续地聚积幸福，将那些点点滴滴的幸福感觉组织起来，使其形成一种乐观的习性以战胜生活中的烦恼与痛苦并达到幸福"盈利"的程度，也许这样我们就能成为幸福的人。

参考文献

1. 《尚书》，文渊阁四库全书电子版。

2. 《道德经》，文渊阁四库全书电子版。

3. 《易经》，文渊阁四库全书电子版。

4. 《韩非子》，文渊阁四库全书电子版。

5. 《礼记》，文渊阁四库全书电子版。

6. 《论语》，文渊阁四库全书电子版。

7. 《荀子》，文渊阁四库全书电子版。

8. 《周礼》，文渊阁四库全书电子版。

9. 《庄子》，文渊阁四库全书电子版。

10. 《左传》，文渊阁四库全书电子版。

11. （汉）司马迁：《史记·滑稽列传》，文渊阁四库全书电子版。

12. （汉）班固：《汉书》，中华书局1959年版。

13. 《郝氏续后汉书》，文渊阁四库全书电子版。

14. （三国·魏）刘劭：《人物志》，文渊阁四库全书电子版。

15. （南朝宋）范晔：《后汉书》，文渊阁四库全书电子版。

16. （南朝宋）裴骃：《史记集解》，文渊阁四库全书电子版。

17. （唐）房玄龄等：《晋书》，文渊阁四库全书电子版。

18. （唐）魏征等：《隋书》，中华书局1985年版。

19. （五代）王定保：《唐摭言》，文渊阁四库全书电子版。

20. 《张载集》，中华书局1978年版。

21. （宋）邵雍：《观物内篇》，文渊阁四库全书电子版。

22. （宋）宋祁、欧阳修等：《新唐书》，文渊阁四库全书电子版。

23.（宋）夏僎：《夏氏尚书详解》，文渊阁四库全书电子版。

24.（元）马端临：《文献通考》，文渊阁四库全书电子版。

25.（元）脱脱等：《宋史》，文渊阁四库全书电子版。

26.（明）王志长：《周礼注疏删翼》，文渊阁四库全书电子版。

27.（明）夏良胜：《中庸衍义》，文渊阁四库全书电子版。

28.《钦定礼记义疏》，文渊阁四库全书电子版。

29.（清）陆世仪：《思辨录辑要》，文渊阁四库全书电子版。

30.（清）钱大昕：《元史》，文渊阁四库全书电子版。

31.（清）秦蕙田：《五礼通考》，文渊阁四库全书电子版。

32.（清）王夫之：《周易外传》，文渊阁四库全书电子版。

33.（清）王心敬：《丰川易说》，文渊阁四库全书电子版。

34.（清）张之洞：《张文襄公奏稿》，民国九年（1920）铅印本。

35.［古罗马］扬布里柯、［古罗马］波爱修：《哲学规劝录·哲学的慰藉》，詹文杰、朱东华译，中国社会科学出版社 2008 年版。

36.《德谟克里特著作残篇》，见《西方思想宝库》，吉林人民出版社 1988 年版。

37.［古希腊］亚里士多德：《伦理学》，见《西方思想宝库》，吉林人民出版社 1988 年版。

38.［古希腊］亚里士多德：《尼各马科伦理学》，苗力田译，中国人民大学出版社 2003 年版。

39.［德］马克思、恩格斯：《共产党宣言》，1893 年，意大利版。

40.《马克思恩格斯全集》第 1 卷，人民出版社 1979 年版。

41.［德］弗里德里希·威廉奥斯特瓦尔德：《自然哲学概论》，何兆武、李醒民译，华夏出版社 2000 年版。

42.［德］鲁道夫·卡尔纳普：《世界的逻辑构造》，陈启伟译，上海译文出版社 2008 年版。

43.［德］叔本华：《人生的智慧》，韦启昌译，中国工人出版社 1988 年版。

44.［法］埃德加·莫兰：《复杂思想：自觉的科学》，陈一壮译，北京大学出版社 2001 年版。

45. ［法］德日进：《人的现象》，范一译，辽宁出版社 1997 年版。

46. ［法］费尔南·布罗代尔：《文明史纲》，肖昶等译，广西师范大学出版社 2003 年版。

47. ［法］孔多塞：《人类精神进步史表纲要》，何兆武、何冰译，江苏教育出版社 2000 年版。

48. ［法］让-弗朗索瓦·利奥塔：《后现代状况：关于知识的报告》，三联书店 1997 年版。

49. ［法］大卫·马金森主编：《世界社会科学报告》，黄长著等译，社会科学文献出版社 1999 年版。

50. ［荷］斯宾诺莎：《知性改进论》，贺麟译，商务印书馆 1960 年版。

51. ［美］A. 班杜拉：《思想和行动的社会基础——社会认知论》（上册），林颖等译，华东师范大学出版社 2001 年版。

52. ［美］F. 博厄斯：《种族的纯洁》，《亚洲》第 40 期（1946 年 6 月）。

53. ［美］M. N. 李克特：《科学是一种文化过程》，三联书店 1989 年版。

54. ［美］爱德华·奥斯本·威尔逊：《论契合：知识的统合》，田洺译，三联书店 2002 年版。

55. ［美］彼得·M. 布劳、W. 理查德·斯科特：《正规组织：一种比较方法》，夏明忠译，东方出版社 2006 年版。

56. ［美］彼得·赖尔、艾伦·威尔逊：《启蒙运动百科全书》，刘北成、王皖强编译，上海人民出版社 2004 年版。

57. ［美］戴尔·卡耐基：《生活的智慧》，程逸编译，学林出版社 2002 年版。

58. ［美］丹尼尔·坦纳、劳雷尔·坦纳：《学校课程史》，崔允漷等译，教育科学出版社 2006 年版。

59. ［美］房龙：《人类的解放》，刘成勇译，河北教育出版社 1992 年版。

60. ［美］理查·罗蒂：《哲学与自然之境》，李幼蒸译，三联书店

1987 年版。

61. ［美］乔治·萨顿：《科学史和新人文主义》，陈恒六、刘兵、仲维光译，华夏出版社 1989 年版。

62. ［美］斯蒂芬·P. 罗宾斯、蒂莫西·A. 贾奇：《组织行为学》，李原、孙健敏译，中国人民大学出版社 2008 年版。

63. ［美］斯塔夫里阿诺斯：《全球通史》，吴象婴、梁赤民译，上海社会科学院出版社 1999 年版。

64. ［美］雅·布林斯基：《科学进化史》，李斯译，海南出版社 2002 年版。

65. ［美］华勒斯坦等：《开放社会科学：重建社会科学报告书》，刘峰译，三联书店 1997 年版。

66. ［美］华勒斯坦等：《学科·知识·权力》，刘健芝等编译，三联书店 1999 年版。

67. ［美］伊曼纽尔·沃勒斯坦：《转型中的世界体系：沃勒斯坦评论集》，路爱国译，社会科学文献出版社 2006 年版。

68. ［美］约翰·杜威：《评价理论》，冯平、余泽娜等译，上海译文出版社 2007 年版。

69. ［美］约翰·杜威：《确定性的寻求》，傅统先译，上海人民出版社 2004 年版。

70. ［美］朱丽·汤普森·克莱恩：《跨越边界——知识　学科　学科互涉》，姜智芹译，南京大学出版社 2005 年版。

71. ［日］池田大作、［俄］V. A. 沙德维尼兹：《学是光——文明与教育的未来》，刘焜辉译，正因文化事业有限公司 2009 年版。

72. ［英］阿克顿：《自由与权力》，侯健、范亚峰译，商务印书馆 2001 年版。

73. ［英］阿兰·谢里登：《求真意志——密歇尔·福柯的心路历程》，尚志英、许林译，上海人民出版社 1997 年版。

74. ［英］贝弗里奇：《科学研究的艺术》，陈捷译，科学出版社 1979 年版。

75. ［英］查·帕·斯诺：《对科学的傲慢与偏见——查·帕·斯诺演讲集》，四川人民出版社 1987 年版。

76. ［英］弗·培根：《人生论》，何新译，华龄出版社 2001 年版。

77. ［英］怀特海：《教育的目的》，徐汝舟译，三联书店 2002 年版。

78. ［英］卡尔·皮尔逊：《科学的规范》，李醒民译，华夏出版社 1998 年版。

79. ［英］罗素：《社会改造原理》，张师竹译，上海人民出版社 2001 年版。

80. ［英］罗素：《快乐哲学》，王正平、杨承滨译，中国工人出版社 1993 年版。

81. ［英］罗素：《人类的知识——其范围与限度》，张金言译，商务印书馆 1983 年版。

82. ［英］罗素：《西方哲学史》，何兆武、李约瑟译，商务印书馆 1977 年版。

83. ［英］麦克尔·卡里瑟斯：《我们为什么有文化》，陈丰译，辽宁教育出版社 1998 年版。

84. ［英］米歇尔·D. 迈克马斯特：《智能优势：组织的复杂性》，王浣尘等译，四川人民出版社 2000 年版。

85. ［英］特里·伊格尔顿：《二十世纪西方文学理论》，北京大学出版社 2007 年版。

86. ［英］约翰·齐曼：《真科学》，曾国屏译，上海科技教育出版社 2002 年版。

87. ［英］约翰·洛克：《教育漫话》，傅任敢译，教育科学出版社 1999 年版。

88. 编委会：《中国近代教育史料汇编》（高等教育），上海教育出版社 1993 年版。

89. 《蔡孑民先生言行录》，广西师范大学出版社 2005 年版。

90. 蔡仲：《后现代相对主义与反科学思潮》，南京大学出版社 2004 年版。

91. 陈学恂、陈景磐等：《清代后期教育论著选》（下册），人民教育出版社 1997 年版。

92. 费孝通：《人文价值再思考》，见乔健等主编《社会科学的应用与中国现代化》，北京大学出版社 1999 年版。

93. 胡伟希：《转识成智——清华学派与 20 世纪中国哲学》，华东师范大学出版社 2005 年版。

94. 黄枬森主编：《马克思主义哲学体系的当代构建》（下册），人民出版社 2011 年版。

95. 贾馥茗：《教育伦理学》，五南图书出版股份有限公司 2004 年版。

96. 金以林：《近代中国大学研究》，中央文献出版社 2000 年版。

97. 康有为：《长兴学记》，广东高等教育出版社 1991 年版。

98. 李国钧、王炳照总主编，宋大川、王建军著：《中国教育制度通史》二卷（魏晋南北朝隋唐），山东教育出版社 2000 年版。

99. 林语堂：《人生的盛宴》，湖南文艺出版社 1988 年版。

100. 刘简：《中文古籍整理分类研究》，文史哲出版社 1978 年版。

101. 刘仲林：《现代交叉科学》，浙江教育出版社 1998 年版。

102. 罗青：《什么是后现代主义》，台湾五四书店有限公司 1989 年版。

103. 美国科学工程与公共政策委员会：《怎样当一名科学家：科学研究中的负责行为》，刘华杰译，北京理工大学出版社 2004 年版。

104. 孟继民：《资源型政府：公共管理的新模式》，中国人民大学出版社 2008 年版。

105. 牟钟鉴、张践：《中国宗教通史》，社会科学文献出版社 2003 年版。

106. 穆达：《哈佛精英实战课：哈佛精英是怎样炼成的》，重庆出版社 2011 年版。

107. 齐家莹选编：《科技大师人文随笔精选》，新世界出版社 2003 年版。

108. 中国科学技术培训中心编：《迎接交叉科学的时代》，光明日报出版社 1986 年版。

109. 邱均平等：《评价学：理论·方法·实践》，科学出版社 2010 年版。

110. 全国高校社会科学科研管理研究会组编：《跨学科研究与哲学社会科学发展》，武汉大学出版社 2009 年版。

111. 孙可平、邓小丽：《理科教育展望》，华东师范大学出版社 2002

年版。

112. 孙铁主编：《影响世界历史 100 事件》，线装书局 2004 年版。

113. 孙英：《幸福论》，人民出版社 2004 年版。

114. 王国维：《王国维学术经典集》（上卷），江西人民出版社 1997 年版。

115. 王通讯：《论知识结构》，北京出版社 1986 年版。

116. 王云五：《旧学新探——王云五论学文选》，学林出版社 1997 年版。

117. 王云五：《中外图书统一分类法》，商务印书馆 1928 年版。

118. 魏仁兴：《复杂域的演化与创新》，巴蜀书社 2008 年版。

119. 谢文郁：《道路与真理·缘起》，华东师范大学出版社 2012 年版。

120. 熊十力：《体用论》，中华书局 1994 年版。

121. 许志峰等主编：《社会科学史》，中国展望出版社 1989 年版。

122. 姚名达：《中国目录学史》，上海书店出版社 1984 年版。

123. 张岱年：《真与善的探索》，齐鲁书社 1988 年版。

124. 张家诚：《挑战与机遇：论科学与时俱进》，气象出版社 2009 年版。

125. 赵明安主编：《科学技术引论》，河海大学出版社 2006 年版。

126. 赵树智等主编：《新兴交叉学科概观》，吉林大学出版社 1991 年版。

127. 郑乐平：《超越现代主义和后现代主义——论新的社会理论空间之建构》，上海世纪出版集团 2003 年版。

128. 余宁平、杜芳琴主编：《不守规则的知识》，陈玮译，天津人民出版社 2003 年版。

129. 陈龙安、朱湘吉：《创造与生活》，五南图书出版股份有限公司 1999 年版。

130. 祝青山：《自然科学：与境性与客观性的统一》，《科学技术与辩证法》2006 年第 1 期。

131. 龚怡祖等：《大学学科运行与学科发展战略中若干问题的理论分析》，《高等教育研究》2011 年第 10 期。

132. 黄文彬、胡春光：《试论大学学科边界的形成与分化》，《中国高等教育研究》2010 年第 7 期。

133. 纪宝成：《发挥好大学文化交融与创新的功能》，《中国高等教育》2011 年第 24 期。

134. 胡春光：《大学学科分化中知识与权力间的生产与重构》，《内蒙古师范大学学报》2009 年第 1 期。

135. 蒋逸民：《作为一种新的研究形式的超学科研究》，《浙江社会科学》2009 年第 1 期。

136. 觉群：《佛学是一座精深的人类思想宝库——访赖永海教授》，《中国宗教》2008 年第 5 期。

137. 靖国平：《论教育的知识性格和智慧性格》，《教育理论与实践》2003 年第 10 期。

138. 刘大椿、潘睿：《人文社会科学的分化与整合》，《中国人民大学学报》2009 年第 1 期。

139. 刘凡：《你有多幸福——漫谈幸福、幸福感及幸福指数》，《调研世界》2012 年第 11 期。

140. ［美］马丁·塞利格曼：《追求"幸福"的五要素》，《人力资源》2013 年第 1 期。

141. ［美］马太·多冈：《新的社会科学：学科壁垒上的裂缝》，《国际社会科学杂志》1989 年第 3 期。

142. ［英］彼得·M. 艾伦：《建立新的人文系统科学》，《国际社会科学杂志》1989 年第 4 期。

143. ［瑞典］比约恩·维物罗克：《社会科学与国家的发展：现代性问题论说的变化情况》，《国际社会科学杂志》1990 年第 4 期。

144. 陈洪澜：《论知识分类的十大方式》，《科学学研究》2007 年第 2 期。

145. 杜修平等：《连接主义的知识观解读》，《现代教育技术》2012 年第 11 期。

146. 萧功秦：《思想史的魅力》，《开放时代》2002 年第 1 期。

147. 熊培云：《我的幸福谁做主?》，《中国图书评论》2011 年第 3 期。

148. 张百熙：《新定学务纲要》，《东方杂志》第 4 期（光绪三十年四月二十五日）影印本。

149. ［保加利亚］伊琳娜·博科娃：《成人教育：二十一世纪之钥》，杨勇、黄新春译，《世界教育信息》2010 年第 4 期。

150. 汤建龙：《德里达解构主义评析》，《科学技术与辩证》2003 年第 5 期。

151. 汤一介：《走出"中西古今"之争，融会"中西古今"之学》，《学术月刊》2004 年第 7 期。

152. 张之沧：《从知识权力到权力知识》，《学术月刊》2005 年第 12 期。

153. 赵文平等：《学科发展规律与学科建设问题的研究》，《学位与研究生教育教育》2004 年第 5 期。

154. 孙慕天：《最委屈的科学家和科学的非功利性》，《民主与科学》2011 年第 1 期。

155. ［美］迈克尔·彼德斯：《后结构主义/结构主义，后现代主义/现代主义：师承关系及差异》，《哈尔滨师专学报》2000 年第 5 期。

156. 孟建伟：《教育与幸福——关于幸福教育的哲学思考》，《教育研究》2010 年第 2 期。

157. 张曙光：《"价值"五题》，《光明日报》2010 年 6 月 22 日。

158. 孟广林：《探求"中西融通"的学术路径》，《光明日报》2004 年 4 月 6 日。

159. 孙正聿：《理论及其与实践的辩证关系》，《光明日报》2009 年 11 月 24 日。

160. 佚名：《美国心理学家发现获得人生幸福的十个基本要素》，《新民晚报》2010 年 1 月 19 日。

161. 吴敏：《建设幸福社会不是对人民的恩赐》，《南方日报》2011 年 7 月 5 日。

162. ［美］塔尔·宾－夏哈尔博士：《哈佛幸福课》，http：//852093117. diandian. com/post/2010－07－27/15334995。

163. 山东大学：《跨学科研究系列调查报告选登之六：跨学科研究项目的可行性分析》，全国哲学社会科学规划办公室网站，2011 年 8 月 3

日。www. npopss-cn. gov. cn/GB/219468/1485123。

164. 中国社会科学院文献信息中心:《跨学科研究:理论与实践的发展》,跨学科研究系列调查报告选登之一,全国哲学社会科学规划办公室,www. npopss-cn. gov. cn/GB/219468/1485123,2011 年 8 月 3 日。

后　记

南朝禅师宝志在《十二时颂》中说："不住旧时无相貌，外求知识也非真。"意思是说，世间万事万物无不处在生死成坏之中，没有什么东西可以安居不动并保持固有的面目，而与之相对的知识也并不能够准确地反映它们。此时此物是此物，彼时此物就不一定是此物！此事这个人说是正确的，那个人未必也说是正确的！

遗憾的是在我国现行的教育中，有一些主持者却总是把书本知识当作僵死的教条来对待。在他们眼中，学生们似乎是一种灌装知识的容器，仅以分数高低就可判断优劣；科研人员与贩夫走卒无别，仅以论著字数的多寡就可评出级别。这种僵化的管理方式不仅扼杀了许多鲜活的创造性思维，而且使我国的教育与科研活动出现了一些积重难返的问题。

在电影《孔子》中，颜回对孔子这样说："如果不能改变世界，那就改变自己的内心。"其实，知识原本就是认识的产物，我们如何评价、鉴赏与运用知识，应取决于内心对知识的理解。当我们离开了课堂和课本之后，每个人在知识的选择和运用上都应该是自主的。

然而，在漫长的求知途中，我却常常为一些问题纠缠不已。比如，知识究竟是什么？知识是怎样被分割成学科的？什么知识是最重要的？什么知识是可靠的？怎样选择适宜于自己需要的知识？等等。为了回答这样的问题，我曾写下了《知识分类与知识资源认识论》那部书。书中通过对中外各种知识体系的回溯梳理得出一个结论：人类以往的各类符号化知识只是一种"知识资源"。这些知识资源只有经过个体的体悟才能被激活运用，只有经过运用才能在实践中转化为内在的智慧。如宝志禅师在《十四科颂》中所说："饼即从来是面，造作随人百变。"如果我们能像理解做饼的面粉那样来理解知识的话，便可不受各类知识科别的限制，而追随内心的创造意愿，融会贯通，巧妙组织，灵活运用各种知识去创造幸福的社会和幸福的生活。但是，自从那本著作出版之后，我总觉得还有一些未尽之言，便又写下了这部拙作。

　　在本书即将付梓之际，谨向中国社会科学出版社的责任编辑孔继萍老师和特约编辑乔继堂先生致以诚挚的谢意！正是在他们的热心帮助下，书稿中的一些失误与缺点才得以纠正，繁语与废话才得以清除。当然，我仍不能说这本书中的错讹与偏见已被扫除干净，因此，还要恳请读者朋友能不吝赐教！

陈洪澜

2013 年秋于开封